■全国交通运输职业教育教学指导委员会规划教材
■高职工程机械类专业教学资源库配套教材

# 工程机械发动机构造与维修

主 编 李文耀 史同心

大连海事大学出版社

图书在版编目（CIP）数据

工程机械发动机构造与维修／李文耀，史同心主编.
—大连：大连海事大学出版社，2016.5
全国交通运输职业教育教学指导委员会规划教材　高
职工程机械类专业教学资源库配套教材
ISBN 978-7-5632-3315-1

Ⅰ．①工…　Ⅱ．①李…②史…　Ⅲ．①工程机械—发
动机—构造——高等职业教育—教材②工程机械—发动机—
机械维修—高等职业教育—教材　Ⅳ．①TU603②TU607
中国版本图书馆 CIP 数据核字（2016）第 095251 号

出 版 人：徐华东
策　　划：徐华东　时培育
责任编辑：苏炳魁
封面设计：解瑶瑶
版式设计：孟　冀
责任校对：张　华

出 版 者：大连海事大学出版社
　　地址：大连市凌海路 1 号
　　邮编：116026
　　电话：0411 -84728394
　　传真：0411 -84727996
　　网址：www.dmupress.com
　　邮箱：cbs@dmupress.com
印 刷 者：辽宁新华印务有限公司
发 行 者：大连海事大学出版社

幅面尺寸：185 mm ×260 mm
印　　张：18
字　　数：446 千
印　　数：1~2000 册

出版时间：2016 年 5 月第 1 版
印刷时间：2016 年 5 月第 1 次印刷
书　　号：ISBN 978-7-5632-3315-1
定　　价：36.00 元

# 前　言

随着现代教育技术的发展,建设适合学校教育教学需要的教学资源库成为数字化校园建设和专业建设的一项重要内容。"十二五"期间,教育部把专业教学资源库建设作为加快高等职业教育改革与发展的一项重要举措。资源库建设是示范建设成果应用与推广的需要,是统一标准整合校企优质教学资源共享的需要,是校校、校企合作深化专业建设与课程改革的需要,最终是为了实现培养高素质技能型人才这一目标。

我国已超越美国、日本、欧洲成为全球最大的工程机械市场,但是,行业的发展在某种程度上却受限于人才的培养,工程机械专业人才面临供不应求的局面,人才培养质量也不能满足行业的需求。因此,积极建设工程机械类专业教学资源库,全面提升工程机械专业人才培养质量,满足行业对工程机械专业人才需求是当务之急。全国交通运输职业教育教学指导委员会交通工程机械类专业指导委员会按新机制组织四川交通职业技术学院、湖南交通职业技术学院、云南交通职业技术学院、湖北交通职业技术学院、吉林交通职业技术学院、青海交通职业技术学院、南京交通职业技术学院、山西交通职业技术学院等院校和上海景格信息科技有限公司等企业共同开发了工程机械类专业教学资源库,本教材为该专业教学资源库配套教材。

随着我国基本建设规模的快速扩大,各类土建工程对施工的质量、进度及社会效益的要求越来越高,从而有力地推动了与之相关的国内工程机械市场的快速发展。作为工程机械的源动力,内燃发动机得到了广泛的应用,同时对工程机械学科的人才培养也提出了更高的要求。而且我国职业教育形势发展很快,对教材的要求也越来越高,为此,我们编写了《工程机械发动机构造与维修》这本教材。

本书是编者在多年的教学实践的基础上,根据工程机械发动机构造与维修课程教学大纲编写的,是对工程机械发动机的结构、工作原理及维修方法进行有效、综合性研究的教材。编者遵照教育部高职高专教材建设的要求,紧密围绕培养高等职业应用型人才的需要,从人才培养目标的实际出发,结合实际教学的需要,以应用为目的,以能力为本位,确定编写思路和教材特色,注重理论知识与实践技能的有机结合,突出针对性、通用性和可操作性。

本书是为提高高等职业教育教学质量,适应高职院校课程教学改革的需要而编写的,力求做到工学结合、理实一体的教学模式,并在维修企业调研及毕业生跟踪调查的基础上,结合工程机械售后技术服务岗位群的能力要求,立足于学生实际操作能力的培养。

全书共分八个项目,主要内容包括:发动机整体构造认知、曲柄连杆机构的检修、配气机构的检修、润滑系统的检修、冷却系统的检修、发动机燃油系统的检修、发动机电控喷射系统的检修、发动机大修工艺。

本书由山西交通职业技术学院工程机械系与机械实训中心共同编写。李文耀编写项目一和项目八，朱江涛编写项目二，杨文刚编写项目三，张锦编写项目四，程红玫编写项目五，史同心编写项目六和项目七。全书由李文耀、史同心统稿，由我院机械实训中心王增林担任主审，审阅人仔细、认真地审阅了全部书稿，提出了许多宝贵的意见和建议。本书在编写过程中，参阅了多篇相关文献，在此一并表示衷心感谢。

由于编者水平有限，书中有不妥和错误之处，恳请使用本书的教师、学生以及专业人员批评、指正。

全国交通运输职业教育教学指导委员会
交通工程机械类专业指导委员会

# 目 录

# 项目一
## 发动机整体构造认知

**项目描述:**

发动机整体构造认知是工程机械发动机构造与维修工作领域的入门级知识型学习任务,是技术服务人员和维修人员必须熟悉的一项基础知识。

发动机整体构造认知主要内容包括:发动机的基本概念、类型、组成与功用;发动机的基本术语和工作原理;发动机型号编制及规律;发动机性能指标与参数。通过课堂讲授与实物讲解、演示、实训,学生能够掌握发动机基本工作原理和基本术语;熟悉国产发动机编号规则和发动机主要性能指标;在发动机上能指认出发动机外部主要零部件并说出其名称和功用;能根据发动机的性能指标判断发动机性能优劣;能读懂发动机铭牌的技术参数,为本门课程后续学习奠定基础。

# 任务一　发动机整体构造

## 任务描述:

发动机整体构造认知是本门课程入门级的基础知识。在掌握发动机整体构造的前提下,才能顺利地开展后续课程的学习。通过本任务的学习,在发动机上能指认出发动机外部主要零部件并说出其名称和功用。

## 相关知识:

### 一、发动机概念及类型

发动机是将其他形式的能量转变为机械能的一种机械装置。发动机大都采用热能动力装置,简称热机,热机有内燃机和外燃机两种,其中直接以燃料燃烧所生成的燃烧产物为工质的热机称为内燃机;反之称为外燃机。内燃机与外燃机相比,具有结构紧凑、体积小、质量轻和容易起动等优点。

柴油机是热机的一种,是将柴油机燃料的化学能经过燃烧释放的热能转变为机械能的机器。其能量转化过程为:化学能→热能→机械能。

工程机械所采用的发动机是内燃机。内燃机种类很多,可按不同形式分类:

(1)按活塞运动形式的不同,可分为往复活塞式发动机和转子式发动机。

(2)按所用燃料不同,可分为汽油机和柴油机。

(3)按工作循环不同,可分为四冲程内燃机和二冲程内燃机。

(4)按气缸排列不同,可分为单行直线排列内然机和双行 V 形排列内燃机。

(5)按气缸数不同,可分为单缸内燃机和多缸内燃机。

(6)按冷却方式不同,可分为水冷内燃机和风冷内燃机等。

### 二、发动机总体构造

#### 1.发动机总体构造

往复活塞式发动机是一台由许多机构和系统组成的复杂机器。就总体结构而言,基本上都是由如下的机构和系统组成的。

如图 1-1-1 所示是一台四缸四冲程柴油机的总体结构图,下面以它来介绍往复活塞式发动机的一般构造。

(1)曲柄连杆机构。曲柄连杆机构是作为发动机各机构、各系统的装备骨架,由机体组、活塞连杆组、曲轴飞轮组等组成,其作用是将活塞的往复运动转化为曲轴的回转运动,从而实现热能向机械能的转化。机体组件由气缸盖、气缸体、曲轴箱、油底壳等零部件组成。活塞连

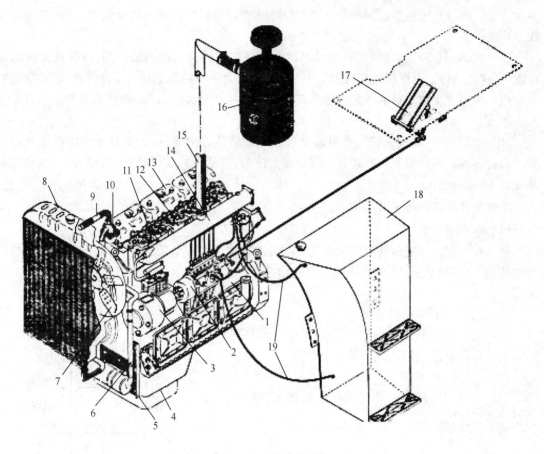

**图 1-1-1 四缸四冲程柴油机总体结构总图**

1—机体;2—高压油泵;3—空气压缩机;4—油底壳;5—润滑油冷却器;6—进水管;7—风扇;8—散热器;9—回水管;10—节温器;11—喷油器;12—气缸盖;13—气缸盖罩;14—进气歧管;15—进气管;16—空气滤清器;17—油门踏板;18—油箱;19—油管

杆组件由活塞、活塞销、活塞环和连杆等组成。曲轴飞轮组件由曲轴、飞轮等组成。

(2)配气机构。配气机构定时向发动机气缸提供充足而干净的新鲜空气(柴油机)或可燃混合气,并将燃烧后的废气排出气缸。配气机构由气阀组和气阀传动组组成,其作用是按照发动机各缸工作顺序和每一缸工作循环的要求,定时地将各缸进气阀与排气阀打开、关闭,以便发动机进行换气。气阀组由进气阀和排气阀、气阀座、气阀导管、气阀弹簧等组成;气阀传动组由凸轮轴、凸轮轴正时齿轮、挺柱、挺柱导管、推杆和摇臂总成等组成。

(3)燃油供给系统。燃油供给系统根据发动机工作情况要求,按照发动机工作循环所规定的时间,根据发动机负荷情况对空气和燃油进行滤清、混合、供给并将废气排出内燃机。对于不同的发动机燃油供给系统,其构成也不一样。但总体上有空气供给装置、燃油供给装置和废气排出装置等。对于电子控制的燃油供给系统还有电子控制装置。柴油机燃油供给系统一般由低压油路和高压油路两部分组成。低压油路由油箱、油管、输油泵、过滤器等组成;高压油路由柱塞偶件、出油阀偶件、高压油管及喷油器等组成。

(4)润滑系统。润滑系统将清洁的润滑油以一定的压力不间断地送入发动机各摩擦表面,以减少摩擦阻力和零件的磨损,并带走摩擦时所产生的热量和金属屑,保证内燃机长期可靠地工作。润滑系统主要由润滑油泵、润滑油滤清器、润滑油冷却器以及油路、油底壳和限压阀等构成。

（5）冷却系统。冷却系统的任务是对内燃机高温部件进行适当的冷却，以保证正常的工作温度，这也是保证内燃机长期可靠工作的必要条件之一。冷却系统有水冷式和风冷式两种，现代汽车多用水冷式。对水冷式内燃机其冷却系统主要由水泵、水箱、散热器及节温装置和管路等组成。

（6）起动系统。起动系统主要由起动机及其附属装置构成，用于使静止的内燃机起动并转入自行运转。不同的起动方式有不同的起动设备，包括电起动、压缩空气起动，小汽油机起动等。

2.四冲程发动机的常用术语

（1）工作循环

活塞在气缸内往复运动时完成进气、压缩、做功和排气 4 个工作过程，周而复始地进行这些过程，发动机才能持续地运转并对外输出功率，每完成一次上述 4 个过程称为一个工作循环。

（2）上止点（TDC）

上止点是指活塞离曲轴回转中心最远处，通常指活塞的最高位置，如图 1-1-2 所示。

（3）下止点（BDC）

下止点是指活塞离曲轴回转中心最近处，通常指活塞的最低位置。

（4）活塞行程（$S$）

活塞行程是指上、下两止点间的距离，单位为毫米（mm）。活塞由一个止点移到另一个止点，运动一次的过程称为行程。

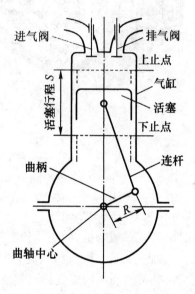

图 1-1-2 发动机基本术语示意图

（5）曲柄半径（$R$）

曲柄半径是指与连杆大端相连接的曲柄销的中心线到曲轴回转中心线的距离（mm）。显然，曲轴每转一周，活塞移动两个行程，即 $S = 2R$。

（6）气缸工作容积（$V_h$）

气缸工作容积是指活塞从上止点到下止点所让出的空间的容积。

其计算公式为

$$V_h = \pi D^2 A/4 \times 10^6$$

式中，$V_h$——气缸工作容积，L；$D$——气缸直径，mm；$A$——活塞顶面积，$mm^2$。

（7）发动机工作容积（$V_L$）

发动机工作容积是指发动机所有气缸工作容积的总和，也称发动机的排量。若发动机的气缸数为 $i$，则 $V_L = V_h \cdot i$。

（8）燃烧室容积（$V_c$）

燃烧室容积是指活塞在上止点时，活塞顶上部空间的容积，单位为升（L）。

（9）气缸总容积（$V_a$）

气缸总容积是指活塞在下止点时,活塞顶上部空间的容积。它等于气缸工作容积与燃烧室容积之和,即 $V_a = V_h + V_c$。

（10）压缩比（$\varepsilon$）

压缩比是指气缸总容积与燃烧室容积的比值,即:$\varepsilon = V_a/V_c = (V_h + V_c)/V_c = 1 + V_h/V_c$。

（11）工况

发动机在某一时刻的运行状况简称工况,以该时刻发动机对外输出有效功率和转速来表示。

## 三、发动机的工作原理

往复活塞式发动机将热能转变为机械能的过程是经过进气、压缩、做功、排气 4 个连续过程来实现的,称为一个工作循环。凡是曲轴旋转两周,活塞往复 4 个行程完成一个工作循环的称为四冲程发动机,根据使用燃料不同又分为四冲程汽油机和四冲程柴油机。

### 1. 四冲程汽油机的工作原理

四冲程汽油机的工作循环是由进气、压缩、做功和排气 4 个行程所组成的。如图 1-1-3 所示为单缸四冲程汽油机工作循环示意图。

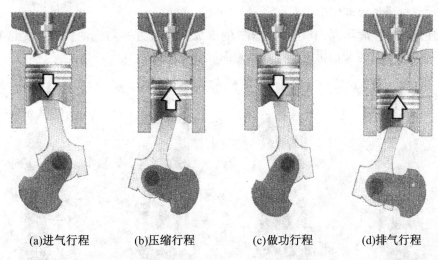

(a)进气行程　　(b)压缩行程　　(c)做功行程　　(d)排气行程

图 1-1-3　单缸四冲程汽油机工作循环示意图

（1）进气行程。活塞由曲轴带动从上止点向下止点运动,此时,排气阀关闭,进气阀开启。活塞移动过程中,气缸内容积逐渐增大,形成一定真空度,于是经过滤清的空气与喷油器供给的汽油混合成可燃混合气,通过进气阀被吸入气缸。至活塞到达下止点时,进气阀关闭,停止进气。

由于进气系统存在进气阻力,进气终了时气缸内气体的压力低于大气压力,为 0.075 ~ 0.09 MPa。由于气缸壁、活塞等高温件及上一循环留下的高温残余废气的加热,气体温度升高到 370 ~ 440 K。

（2）压缩行程。进气行程结束时,活塞在曲轴的带动下,从下止点向上止点运动,气缸内容积逐渐减小,由于进、排气阀均关闭,可燃混合气被压缩,至活塞到达上止点时,压缩结束。

气缸内气体被压缩的程度称为压缩比。压缩比越大,则压缩终了时气缸内气体的压力和温度就越高,燃烧速度也越快,因而发动机发出的功率越大,经济性也越好。现代汽油发动机压缩比一般为 6 ~ 10。柴油发动机的压缩比一般为 14 ~ 22 或更高。增压柴油机压缩比相应有所减小。

压缩行程中,气体压力和温度同时升高,并使混合气进一步均匀混合,压缩终了时,气缸内的压力为 0.6 ~ 1.2 MPa,温度为 600 ~ 800 K。

(3)做功行程。在压缩行程末,火花塞产生电火花,点燃混合气并迅速燃烧,使气体的温度、压力迅速升高而膨胀,从而推动活塞从上止点向下止点运动,通过连杆使曲轴旋转做功,至活塞到达下止点时做功结束。

在做功行程中,开始阶段气缸内气体压力、温度急剧上升,瞬间压力可达 3 ~ 5 MPa,瞬时温度可达 2 200 ~ 2 800 K。

(4)排气行程。在做功行程终了时,排气阀打开,进气阀关闭,曲轴通过连杆推动活塞从下止点向上止点运动,废气在自身剩余压力和活塞推动下被排出气缸,至活塞到达上止点时,排气阀关闭,排气结束。排气行程终了时,由于燃烧室容积的存在,气缸内还存有少量废气,气体压力也因排气系统存在排气阻力而略高于大气压力。此时,压力为 0.105 ~ 0.115 MPa,温度为 900 ~ 1 200 K。

2.四冲程柴油机的工作原理

由于使用燃料性质不同,其可燃混合气的形成和着火方式与汽油机有很大区别。如图 1-1-4 所示为单缸四冲程柴油机工作循环示意图。

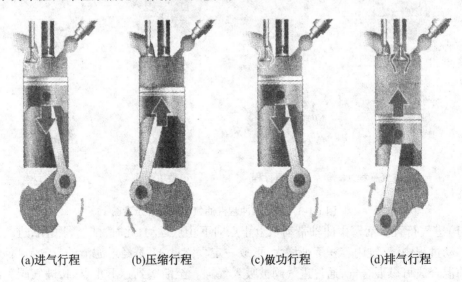

(a)进气行程　　　　(b)压缩行程　　　　(c)做功行程　　　　(d)排气行程

图 1-1-4　单缸四冲程柴油机工作循环示意图

(1)进气行程。进气行程与汽油机的进气行程不同,进入气缸的不是可燃混合气,而是纯空气。由于进气阻力比汽油机小,上一行程残留的废气温度也比汽油机低,进气行程终了的压力为 0.075 ~ 0.095 MPa,温度为 320 ~ 350 K。

(2)压缩行程。压缩行程不同于汽油机的压缩行程,压缩的气体为纯空气,由于柴油机的压缩比大,为 15 ~ 22,压缩终了的温度和压力都比汽油机高,压力可达 3 ~ 5 MPa,温度可达

800~1 000 K。

（3）做功行程。此行程与汽油机有很大差异，压缩行程末，喷油泵将高压柴油经喷油器呈雾状喷入气缸内的高温、高压空气中，被迅速汽化并与空气形成混合气，由于此时气缸内的温度远高于柴油的自燃温度（500 K 左右），柴油混合气便立即自行着火燃烧，且此后一段时间内边喷油边燃烧，气缸内压力和温度急剧升高，推动活塞下行做功。

做功行程中，瞬时压力可达 5~10 MPa，瞬时温度可达 1 800~2 200 K，做功行程终了时压力为 0.2~0.4 MPa，温度为 1 200~1 500 K。

（4）排气行程。排气行程终了时的气缸压力为 0.105~0.125 MPa，温度为 800~1 000 K。

## 四、四冲程柴油机的工作特点

（1）每个工作循环曲轴转 2 周（720°），每一行程曲轴转半周（180°）。

（2）四个行程中只有做功行程产生机械能，其他三个行程是为做功行程做准备工作的辅助行程，都要消耗一部分能量。

（3）发动机起动时的第一个循环必须有外力将曲轴转动，以完成进气和压缩行程；当做功行程开始后，做功能量便通过曲轴储存在飞轮内，以维持以后的行程和循环得以继续进行。

（4）柴油机的可燃混合气在气缸内部形成，从压缩行程接近终了时开始并占小部分做功行程，时间较短。

（5）柴油机是在高温、高压下自燃，柴油机又称压燃式发动机。

### 任务实施：

## 一、任务要求

在发动机的实物上能指认出主要零部件的安装位置、名称和功用，并能完成给用户进行发动机的整体构造的介绍工作。

## 二、仪器与工具

四缸 495 型柴油发动机 4 台，发动机主要机构和系统的散件但机件齐备的发动机 1 台，发动机解剖教具 1 台。

## 三、实施步骤

1. 通过装备齐全的柴油发动机进行发动机整体及附件的认识，能够说出每个外部附件的名称、功用及所属系统。

2. 利用拆散的柴油发动机进行发动机内部机体的认识。

（1）找出燃油供给系统组成部分。

（2）找出起动系统的各组成部分。

（3）找出润滑系统的各组成部分。

（4）找出冷却系统的各组成部分。

（5）找出曲柄连杆机构的各组成部分。

（6）找出配气机构的各组成部分。

3.观察各部分的安装位置及结构特点。熟悉各部分的作用和相互连接关系。

4.通过发动机解剖教具了解发动机及各系统的工作过程。

## 知识检测：

### 一、选择题

1.下止点是指活塞离曲轴回转中心（　　　）处。
 A.最远       B.最近
 C.较高       D.较低

2.柴油机在进气过程中,通过进气阀进入气缸的是（　　　）。
 A.新鲜空气     B.纯燃油
 C.氧气       D.可燃混合气

3.通常情况下,汽油机的压缩比（　　　）柴油机的压缩比。
 A.小于       B.大于
 C.等于       D.不可比。

4.发动机进气过程结束后气缸内压力一定（　　　）。
 A.大于大气压    B.小于大气压
 C.等于大气压力   D.与大气压力无关

5.汽油的自燃温度比柴油（　　　）,故汽油机靠强制点火做功。
 A.高        B.低
 C.相等       D.无法确定。

6.活塞每走一个行程,相应于曲轴转角（　　　）。
 A.180°       B.360°
 C.540°       D.720°

7.对于四冲程发动机来说,发动机每完成一个工作循环曲轴旋转（　　　）。
 A.180°       B.360°
 C.540°       D.720°

8.发动机工作时,气缸内最高压力出现在（　　　）。
 A.进气冲程     B.压缩冲程
 C.做功冲程     D.排气冲程

9.柴油发动机喷入气缸的燃料,其燃烧方式主要是靠（　　　）。
 A.压缩空气之热量  B.预热塞之热量
 C.火塞星之热量   D.点火器之热量

10.柴油发动机和汽油发动机两者主要差异在于（　　　）。
 A.发动机构造不同  B.发动机性能不同
 C.发动机起动方式不同 D.燃料着火方式不同

11. 下列有关柴油发动机叙述错误的是(　　)。

 A. 其运转噪声比汽油发动机大

 B. 其压缩比比汽油发动机高,是为了使燃料容易雾化

 C. 其排出之 CO 比汽油发动机低

 D. 其运转中不会使收音机声音受到干扰

12. 四冲程柴油发动机活塞由上往下行时,气缸的作用是(　　)。

 A. 压缩与排气      B. 进气与压缩

 C. 进气与做功      D. 做功与排气

13. 柴油发动机与汽油发动机比较时,下列(　　)非柴油发动机的优点。

 A. 排气中含 CO 量较少   B. 气缸直径不受限制

 C. 起动马达之负荷较小   D. 高速时较不易爆震

## 二、判 断 题

1. 四冲程发动机在进气过程时,进入气缸的是可燃混合气。(　　)

2. 由于柴油机的压缩比大于汽油机的压缩比,因此在压缩终了时的压力及燃烧后产生的气体压力比汽油机压力高。(　　)

3. 多缸发动机各气缸的总容积之和称为发动机排量。(　　)

4. 发动机总容积越大,它的功率也就越大。(　　)

5. 活塞行程是曲柄旋转半径的 2 倍。(　　)

6. 对多缸发动机来说,所有气缸的工作行程都是同时进行的。(　　)

7. 柴油机是靠火花塞点火来点燃可燃混合气的。(　　)

8. 发动机均应从自由端开始向功率输出端方向依次进行气缸编号。(　　)

9. 四冲程发动机和水冷式发动机,在发动机型号中均可不标符号。(　　)

## 三、简 答 题

1. 什么叫上止点和下止点? 表述活塞行程和行程。

2. 什么是曲柄半径? 有何作用? 它和活塞行程有何关系?

3. 根据自己的理解,表述柴油机排量的概念。

4. 表述压缩比的定义。气缸各容积如何表示? 有何意义?

# 任务二　发动机型号编制及性能识别

### 任务描述:

  发动机型号的编制多种多样,而国产发动机采用统一的编制标准和规律,以便准确识别发动机系列、用途及结构特点。通过本任务学习,能根据发动机型号编制和性能指标判断发动机性能优劣,并能读懂发动机铭牌的技术参数的含义。

🖐 **相关知识：**

## 一、发动机型号编制

为了进一步规范内燃机的生产管理和使用，在 1991 版本的基础上，我国于 2008 年颁布了最新的国家标准《内燃机产品名称和型号编制规则》(GB/T 725—2008)。标准规定了以下主要内容。

**1. 产品名称命名**

内燃机名称按其所用主要燃料命名，例如柴油机、汽油机、天然气机。

**2. 型号编制与组成**

(1)内燃机型号：依次包括下列四部分，表示方法如图 1-2-1 所示。

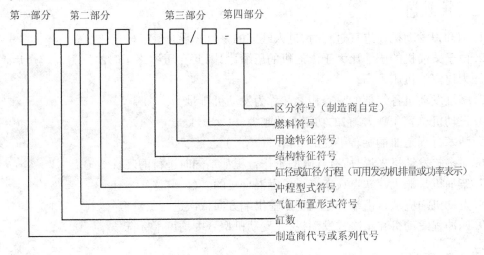

**图 1-2-1 型号表示方法**

(2)第一部分由制造商代号或系列符号组成。本部分代号由制造商根据需要选择相应 1~3 位字母表示。

(3)第二部分由气缸数、气缸布置型式符号、冲程型式符号、缸径符号组成。

①气缸数用 1~2 位数字表示。

②气缸布置型式符号规定：无符号—多缸直列及单杠；V—V 形；P—卧式；H—H 形；X—X 形。

③冲程型式为四冲程时符号省略，二冲程用 E 表示。

④缸径符号一般用缸径或缸径/行程数字表示，可用发动机排量或功率数表示。其单位由制造商自定。

(4)第三部分由结构特征符号规定：无符号—冷却液冷却；F—风冷；N—凝气冷却；S—十字头式；Z—增压；ZL—增压中冷；DZ—可倒转。

用途特征符号规定：无符号—通用型及固定动力(或制造商自定)；T—拖拉机；M—摩托车；G—工程机械；Q—汽车；J—铁路机车；D—发电机组；C—船用主机、右机基本型；CZ—船用主机、左机基本型；Y—农用三轮车(或其他农用车)；L—林业机械。

（5）第四部分区分符号。同系列产品需要区分时，允许制造商选用适当符号表示。第三部分与第四部分可用"－"分隔。

3.型号示例

（1）柴油机型号

①G12V190ZLD——12缸、V形、四冲程、缸径190 mm、冷却液冷却、增压中冷、发电用（G为系列代号）。

②YZ6102Q——6缸、直列、四冲程、缸径102 mm、冷却液冷却、车用（YZ为扬州柴油机厂代号）。

③8E150C－1——8缸、直列、二冲程、缸径150 mm、冷却液冷却、船用主机、右机基本型（1为区分符号）。

④12VE230/300ZCZ——12缸、V形、二冲程、缸径230 mm、行程300 mm、冷却液冷却、增压、船用主机、左机基本型。

（2）汽油机型号

①IE65F/P——单缸、二冲程、缸径65 mm、风冷、通用型。

②492Q/P－A——4缸、直列、四冲程、缸径92 mm、冷却液冷却、汽车用（A为区分符号）。

（3）燃气机型号

①12V190ZL/T——12缸、V形、四冲程、缸径190 mm、冷却液冷却、增压中冷、燃气为天然气。

②16V190ZLD/MJ——16缸、V形、四冲程、缸径190 mm、冷却液冷却、增压中冷、发电用、燃气为焦煤煤气。

# 二、柴油机的主要性能指标

评价发动机工作性能的指标有指示指标和有效指标。以发动机曲轴对外输出功率为基础的指标称为有效指标。有效指标的动力性指标显示了发动机对外输出实际能被利用的功的大小，而其经济性指标则显示了燃料的热能有多少转为能被利用的有效功。

1.动力性指标

$M_e$ 和 $P_e$ 是有效动力性指标，用来衡量发动机动力性大小。

（1）有效功率 $P_e$：发动机在单位时间对外输出的有效功称为有效功率，用 $P_e$ 表示，发动机有效功率可用台架试验方法确定，$P_e$ 的单位是 kW。

（2）有效转矩：发动机对外输出转矩称为有效转矩，用 $M_e$ 表示，$M_e$ 和 $P_e$ 之间有如下关系：

$$M_e = 60 \times 1\,000 P_e / 2\pi n = 9\,550\, P_e / n \quad （N \cdot m）$$

式中，$n$——发动机转速，r/min。

（3）平均有效压力 $p_f$：发动机单位气缸工作容积对外输出有效功，称为平均有效压力，用 $p_f$ 表示，$p_f$ 与 $p_e$ 之间有以下关系式：

$$p_f = 30 \times p_e \times \tau / V_h \times i \times n \times 10^3 \quad （kPa）$$

式中，$\tau$——冲程数，四冲程 $\tau = 4$，二冲程 $\tau = 2$；

　　　$V_h$——气缸工作容积，L；

i——缸数；

n——发动机转速，r/min。$p_f$ 值的一般范围如下：柴油机 588 ～ 980 kPa；汽油机 588 ～ 1 170 kPa。

**2. 经济性指标**

发动机经济性指标主要指有效燃油消耗率和有效热效率。

（1）有效燃油消耗率 $g_e$：指发动机每输出 1 kW 的有效功率在 1 h 内所消耗的燃油克数，用 $g_e$ 表示。$g_e$ 可用下式计算：

$$g_e = G_T/P_e \times 10^3$$

式中，$G_T$——发动机工作每小时耗油量，kg/h，可由试验确定。

（2）有效热效率：燃料燃烧所产生的热量转化为有效功的百分数称为有效热效率，用 $\eta_e$ 表示，$\eta_e$ 越高，发动机经济性能越好。

**3. 环境指标**

环境指标主要指发动机排气品质和噪声水平。由于它关系到人类的健康及其赖以生存的环境，因此，各国政府都制定出严格的控制法规，以期削减发动机排气和噪声对环境的污染。当前，排放性和噪声水平已成为发动机的重要性能指标。

在排放性方面，目前主要限制一氧化碳（CO）、各种碳氢化合物（HC）、氮氧化合物（$NO_X$）及除水以外的任何液体或固体微粒的排放量。

噪声是指对人的健康造成不良影响及对学习、工作和休息等正常活动发生干扰的声音。由于汽车是城市中的主要噪声源之一，而发动机又是汽车的主要噪声源，因此，控制发动机的噪声就显得十分重要。如我国的噪声标准中规定，轿车的噪声不得大于 82 dB（A）。

**4. 可靠性指标**

可靠性指标是表征发动机在规定的使用条件下，正常持续工作能力的指标。可靠性有多种评价方法，如首发故障行驶里程、平均故障间隔里程、主要零件的损坏率等。

**5. 柴油机的速度特性**

当喷油泵油量调节机构中的供油拉杆（或齿条）位置一定时，柴油机的性能指标 $P_e$、$M_e$、$g_e$、$G_T$ 随转速 n 变化的关系，称为柴油机的速度特性。如图 1-2-2 所示为 6120Q 型车用柴油机的外特性曲线。

①转矩 $M_e$ 曲线

柴油机转矩 $M_e$ 随 n 的变化曲线较平坦，这样的转矩特性若不进行校正，转矩储备系数 $\mu$ 比汽油机的小，为 5% ～ 10%，不能满足工作需要。例如，汽车上坡时，加速踏板踩到最大位置，当外界阻力矩突然增大而使转速下降时，柴油机发出的转矩 $M_e$ 增加不多，有可能使柴油机因克服不了阻力而停止运行，出现危险。因此，必须采用油量校正装置来改造柴油机的外特性转矩曲线。

②功率 $P_e$ 曲线

由于 $M_e$ 随 n 的变化不大，在一定范围内，$P_e$ 几乎是随 n 上升成正比地增加。柴油机的最高转速受调速器限制，如果调速器失灵，功率随转速增加仍然继续增大。

但当转速增大到某一数值时，由于循环供油量增加，燃烧恶化，使 $\eta_i$ 降低很多，同时 $\eta_m$ 随 n 增加而降低，使发动机冒黑烟，功率下降。因此，车用柴油机的标定功率受冒烟界限的限制。

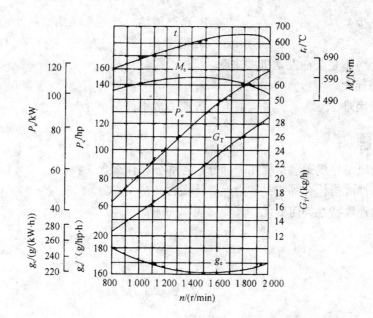

图 1-2-2　6120Q 型车用柴油机的外特性曲线

③耗油量 $g_e$ 曲线

柴油机外特性的 $g_e$ 变化趋势与汽油机相似,也是一凹形曲线。由于 $\eta_i$ 随 $n$ 的变化比较平坦,使 $g_e$ 曲线凹度较小。由于柴油机的压缩比高,其最低耗油率比汽油机要低 20% ~ 30%。

**知识检测:**

## 一、选择题

1. 6135Q 柴油机的缸径是( )。

    A. 61 mm                              B. 613 mm

    C. 13 mm                               D. 135 mm

2. 功率相等的两台发动机,其升功率( )。

    A. 可能相等                          B. 不相等

    C. 相等                                  D. 未知

3. 发动机平均有效压力反映了单位气缸工作容积( )的大小。

    A. 输出转矩                          B. 输出功

    C. 每循环对活塞所做的功        D. 输出功率

4. 柴油发动机较汽油发动机之( )。

    A. 最高转速较低                   B. 低速扭矩较小

    C. 燃料消耗率较高               D. 故障较多

5. 下列( )非影响气缸压缩压力之因素。

    A. 压缩比                            B. 发动机转速

    C. 进气温度                         D. 容积效率

6. 若将柴油发动机之压缩比提高,可使燃料消耗率( )。

A. 稍微减少 B. 稍微增加
C. 减少 D. 增加
7. 下列（ ）不是柴油发动机之缺点。
A. 燃料消耗大 B. 单位马力重量大
C. 调整较困难 D. 制造成本高

## 二、简答题

1. 我国发动机编号规则包括哪几个部分？各部分有什么含义？
2. 发动机的性能指标有哪些？各指标有什么含义？
3. 柴油机的速度特性如何变化？其变化规律如何？

# 项目二
## 曲柄连杆机构的检修

**项目描述：**

  曲柄连杆机构的检修是工程机械发动机构造与维修工作领域的关键工作任务，是技术服务人员和维修人员必须掌握的一项基本技能。

  曲柄连杆机构的检修主要内容包括：曲柄连杆机构的功用、组成、工作过程；曲柄连杆机构主要零部件的构造特点、装配连接关系、检修、装配方法；曲柄连杆机构常见故障现象、原因分析及排除过程。本项目采用理实一体化教学模式，按照完成工作任务的实际工作步骤，通过实物讲解、演示、实训，使学生能正确拆装和检修曲柄连杆机构的主要零部件，通过常见故障现象和原因的分析，能正确排除曲柄连杆机构的常见故障，增强工程机械发动机技术服务人员和维修员的岗位就业能力。

# 任务一  机体组的检修

## 任务描述：

发动机工作中,在气缸压缩压力低、曲轴箱排气压力高、机体组出现漏水、漏油等故障诊断时,需对机体组的主要零部件进行检修。通过本任务学习,学会主要零部件的拆装方法及注意事项,正确使用千分尺、内径量缸表、直尺等测量工具,检测气缸盖、气缸体等零部件并判断其性能是否正常,确定修理方案。

## 相关知识：

### 机体组的构造

机体组包括气缸体、气缸套、气缸盖、气缸垫、曲轴箱和油底壳等。发动机在工作时,机体承受着大小和方向做周期性变化的气体压力、惯性力及力矩的作用,并将所受的力和力矩通过机体传给机架。发动机各机构和系统都装在机体上。

1. 气缸体与曲轴箱

(1)气缸体的结构。气缸体是气缸的壳体,曲轴箱是支撑曲轴做旋转运动的壳体,二者组成了发动机的机体,如图 2-1-1 所示。它是发动机各个机构和系统的装配基体,并由它来保持发动机各运动件相互之间的准确的位置关系。气缸体承受着较大的机械负荷,不仅包括前述的各种力,还有车辆行驶时发动机自身质量引起的各种冲击力。气缸体还要承受较复杂的热负荷,燃烧气体给予气缸壁的热量主要通过气缸体来散发。

气缸体的结构形式有整体式和分体式两种。整体式结构是将气缸体与上曲轴箱铸成一体,总称为气缸体,通常用于水冷式发动机;分体式结构是将气缸体与上曲轴箱分开铸造,再用螺栓连接起来,多用于风冷式发动机。

上曲轴箱有前后壁和中间隔板,其上制有主轴承座孔,大多数发动机在气缸体上还制有凸轮轴轴承座孔。为了这些轴承的润滑,在侧壁上钻有主油道,前后壁和中间隔板上钻有分油道。

气缸体的上、下两个平面,用以安装气缸盖和下曲轴箱,也是气缸修理的加工基准面。

由于气缸体承受较大的机械负荷和较复杂的热负荷,气缸体的变形会破坏各运动件间准确的位置关系,导致发动机的技术状况变坏和使用寿命缩短。所以,要求气缸体具有足够的强度、刚度和良好的耐热性及耐腐蚀性等。

气缸体和上曲轴箱一般采用灰铸铁、球墨铸铁或合金铸铁制造。有些发动机为了减轻质量、加强散热而采用铝合金缸体。

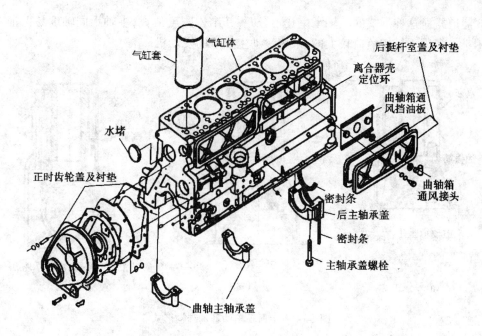

图 2-1-1　发动机的气缸体与曲轴箱

下曲轴箱也称为油底壳，如图 2-1-2 所示，其主要功用是储存润滑油并密封曲轴箱。在它的内部有防止润滑油过分激荡的稳油挡板。为了保证在发动机纵向倾斜时滑油泵仍能吸到滑油，油底壳后部或前部一般做得较深，并在其最低处装有放油塞，一般放油塞是磁性的，能吸取滑油中的金属屑。油底壳受力很小，一般用薄钢板冲压而成或采用铝合金铸造。为了防止漏油，一般都有密封垫，也有的采用密封胶密封。

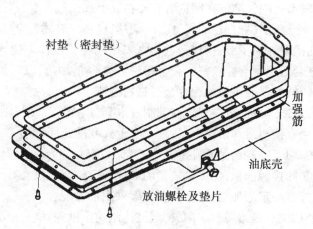

图 2-1-2　下曲轴箱

（2）曲轴箱的形式。上曲轴箱有平分式、龙门式、隧道式三种基本结构形式，如图 2-1-3 所示。

①平分式。曲轴轴线与气缸体下平面在同一平面上的为平分式。这种结构便于加工，但刚度小，且前后端呈半圆形，与油底壳接合面的密封较困难，多用于中小型发动机。

②龙门式。曲轴轴线高于气缸体下平面的为龙门式。这种结构刚度较高，且下曲轴箱前后端为同一平面，其密封简单可靠，维修方便，但工艺性较差，大中型发动机广泛采用。

③隧道式。这种形式的主轴承座孔不分开,其结构刚度最大,主轴承同轴度易保证,但拆装较困难。多用于机械负荷较大的、采用滚动主轴承的发动机。

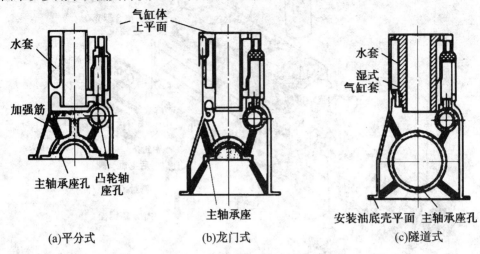

(a)平分式　　　　　　(b)龙门式　　　　　　(c)隧道式

图 2-1-3　上曲轴箱的基本结构形式

(3)气缸与气缸套。

①气缸。气缸体内引导活塞做往复运动的圆柱形空腔称为气缸。气缸工作表面除承受燃气的高温、高压外,还有活塞在其中做高速往复运动,故必须耐高温、耐高压、耐磨损和耐化学腐蚀,通常从气缸的材料、加工精度和结构形式等方面予以保证。气缸体材料一般采用优质灰铸铁制造,有时在铸铁中加入少量合金元素,如镍、钼、铬和磷等以提高其耐磨性。有些气缸还采用表面处理,如表面淬火和镀铬等。

②气缸套。有的发动机的气缸体在制造时直接在其上加工气缸套,经过几次大修镗缸后,为了能继续使用,镶一个标准气缸直径的气缸套。但是,这种气缸体需全部用优质耐磨材料来制造,将造成材料上的浪费。为了节省材料,近年来多采用在气缸体内镶入气缸套,形成气缸工作表面。这样,气缸套可用耐磨性较好的合金铸铁或合金钢制造,以延长气缸使用寿命,而气缸体则可以用价格较低的普通铸铁或铝合金等材料制造。

为了使气缸散热,水冷式发动机在气缸内部制有水套,风冷式发动机则在气缸外部制有散热片。根据气缸套是否直接与冷却水接触,气缸套有干式和湿式两种形式,如图 2-1-4 所示。

a. 干式气缸套[图 2-1-4(a)]外表面不直接与冷却水接触,壁厚一般为 1 ~ 3 mm。为了能与气缸体间有足够的实际接触面积,保证气缸套的散热和定位,气缸套的外表面和与其配合的气缸体承孔的内表面都有一定的加工精度,二者一般采用过盈配合。

干式气缸套的特点:优点是不易漏水漏气、气缸体结构刚度大、气缸中心距小、气缸体质量轻;缺点是与湿式气缸套相比其冷却强度较低。

b. 湿式气缸套[图 2-1-4(b)、图 2-1-4(c)]则与冷却水直接接触,壁厚一般为 5 ~ 9 mm。湿式气缸套的外表面有两个保证径向定位的上支撑定位带和下支撑密封带,气缸套的轴向定位是利用上端的凸缘,上、下支撑密封带常装有 1 ~ 3 道耐热、耐油橡胶密封圈来密封水,其密封形式有涨封式和压封式两种,如图 2-1-5 所示。其中使用较广泛的为图 2-1-5(a)所示的涨封式。有的发动机气缸上在两道密封圈之间设有漏水孔,用以观察密封圈工作情况是否良好。柴油机随其强化程度的提高,湿式气缸套的穴蚀已成为一个突出问题,所以,某些柴油机气缸套有三道密封圈,最上一道的上半部分与冷却水接触,既能防止配合面生锈、便于拆装,又能借其吸振,减轻穴蚀,如图 2-1-5(c)所示。大多数湿式气缸套装入座孔后,其顶面高出气缸体上平面 0.05 ~ 0.15 mm。当紧固气缸盖螺栓时,可将气缸盖衬垫压得更紧,以保证气缸更好地密封和气缸套更好地定位。

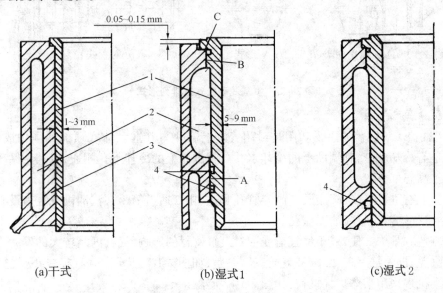

(a)干式　　　　　　(b)湿式1　　　　　　(c)湿式2

**图 2-1-4　气缸套**

A—下支承密封带;B—上支承定位带;C—气缸套凸缘平面;1—气缸套;2—水套;3—气缸体;4—橡胶密封圈

湿式气缸套的优点是气缸体上没有封闭的水套,铸造较容易,又便于修理更换,且散热效果较好。缺点是气缸体的刚度差,易产生穴蚀,且易漏气、漏水。

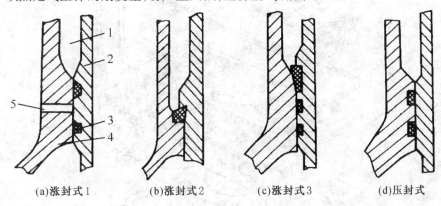

(a)涨封式1　　　(b)涨封式2　　　(c)涨封式3　　　(d)压封式

**图 2-1-5　气缸套下端的密封形式**

1—水套;2—气缸套;3—密封圈;4—气缸体;5—漏水孔

(4)气缸的排列形式。多缸发动机气缸的排列形式如图 2-1-6 所示,其中常见的有两种:直列式[图 2-1-6(a)],多用于六缸以下的发动机;V 形式[图 2-1-6(b)],多用于八缸以上的发动机。这种结构形式刚度大,缩短了发动机的长度和高度,重量也有所减轻。另外,对置式[图 2-1-6(c)],高度比其他形式的小,使得机械的总体布置更为方便。

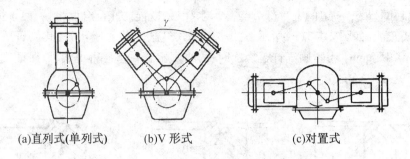

(a)直列式(单列式)　　　(b)V 形式　　　(c)对置式

图 2-1-6　多缸发动机气缸排列形式

2. 气缸盖与气缸垫

(1)气缸盖。气缸盖的主要功用是封闭气缸上部并与气缸和活塞顶部共同构成燃烧室。气缸盖内也有冷却水套,其端面上的冷却水孔与气缸体上的冷却水孔相通,以利用循环水来冷却燃烧室等高温部分。

气缸盖上有进、排气阀座及气阀导管孔和进、排气通道等。在汽油机气缸盖设有火花塞座孔,柴油机气缸盖设有喷油器座孔。

为了制造和维修方便,减小气缸盖变形对气缸密封的影响,气缸内径较大的发动机多采用分开式气缸盖,即一缸一盖、二缸一盖或三缸一盖,如图 2-1-7 所示。气缸径较小、气缸盖负荷较轻的发动机多采用整体式气缸盖,如图 2-1-8 所示。

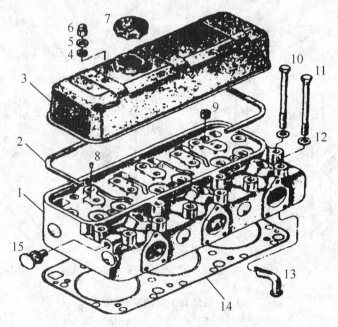

图 2-1-7　6120 – 1 型柴油机分开式气缸盖

1—气缸盖;2—气缸盖罩垫片;3—气缸盖罩;4—垫圈;5—垫圈盘;6—盖形螺母;7—加油孔盖;8—圆形销;
9—方孔锥形螺塞;10、11—气缸盖螺栓;12—垫圈;13—喷水管;14—气缸垫;15—起重螺栓

气缸盖由于形状复杂,一般都采用灰铸铁或合金铸铁铸造。汽油机气缸盖也有用铝合金铸造的,因其导热性比铸铁好,有利于提高压缩比,但其刚度低,使用中易变形。由于可燃混合

气体的形成和燃烧过程不同,汽油机与柴油机的燃烧室在技术要求和结构上都有很大差别。

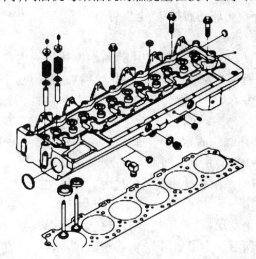

图 2-1-8　康明斯柴油机整体式气缸盖和气缸盖垫

(2)汽油机燃烧室。汽油机燃烧室是由活塞顶部和气缸盖上相应凹坑所组成。对燃烧室的要求是:面容比 $S/V$ 要小、结构要紧凑并能产生涡流,同时,燃烧室的表面要光滑且充气效率要高。汽油机常用的燃烧室类型有以下几种,如图 2-1-9 所示。

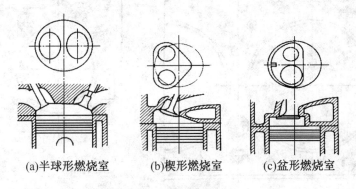

(a)半球形燃烧室　　(b)楔形燃烧室　　(c)盆形燃烧室

图 2-1-9　汽油机燃烧室类型

①半球形燃烧室。如图 2-1-9(a)所示,气阀口呈横向 V 形排列,因此,气阀口可以做得较大,换气好。火花塞通常位于燃烧室的中部,因而火焰行程短,燃烧迅速而完全。但因没有挤气涡流,低速性能较差,配气机构也较复杂,是高速发动机的典型燃烧室。

②楔形燃烧室。如图 2-1-9(b)所示,气阀口斜置,气道导流较好,充气效率较高。在压缩终了时,能形成挤气涡流,因而燃烧速度快,燃烧质量较好。

③盆形燃烧室。如图 2-1-9(c)所示,气阀口平行于气缸轴线,可形成挤气涡流,但气阀口尺寸受到限制,影响换气质量,因而燃烧速度稍差,燃烧质量稍低。

柴油机的燃烧室比汽油机更复杂,详细情况将在项目六中发动机燃料油系统的检修部分专门讨论。

(3)气缸垫。气缸垫用来保证气缸体与气缸盖的密封,防止漏气、漏水。它是发动机上最重要的一种垫片。气缸垫接触高温、高压气体和冷却水,在使用中很容易被烧蚀,特别是气缸口卷边周围。因此,气缸垫要耐热、耐腐蚀,具有足够的强度、一定的弹性和导热性,从而保持可靠的密封。另外,还要求气缸垫能较方便地拆装和有较长的使用寿命。

目前,常用的气缸垫有:金属—石棉垫、金属骨架—石棉垫及纯金属气缸垫等,如图 2-1-10 所示。

①金属—石棉垫,如图 2-1-10(a)、2-1-10(b)所示。外包铜皮和钢皮,且在缸口、水孔、油道口周围卷边加强,内填石棉(常掺入铜屑或铜丝,以加强导热,平衡气缸体与气缸盖的温度)。这种衬垫压紧厚度为 1.2~2 mm,有很好的弹性和耐热性,能重复使用。但厚度和质量的均一性较差。

②金属骨架—石棉垫用编织的钢丝网,如图 2-1-10(c)所示,或有孔钢板(以带毛刺小孔的钢板为骨架),如图 2-1-10(d)所示。外覆石棉及橡胶胶黏剂压成垫片,表面涂以石墨粉等润滑剂,只在气缸口、油道口及水孔处用金属片包边。这种气缸垫弹性好,但易黏结,一般只能使用一次。

③纯金属垫,某些强化发动机,采用纯金属气缸垫,由单层或多层金属片(铜、铝或低碳钢)制成,如图 2-1-10(e)所示。为了加强密封,在气缸口、水孔、油道口处,制有弹性凸筋。

国外一些发动机开始使用耐热密封胶,彻底取代了气缸垫。使用耐热密封胶和纯金属垫的发动机,对气缸体和气缸盖结合面均有较高的加工精度要求。

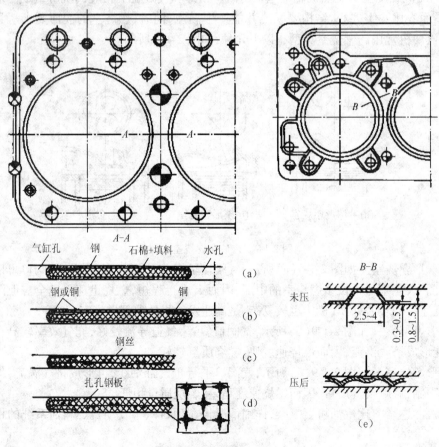

图 2-1-10　气缸垫的结构
(a)、(b)金属—石棉垫;(c)、(d)金属骨架—石棉垫;(e)冲压钢板

**任务实施：**

## 一、任务要求

掌握曲柄连杆机构的组成、功用及原理；掌握发动机机体组的组成、功用及原理；熟悉机体组各部件的工作条件、材料、结构、安装位置及相互连接关系；熟悉机体组主要零部件的检修、装配方法及注意事项；能熟练使用机体组的检测工具、量具及设备，进行机体组的检修；会对机体组主要零部件的磨损、变形、裂纹、配合间隙进行检验。

## 二、仪器与工具

气缸体4个；气缸盖4个；直尺1 000 mm 4把；厚薄规4把；外径千分尺4把；量缸表4把；其他工件、工具、清洗用料等。

## 三、实施步骤

1. 气缸体与气缸盖变形的检修

（1）气缸体与气缸盖变形的检测方法。气缸体、气缸盖平面度的检测，多采用刀形平尺和厚薄规来进行。如图2-1-11所示，利用等于或略大于被测平面全长的刀形平尺，沿气缸体或气缸盖平面的纵向、横向和对角线方向多处进行测量，而求得其平面度误差。

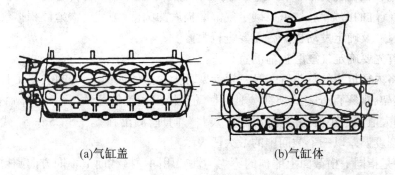

(a)气缸盖　　　　　　　　　　(b)气缸体

**图2-1-11　气缸体与气缸盖平面度的检测**

（2）检测标准。气缸体与气缸盖接合平面的平面度要求：气缸体上平面的平面度误差，在任意位置每50 mm×50 mm的范围内均应不大于0.05 mm。全长不大于600 mm的气缸体其平面度误差不大于0.15 mm；全长大于600 mm的铸铁气缸体其平面度误差不大于0.25 mm；全长大于600 mm的铝合金气缸体，其平面度误差不大于0.35 mm。用高度规检查气缸两端的高度，以确定气缸体上、下平面的平行度。镗缸时，这些平面是主要的定位基准，直接影响到气缸中心线与主轴承孔中心线的垂直度。

（3）气缸体与气缸盖变形的修理。气缸盖可根据情况采用磨削等方法予以修平，气缸体平面局部不平，可用铲削的方法修平；平面变形较大时，可采用平面磨床进行磨削加工修理，但总切削量不宜过大，为0.24～0.50 mm；否则将影响发动机的压缩比。

气缸盖平面度修理要求：全长上应不大于0.10 mm，在100 mm长度上应不大于0.03 mm。

2.气缸体与气缸盖裂纹的检修

(1)气缸体与气缸盖裂纹的检测方法。气缸体与气缸盖裂纹的检查通常采用水压试验。方法是将气缸盖及气缸衬垫装在气缸体上,将水压机出水管接头与气缸前端水泵入水口处连接好,堵住其他水道口,然后将水压入水套,在 300 ~ 400 kPa 的压力下,保持 5 min,气缸体和气缸盖应无渗漏。若气缸体、气缸盖由里向外有水珠渗出,则表明该处有裂纹。

(2)气缸体与气缸盖裂纹的修理。对曲轴箱等应力大的部位的裂纹采取加热与焊接进行修理,对水套及其应力小的部位的裂纹可以采用胶黏修复。在修理中,应根据裂纹的大小、裂纹的部位、损伤的程度,以及技术能力、设备条件等情况,灵活而适当地选择。

3.气缸盖燃烧室容积的测量

气缸盖下平面,若用去除材料的方法修整后,其燃烧室容积将发生变化。因此,应对加工后气缸盖的燃烧室容积进行测量。

测量方法:首先清除燃烧室内的积炭和污垢,将火花塞和进、排气阀按规定装配好,不泄漏;在量杯中配备80%的煤油和20%的润滑油的混合油,将液体注入燃烧室,记下量杯中液面变化的差值,即为该燃烧室的容积。

燃烧室容积一般不得小于公称容积的5%;同一台发动机的各燃烧室容积的公差为公称容积的1% ~ 2%。

4.气缸磨损的检修

(1)气缸磨损的检验方法。使用量缸表测量气缸的磨损程度是确定发动机技术状况的重要手段。通过气缸的磨损测量,可以确定气缸磨损后的圆度、圆柱度误差。根据气缸的磨损程度,确定修理尺寸及确定发动机是否需要进行大修。

测量前,首先要确定气缸磨损前的直径。

测量时,将内径量表的测头置于第一道活塞环上止点处或稍下一点(图 2-1-12 中的截面)并来回摆动表架,观察百分表的长针顺时针摆动到极限位置的读数(图 2-1-13),在 $S_1$—$S_1$ 截面上测出其最大值和最小值,并计算出圆度误差。同理,测出在 $S_2$—$S_2$、$S_3$—$S_3$ 截面的圆度误差,该气缸的圆度误差以三个截面中的最大值表示。

圆度误差是指同一横截面上磨损的不均匀性。用同一横截面上不同方向测得的最大与最小直径差值的 1/2 作为圆度误差。

圆柱度误差是指沿气缸轴线的轴向截面上磨损的不均匀性。其数值是被测气缸表面任意方向所测得的最大与最小直径差值的1/2。

(2)气缸磨损的检验标准。气缸圆度误差:汽油机为 0.05 mm,柴油机为 0.065 mm。气缸圆柱度误差:汽油机为 0.20 mm,柴油机为 0.25 mm。如果超出此范围,则应进行镗缸修理。

(3)气缸的修理方法如下:

①修理尺寸法。气缸磨损后,其圆度或圆柱度误差超过允许的限度时,对磨损的气缸进行机械加工,使其通过尺寸的改变,恢复气缸正确的几何形状和配合性质,这种方法称为修理尺寸法。扩大后的尺寸叫修理尺寸。

②镶套修复法。气缸经多次修理,当直径超过最大修理尺寸或气缸壁上有特殊损伤时,可对气缸做圆整加工,用过盈配合的方式镶上新的气缸套,使气缸恢复到原来的尺寸,这种方法称为镶套修复法。

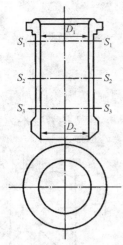

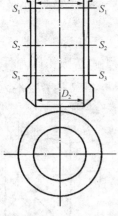

图 2-1-12　气缸磨损测量部位　　　　　图 2-1-13　量缸表测量法

气缸的修理就是按修理尺寸法或镶套修复法,通过镗削或磨削加工,使气缸达到原来的技术要求。目前,常用的镗缸设备有两种:固定式镗缸机和移动式镗缸机。固定式镗缸机是以气缸下平面为基准面进行镗缸,其优点是刚性好,加工精度高,生产效率高。移动式镗缸机是以气缸上平面为基准面进行镗缸,其特点是机动灵活,安装方便,但加工精度稍差。

5.气缸套的镶换

气缸套磨损超过最大修理尺寸或薄壁气缸套磨损逾限、气缸套裂纹以及气缸套与承孔配合松旷产生漏水等故障时,必须更换气缸套。方法如下:

(1)气缸套的拆卸。用气缸套拆装工具拉出旧气缸套,如图 2-1-14(a)所示。

(2)气缸套承孔的检修。气缸套承孔应符合表 2-1-1 规定的质量要求;否则用修理尺寸法镗修各承孔,应镗为同一级修理尺寸。镗削工艺与镗缸工艺相同,修理尺寸为 2~4 级,相邻两级直径为 +0.25 mm。气缸套承孔出现裂纹则应更换气缸体。

表 2-1-1　气缸套承孔质量要求

| 项　　目 | 技　术　条　件 | 项　　目 | 技　术　条　件 |
|---|---|---|---|
| 圆度误差(mm) | 0.01 | 承孔与气缸套配合 | 干式: -0.1~0.05 |
| | | | 湿式: +0.05~0.15 |
| 表面粗糙度(μm) | 干式:$Ra \leq 1.6$ | 孔残留穴蚀面积(mm²) | ≤10 |
| | 湿式:$Ra \leq 0.8$ | | |

(3)新气缸套的检修。干式气缸套配合盈量过大,镶装时容易胀裂承孔,通常精车气缸套外圆柱面修整配合盈量。在车削时,气缸套应安装在内张式芯轴上,以防止在车削过程中变形。

用图 2-1-14(b)的工具将新缸套压入承孔。干式气缸套镶装后,上端面应与气缸体上平面等高,不得低于气缸体上平面。

湿式气缸套安装后一般应高出气缸体平面 0.05~0.15 mm。因此,安装前应检查或修整气缸套上端面止口的高度。若规定安装金属密封圈,计算止口高度时,还应考虑密封垫的厚度,止口和密封垫应平整无曲折、无毛刺。

湿式气缸套阻水圈装入阻水槽之后,阻水圈应高出气缸套外圆柱面 0.5 ~ 1.0 mm,阻水圈侧面应有 0.5 ~ 1.5 mm 间隙,如图 2-1-15 所示。

(4)镶装气缸套。用图 2-1-15 所示的工具或压力机将气缸套缓慢平稳地压入承孔,干式气缸套压力不大于 59 kN。在压入承孔 20 ~ 30 mm 的过程中,应放松压力两次,以便气缸套在弹性变形作用下,自动校正轴线的同轴度,同时用直角尺检查气缸套有无歪斜。在压入过程中,若压装力急剧增大,应立即停止压装,排除故障后再继续压装。

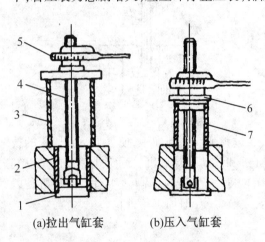

(a)拉出气缸套　(b)压入气缸套

图 2-1-14　气缸套拆装工具

1、6—拉膜;2—旧气缸套;3—支撑套;4—丝杠;5—板杠;
7—新气缸套

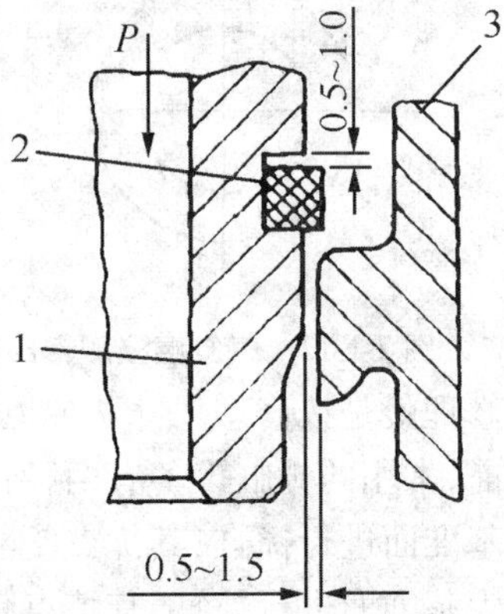

图 2-1-15　阻水圈在槽内的位置

1—气缸套;2—阻水圈;3—承孔

压装时,按隔缸镶装的顺序进行。湿式气缸套在装配前除了清洁承孔和承孔上、下端面的水垢外,还应在承孔上涂擦石墨粉,阻水圈及气缸套上部止口均应涂密封胶,然后将阻水圈与气缸套一同压入承孔。气缸套镶装完毕后,应对气缸体进行水压试验。

**6. 气缸盖的拆装及气缸垫的安装**

(1)气缸盖的拆装。为了保证气缸的密封,避免其变形,气缸盖的拆装操作应按照一定的要求,一般在发动机的修理工艺中均有严格的规定。在拆装时应注意如下几点:

①气缸盖螺栓的拧紧力矩。气缸盖螺栓的拧紧力矩太大或太小都将会对发动机产生不良影响,易造成气缸盖变形、漏气等现象。由于材料的热膨胀系数不同,为了防止受热后气缸盖螺栓的膨胀量大于铸铁气缸盖的膨胀量而使紧度降低,对铸铁气缸盖要在发动机达到正常工作温度后再进行第二次拧紧。铝合金气缸盖由于其热膨胀系数比钢制螺栓大,在发动机热起后紧度更大,故只需在冷态下一次拧紧即可。在有些发动机的关键螺栓(如缸盖、连杆、主轴承盖、飞轮等)装配中,多采用扭矩加转角法的拧紧方法。该方法适用于塑性螺栓,利用螺栓的塑性变形,来确保预紧力达到规定要求,转动角度大小应参考维修技术资料。

②气缸盖螺栓的拆装顺序。为了保证气缸的密封,避免其变形,紧固气缸盖螺栓时应从中央向四周、分次逐步地按规定力矩拧紧,如图 2-1-16 所示。拆卸时,则在冷态按相反顺序进行。

③气缸盖应在冷态时拆卸,拆装过程中不能碰擦下平面,以免平面损伤。

(2)气缸垫的安装。气缸垫安装不正确、气缸垫凸凹不平或被气体冲坏等都会造成气缸垫漏气、漏水。

气缸盖衬垫的安装方法如下：

①应选择规格与气缸体一致的气缸垫，必须与所有的气缸孔、螺栓孔、水道孔、杆孔等相配合。

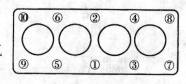

**图 2-1-16　气缸盖螺栓的拧紧顺序**

②安装气缸前，应清洁气缸盖和气缸体的两结合平面，清理冷却水道和螺孔、螺纹上的污物，并清洁衬垫和螺栓。检查气缸垫有无折损和变形。

③气缸垫必须按一定的方向安装。在气缸垫上有识别标记，如"朝上"、"朝前"或"此面朝上"的标记图。若表面上没有标记，则将冲压出的号码标记朝向气缸盖。金属—石棉垫，由于气缸口卷边一面高出一层，对与它接触的平面会造成单面压痕变形，因此，卷边应朝向易修整的接触面或硬平面。气缸盖和气缸体同为铸铁时，卷边应朝向气缸盖（易修整面）；铝合金气缸盖、铸铁气缸体，卷边应朝向气缸体（硬平面）；气缸体和气缸盖同为铝合金时，卷边应朝向气缸体，即朝向湿式气缸套的凸缘（硬平面）。

### 知识检测：

## 一、选择题

1. 曲柄连杆机构是在（　　）条件下工作的。

　A. 高温、高压、高负荷、化学腐蚀

　B. 高温、高磨损、高负荷、化学腐蚀

　C. 高温、高压、高速、化学腐蚀

　D. 高温、高压、高速、高磨损

2. 将气缸盖用螺栓固定在气缸体上，拧紧螺栓时，应采取下列方法（　　）。

　A. 由中央对称地向四周分几次拧紧　　　　B. 由中央对称地向四周一次拧紧

　C. 由四周向中央分几次拧紧　　　　　　　D. 由四周向中央一次拧紧

3. 气缸的横向磨损大的最主要原因是由于（　　）。

　A. 黏着磨损　　　　　　　　　　　　　　B. 磨粒磨损

　C. 侧压力　　　　　　　　　　　　　　　D. 腐蚀磨损

4. 确定气缸圆度超限的依据是（　　）。

　A. 各缸所有测量面上圆度平均超限　　　　B. 各缸圆度平均值的最大超限值

　C. 各缸圆度最大值的平均超限值　　　　　D. 各缸中有任一截面的圆度超限

5. 气缸垫的厚度会影响柴油机的（　　）。

　A. 压缩比　　　　　　　　　　　　　　　B. 连杆比

　C. 冲程缸径比　　　　　　　　　　　　　D. 平均压力增长率

6. 发动机气缸的修复方法可用（　　）。

　A. 电镀法　　　　　　　　　　　　　　　B. 喷涂法

　C. 修理尺寸法　　　　　　　　　　　　　D. 铰削法

7. 一般情况下，发动机气缸沿轴线方向磨损呈（　　）的特点。

A. 上大下小　　　　　　　　B. 上小下大
C. 上下相同　　　　　　　　D. 腰鼓形

## 二、判断题

1. 气缸的圆度误差是指同一高度、不同方向测量的两个直径之差。(　　)

2. 气缸衬垫表面没有方向性。组装时,随便一面朝上安装都不会造成漏水。(　　)

3. 因为气环承受的压力比油环的大,所以气环的侧隙比油环的要小。(　　)

4. 气环的密封原理除了自身的弹力外,还靠少量高压气体作用在环背产生的背压而起的作用。(　　)

5. 气缸衬垫冲坏会导致发动机过热。(　　)

6. 气缸正常磨损的规律是:上大下小,横大纵小;进气阀侧大,排气阀侧小;两端气缸大,中间气缸小。(　　)

## 三、简答题

1. 机体组的组成有哪些?

2. 湿式缸套与干式缸套的特点有哪些?

3. 叙述气缸的磨损规律及原因分析。

4. 什么是修理尺寸法?什么是镶套修复法?

# 任务二　活塞连杆组检修

## 任务描述:

在发动机工作中,出现气缸压缩压力低、连杆轴承异响时,需对活塞连杆组的主要零部件进行检修。通过本任务学习,学会主要零部件的拆装方法及注意事项、正确使用千分尺、百分表、直尺等测量工具,检测活塞、活塞环、连杆等零部件并判断其性能是否正常,确定修理方案。

## 相关知识:

### 活塞连杆组的构造

活塞连杆组由活塞、活塞环、气环、油环、活塞销和连杆等主要机件组成,如图 2-2-1 所示。

1. 活塞

(1) 功用与工作条件。

①功用。活塞的功用是与气缸盖、气缸壁共同组成燃烧室,承受气缸中气体压力并通过活塞销和连杆传给曲轴。

②工作条件。活塞是在高温、高压、高速及润滑和散热均困难的条件下工作的,其工作条

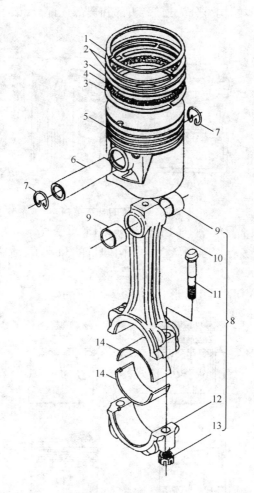

**图 2-2-1　活塞连杆组**

1、2—气环;3—油环刮片;4—油环衬簧;5—活塞;6—活塞销;7—活塞销卡环;8—连杆组;9—连杆
衬套;10—连杆;11—连杆螺栓;12—连杆盖;13—连杆螺母;14—连杆轴瓦

件如下:

a. 气体压力大、工作温度高。由于活塞顶部直接与高温燃气接触,其散热条件又较差,致使活塞承受很高的热负荷,活塞顶部在做功行程时,承受着燃气冲击性的高压力,高温、高压引起活塞变形,磨损增加。

b. 运动速度高,活塞在气缸内做高速运动,现代发动机的转速可高达 4 000~6 000 r/min,活塞的平均速度为 8~12 m/s,其瞬间速度更高。由受力分析可知,活塞运动速度的大小和方向在不断地变化,引起较大的惯性力,它将使曲柄连杆机构的各零件和轴承承受附加负荷。

另外,由于其结构和位置的特殊性,活塞的润滑和散热比较困难。因此,要求活塞应有足够的强度和刚度,质量尽可能小,导热性能、耐热性、耐磨性要好,温度变化时,尺寸及形状的变化要小。

发动机广泛采用的活塞材料是铝合金,有的柴油机上也采用高级铸铁或耐热钢制造活塞。铝合金活塞具有质量小、导热性好的优点。缺点是热膨胀系数较大,在高温时,强度和刚度下降较大。

（2）结构。活塞的基本结构可分为顶部、头部和裙部三部分，如图2-2-2（b）所示。

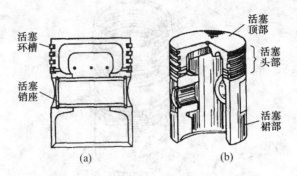

图2-2-2　活塞的基本结构

①活塞顶部。活塞顶部是燃烧室的组成部分，用来承受气体压力。为了提高刚度和强度，并加强其散热能力，背面多有加强筋。根据不同的目的和要求，活塞顶部制成各种不同的形状，它的选用与燃烧室形式有关。

汽油机活塞顶部多采用下列几种形式，如图2-2-3所示。

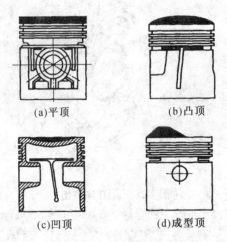

图2-2-3　活塞顶部形状

a. 平顶活塞。其结构简单，加工方便，受热面积小，在汽油机上广泛采用。

b. 凸顶活塞。其顶部刚度较大，制造时可减薄顶部的厚度，因而质量较小，但顶部温度较高，主要适用于二冲程发动机。

c. 凹顶活塞。可以用来调节发动机的压缩比，且可以改善燃烧室形状，但顶部受热量大，易形成积炭，加工制造比较困难。

d. 成型顶活塞。一般适用于对燃烧室有特殊要求的柴油机，特殊的顶部形状可满足燃烧过程中的不同要求。

柴油机活塞顶部形状及燃烧室形状将在后面讲述。

②活塞头部。活塞头部是活塞环槽以上的部分。其主要作用是承受气体压力，并传给连杆；与活塞环一起实现对气缸的密封；并将活塞顶所吸收的热量通过活塞环传给气缸壁。

活塞头部切有若干道用以安装活塞环的环槽。汽油机活塞一般有3~4道环槽，上面2~3道用以安装气环，下面一道用以安装刮油环。在油环槽底面上钻有许多径向小孔，使得被油环从气缸壁上刮下来的多余润滑油经过这些小孔流回油底壳。

③活塞裙部。自油环槽下端面起至活塞底面的部分称为活塞裙部。活塞裙部是用来为活塞导向和承受侧压力的。因而,裙部既要有一定的长度,以保证可靠的导向,又要有足够的面积,以防止活塞对气缸壁的单位面积压力过大,破坏润滑油膜,加速磨损。

在活塞裙部铸有活塞销座,活塞销座是活塞与活塞销的连接部分,位于活塞裙部的上端,为厚壁圆筒结构,用以安装活塞销,如图2-2-3(a)所示。活塞所承受的气体压力、惯性力都是通过销座传给活塞销的,大部分活塞在销座孔内接近外端面处开有卡环槽,用以安装卡环。两卡环之间的距离大于活塞销的长度,使卡环与活塞销端面之间留有足够的间隙,防止冷却过程中活塞的收缩大于活塞销的收缩而将卡环顶出。销座孔有很高的加工精度,并且分组与活塞销选配,以达到高精度的配合,销座孔的尺寸分组通常用色漆标于销座下方的外表面。

裙部的基本形状为一薄壁圆筒,裙部完整的称为全裙式。

高速发动机趋于大气缸直径、短行程,并降低发动机的高度。为了避免活塞与曲轴平衡重块相碰,有时也为了减小质量,在保证有足够承压面的情况下,在活塞不受作用力的两侧,即沿销座孔轴线方向的裙部去掉一部分,形成半拖板式裙部,如图2-2-4所示。或者全部去掉,形成拖板式裙部,如图2-2-5所示。拖板式裙部弹性较大,可以减小活塞与气缸壁间的装配间隙。

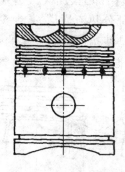

图 2-2-4　半拖板式裙部

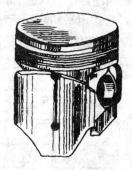

图 2-2-5　拖板式裙部

有两道油环的柴油机活塞,为了改善裙部的润滑条件,将其中的一道油环置于裙部的下方。为了活塞销座孔的润滑,有些销座上钻有收集润滑油的小孔。

(3)活塞的变形及相应措施。

①活塞的变形及原因如下:

a.由于活塞的温度高于气缸壁,并且铝合金的热膨胀系数大于铸铁,因此,活塞的膨胀量大于气缸的膨胀量,使活塞与气缸的配合间隙变小。

b.由于气缸的温度上高、下低,且活塞的壁厚是上厚、下薄,因此,活塞头部的膨胀量大于裙部,自上而下膨胀量由大而小。

c.由于销座处金属多而膨胀量大[图2-6-6(a)]和侧压力作用[图2-2-6(b)]的结果,因此,活塞裙部圆周方向近似椭圆形变化,长轴沿着销座孔轴线方向。

②防止活塞变形的结构措施如下:

a.为了使活塞在工作温度下与气缸壁间保持有比较均匀的间隙,以免在气缸内卡死,必须预先在冷态下把活塞制成其裙部断面为长轴垂直于活塞销方向的椭圆形,轴线方向为上小、下大的圆锥形,如图2-2-7所示。

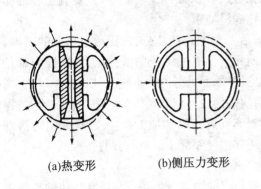

(a)热变形  (b)侧压力变形

图2-2-6  活塞裙部的变形

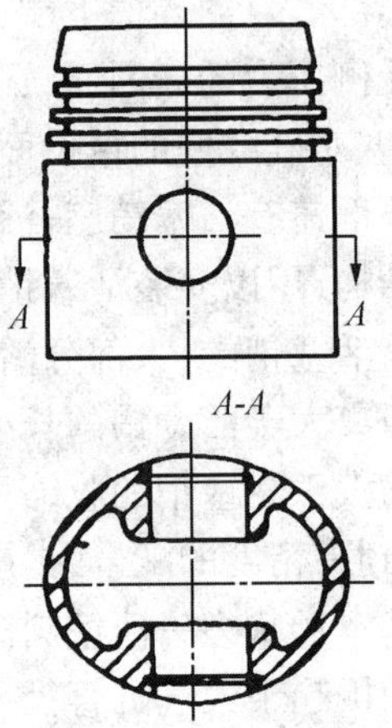

图2-2-7  椭圆形活塞

b. 为了减小销座附近的热变形量,有的活塞还将销座附近的裙部外表面制成0.5 ~ 1.0 mm的凹陷。有的活塞在裙部受侧压力小的一面,还开有T形槽和∏形槽,如图2-2-8所示。其中横槽叫绝热槽,开在头部最下一道油环槽中或裙部上边沿(横槽开在油环槽中时还可兼作油孔),其作用是切断从活塞头部向裙部传输的部分热流通道,减少头部热量向裙部的传导,从而减小裙部的热膨胀。竖槽叫膨胀槽,其作用是使裙部具有一定的弹性,从而使冷状态下的装配间隙尽可能小,而在热状态下又因切槽的补偿作用,活塞不致在气缸中卡死。

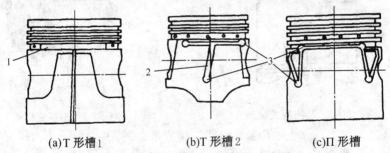

(a)T形槽1  (b)T形槽2  (c)∏形槽

图2-2-8  开槽活塞

1—绝热槽;2—膨胀槽;3—圆孔

c. 为了限制活塞裙部的膨胀量,目前,在发动机上广泛采用双金属活塞。根据其结构和作用原理不同,双金属活塞可分为恒范钢片式、筒形钢片式和自动调节式等。

· 恒范钢片式。恒范钢是含镍为33% ~36%的低碳合金钢,其热膨胀系数仅为铝合金的1/10左右,活塞销座通过恒范钢片与裙部相连,以牵制活塞裙部的热膨胀,如图2-2-9所示。

· 筒形钢片式。其多用于柴油机,在浇铸时,将钢筒夹在铝合金中,由于铝合金的热膨胀系数大于钢,冷却后位于钢筒外的铝合金就紧压在钢筒上,使外层铝合金的收缩量受到钢筒的阻碍而减小,同时产生预应力(铝合金为拉应力,钢筒为压应力)。钢筒内侧铝合金层由于与钢筒没有金属结合,就无阻碍地向里收缩,在二者之间形成一道"收缩缝隙"。当温度升高时,内层合金的膨胀先要清除"收缩缝隙",而后推动钢筒外胀,外层合金与钢筒的膨胀则首先要消除预应力,从而减小了活塞的膨胀量,如图2-2-10所示。

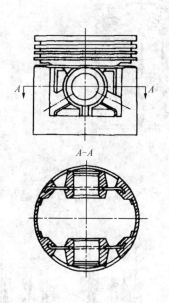

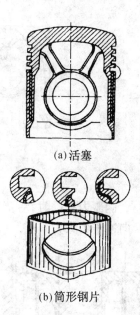

(a)活塞

(b)筒形钢片

图 2-2-9　恒范钢片式活塞　　　　　　图 2-2-10　镶筒形钢片的活塞

·自动调节式。如图 2-2-11 所示为自动调节式活塞,较小的热膨胀系数的低碳钢片贴在销座铝层的内侧,一方面依靠钢片的牵制作用;另一方面是利用钢片与铝壳之间的双金属效应来减小裙部侧压力方向的膨胀量。

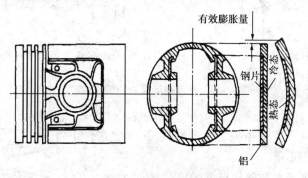

图 2-2-11　自动调节式活塞

在某些强化柴油机中,为满足柴油机的机械负荷和热负荷不断增长的需要,出现了不同结构的油冷活塞,如图 2-2-12(a)所示。它是利用经过连杆杆身输送到小头的润滑油喷到活塞顶部底面,进行冷却(称为振荡冷却);另一种为喷油冷却,如图 2-2-12(b)所示,它是在活塞顶部材料内用石蜡铸造法铸出蛇形管,利用安装在机体上的喷油嘴对蛇形管的一端喷入润滑油的方法,带走活塞顶的大部分热量。温度升高的润滑油,从蛇形管的另一端流出。

活塞销座孔的中心线一般位于活塞中心线的平面内,当活塞越过上止点改变运动方向时,由于侧压力瞬时换向,使活塞与气缸壁的接触面突然由一侧平移至另一侧,如图 2-2-13(a)所示,活塞对气缸壁产生"敲击"(俗称活塞敲缸)。因此,有些发动机将活塞销座轴线向做功行程中受侧压力较大的一面偏移 1～2 mm,如图 2-2-13(b)所示。这样,在活塞接近上止点时,作用在活塞销座轴线右侧的气体压力大于左侧压力,使活塞倾斜,裙部下端提前先换向,然后活

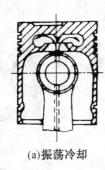 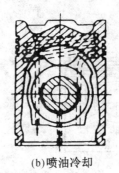

(a)振荡冷却　　　　　　　(b)喷油冷却

图 2-2-12　油冷活塞

塞越过上止点,侧压力相反时,活塞才以左下端接触处为支点,顶部向左转(不是平移),完成换向,而使换向冲击力大为减弱。

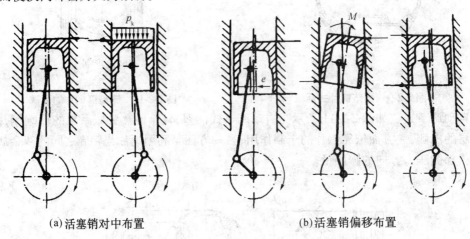

(a)活塞销对中布置　　　　　　　　(b)活塞销偏移布置

图 2-2-13　活塞销偏置时的工作情况

**2. 活塞环**

(1)活塞环的功用。活塞环按其主要功用可分为气环和油环两类,如图 2-2-14 所示。

气环的功用是保证活塞与气缸壁间的密封,防止气缸中的气体窜入曲轴箱,同时还将活塞头部的热量传给气缸,再由冷却水或空气带走。另外,还起到刮油、布油的辅助作用。

油环的功用是用来将气缸壁上多余的润滑油刮回油底壳,并在气缸壁上均匀地布油,这样既可以防止润滑油窜入燃烧

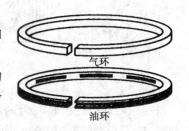

图 2-2-14　活塞环

室,又可以减小活塞、活塞环与气缸的摩擦力和磨损;此外,油环也兼起密封作用。

(2)活塞环的工作条件。活塞环是在高温、高压、高速以及润滑困难的条件下工作的。它的运动情况很复杂,一方面与气缸壁间有相对高速的滑动摩擦,以及由于环的膨胀与收缩而产生的环与环槽侧面相对的摩擦;另一方面,由于环对环槽侧面的上、下撞击,高温使环的弹力下降,润滑变差。尤以第一环工作条件最为恶劣,所以,活塞环是发动机所有零件中工作寿命最短的。

(3)活塞环的材料及表面处理。当活塞环磨损至失效时,将出现发动机起动困难,功率下

降,曲轴箱压力升高,润滑油消耗增加,排气冒蓝烟,燃烧室、活塞等表面严重积炭等不良状况。

活塞环的材料多采用优质灰铸铁、球墨铸铁或合金铸铁,组合式油环还采用弹簧钢片制造。第一道活塞环,甚至所有的环,其工作表面都进行多孔镀铬或喷钼。由于多孔性铬层硬度高,并能储存少量润滑油,从而可以减缓活塞环及气缸壁的磨损。喷钼可以提高活塞环的耐磨性。

(4)活塞环的"三隙"。发动机工作时,活塞和活塞环都会发生热膨胀,并且,活塞环随活塞在气缸内做往复运动时,有径向胀缩变形现象。因此,活塞环在气缸内应有开口间隙(端隙),活塞环与活塞环槽间应有侧隙与背隙(端隙、侧隙与背隙俗称"三隙"),如图 2-2-15 所示。

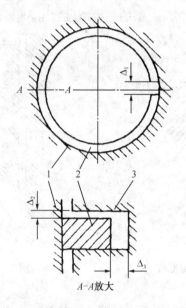

**图 2-2-15　活塞环的间隙**
1—气缸;2—活塞环;3—活塞;$\Delta_1$—端隙;$\Delta_2$—侧隙;$\Delta_3$—背隙

①端隙 $\Delta_1$。其又称为开口间隙,是活塞环装入气缸后开口处的间隙,一般为 0.25 ~ 0.50 mm。此数值随气缸直径增大而增大,柴油机略大于汽油机,第一道气环略大于第二、第三道环。为了减小气体的泄漏,装环时各道环口应互相错开。

②侧隙 $\Delta_2$。其又称边隙,是环高方向上与环槽之间的间隙。第一道环因工作温度高,一般为 0.04 ~ 0.10 mm;其他气环一般为 0.03 ~ 0.07 mm。油环的侧隙较小,一般为 0.025 ~ 0.07 mm。

③背隙 $\Delta_3$。其是活塞及活塞环装入气缸后,活塞环背面与环槽底部间的间隙,一般为 0.5 ~ 1.0 mm。油环的背隙比气环大,目的是增大存油间隙,以利于减压泄油。为了测量方便,维修中以环的厚度与环槽的深度差来表示背隙,此值比实际背隙要小些。

**3.气环**

(1)气环的密封原理。活塞环在自由状态下,其外圆直径略大于气缸直径,所以装入气缸后,气环就产生一定的弹力 $F_1$ 与气缸壁压紧,形成第一密封面。在此条件下,气体不能从环外圆与气缸壁之间通过窜入环槽内,使活塞环被压紧在环槽下侧面,形成第二密封面,如图

2-2-16所示。此外,窜入活塞环背隙的气体,产生背压力 $F_2$,使环对气缸壁进一步压紧,加强了第一、第二密封面的密封性,称为第二次密封。做功行程时,环的背压力远远大于环的弹力,所以,此时第一、第二密封面的密封性好坏主要依靠第二次密封。但如果环的弹力不够,在环面与气缸壁间出现缝隙,就要漏窜气体,这样就削弱或形不成第二次密封。所以,活塞环弹力产生的密封是形成第二次密封的前提。

（2）活塞环的泵油作用及危害。由于侧隙和背隙的存在,当发动机工作时,活塞环便产生了泵油作用,其泵油原理如图 2-2-17 所示。活塞下行时,由于环与气缸壁之间的摩擦阻力以及环本身的惯性,环将压靠在环槽的上端面,气缸壁上的润滑油就被刮入下边隙与背隙内。当活塞上行时,环又压靠在环槽的下端面上,结果第一道环背隙里的油就进入气缸中。如此反复,结果就像油泵的作用一样,将气缸壁的润滑油最后压入燃烧室。

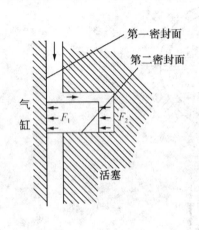

图 2-2-16　气环的密封原理
$F_1$—环自身弹力; $F_2$—背压力

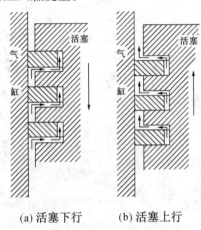

(a) 活塞下行　　(b) 活塞上行

图 2-2-17　活塞环的泵油作用

活塞环的泵油作用,一方面对润滑困难的气缸是有利的;而另一方面随发动机转速的日益提高,泵油作用加剧,不仅增加了润滑油的消耗,而且可能使火花塞因沾油而不能产生电火花,并使燃烧室内积炭增多,甚至环槽内形成积炭,挤压活塞环而失去密封性。另外,还加剧了气缸等构件的磨损。

（3）气环的断面形状。为了加强活塞环的密封、加速活塞环的磨合、减小活塞环的泵油作用及改善润滑,除了合理地选择材料和加工工艺外,在结构上还采用了许多不同断面形状的气环。

①矩形环。该环结构简单,制造方便,与气缸壁接触面积大,对活塞头部的散热有利,但泵油作用大,如图 2-2-18(a)所示。

②锥形环。该环与气缸壁是线接触,有利于磨合和密封。随着磨损的增加,接触面积逐渐增大,最后成为普通的矩形环,如图 2-2-18(b)所示。这种环只能按图示方向安装,为避免装反,在环端上侧面标有记号("向上"或"TOP"等)。

③扭曲环[图 2-2-18(c)和 2-2-18(d)]。该环是在矩形环的内圆上边缘或外圆下边缘切去一部分。将这种环随同活塞装入气缸时,由于环的弹性内力不对称而产生断面倾斜,其作用是防止活塞环在环槽内上下窜动而造成的泵油作用,同时还增加了密封性,易于磨合,并具有向下的刮油作用。

扭曲环在安装时,必须注意环的断面形状和方向,正扭曲环应将其内圆切槽向上,外圆切槽向下,不能装反。

④ 梯形环[图2-2-18(e)]。该环常用于热负荷较大的柴油机第一道环。其特点是当活塞受侧压力的作用而改变位置时,环的侧隙相应地发生变化,使沉积在环槽中的结焦积炭被挤出,避免了环被黏在环槽中而失效。

⑤ 桶形环[图2-2-18(f)]。该环是近年来兴起的一种新型结构,目前,已普遍地用于强化柴油机的第一道环,其特点是活塞环的外圆面为凸圆弧形。当活塞上下运动时,桶面环均能改变形成楔形间隙,使润滑油容易进入摩擦面,从而使磨损大为减少。另外,桶形环与气缸是圆弧接触,故对气缸表面的适应性较好,但圆弧表面加工较困难。

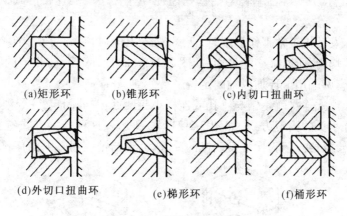

(a)矩形环　　　　(b)锥形环　　　　(c)内切口扭曲环

(d)外切口扭曲环　　　(e)梯形环　　　　(f)桶形环

图2-2-18　气环的断面形状

4. 油环

目前发动机采用的油环有整体式油环和组合式油环两种。

(1)整体式油环。整体式油环没有背压,为提高其对气缸壁的压力,并增加刮油次数,在其外圆上切有环形槽,槽底开有若干用于回油的小孔或窄槽(图2-2-14)。

(2)组合式油环。如图2-2-19所示的组合式油环一般由刮油钢片和弹性衬簧组成,具有径向和轴向弹力作用的衬簧夹在上、下刮油钢片之间。这种油环的刮油作用强,刮油片各自独立,所以对气缸的适应性好。

图2-2-19　组合式油环

5. 活塞销

(1)活塞销的功用及工作条件。活塞销的功用是连接活塞和连杆小头,将活塞承受的气体作用力传给连杆。活塞销在高温下承受很大的周期性冲击负荷,润滑条件差,因而要求活塞销有足够的刚度和强度,表面耐磨,质量尽可能小。为此,活塞销通常做成空心圆柱体,活塞销的材料一般用低碳钢或低碳合金钢制造。

（2）结构。活塞销的基本结构为一厚壁管状体，如图 2-2-20（a）所示；有的也按等强度要求做成变截面结构，如图 2-2-20（b）、图 2-2-20（c）所示。

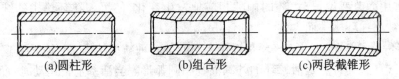

(a)圆柱形　　　　(b)组合形　　　　(c)两段截锥形

**图 2-2-20　活塞销的内孔形状**

（3）活塞销的连接方式。活塞销与活塞销座孔和连杆小头的连接方式，一般有以下两种形式：

①全浮式。在发动机正常工作温度时，活塞销能在连杆衬套和活塞销座孔中自由转动，减小了磨损且使磨损均匀，所以被广泛采用，如图 2-2-21（a）所示。为防止销的轴向窜动而刮伤气缸壁，在活塞销座两端用卡环加以轴向定位。

②半浮式。半浮式连接就是销与座孔或连杆小头两处：一处固定；一处浮动。其中大多数采用活塞销与连杆小头的固定方式，如图 2-2-21（b）所示。这种连接方式省去了连杆小头衬套的修理作业，维修方便。但为保证发动机的冷起动，销与销座间必须要有一定的装配间隙。

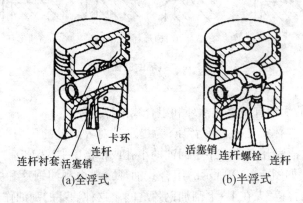

连杆衬套　活塞销　卡环　连杆
(a)全浮式

活塞销　连杆螺栓　连杆
(b)半浮式

**图 2-2-21　活塞销的连接方式**

6．连杆

（1）连杆的功用及材料。连杆的功用是将活塞承受的力传给曲轴，推动曲轴转动，从而使活塞的往复运动转变为曲轴的旋转运动。

连杆在工作时承受活塞销传来的气体作用力、活塞连杆组往复运动时的惯性力和连杆大头绕曲轴旋转产生的旋转惯性力的作用，这些力的大小和方向都是周期性变化的。这就使连杆承受压缩、拉伸和弯曲等交变负荷。因此，要求连杆在质量尽可能小的条件下，有足够的刚度和强度。

为了满足上述要求，连杆一般用中碳钢或合金钢经模锻或辊锻而成，然后经机械加工和热处理。

（2）连杆的组成及结构。连杆由小头、杆身和大头（包括连杆盖）三部分组成。

①连杆小头。连杆小头用来安装活塞销，工作时小头与活塞销之间有相对转动（全浮式），因此，小头孔中一般有减磨的青铜衬套。为润滑活塞销与衬套，在小头和衬套上钻有集

油槽,用来收集发动机运转而被激溅到上面的润滑油,以便润滑。有的发动机连杆小头采用压力润滑,则在连杆杆身内钻有纵向的压力油通道,如图 2-2-22 所示。

②连杆杆身。连杆杆身通常做成工字形断面,以求在强度和刚度满足要求的前提下减小质量。

③连杆大头。连杆大头与曲轴的连杆轴颈相连。为了便于安装,大头一般做成分开式的,一半为连杆体大头;一半为连杆盖,二者通常用螺栓连接。连杆盖与连杆大头是组合镗孔的,为了防止装配时配对错误,在同一侧刻有配对记号。

a. 切口形式。连杆大头按剖分面的方向可分为平切口和斜切口两种。平切口连杆大头如图 2-2-22 所示,切口的剖分面垂直于连杆轴线,一般汽油机连杆大头尺寸都小于气缸直径,故多采用平切口。斜切口连杆大头如图 2-2-23 所示。因为某些发动机连杆大头直径较大,为了拆装时能从气缸内通过,采用了这种形式,剖分面与杆身中心线一般成 30°~60°(常用 45°)夹角。另外,若斜切口再配以较好的切口定位,可以减轻连杆螺栓的受力,多用于柴油机。

b. 连杆大头的定位方式。斜切口连杆在往复惯性力作用下受拉时,在切口方向作用着相当大的横向力 $F_1$ [图 2-2-23(d)]。有了定位装置,$F_1$ 便被定位装置所承受,从而使螺栓免受附加的剪切应力。

·平切口的连杆盖与连杆的定位,是利用连杆螺栓上精加工的圆柱凸台或光圆柱部分,与经过精加工的螺栓孔来保证的,如图 2-2-22 所示。

·斜切口连杆常用的定位方法有以下几种:锯齿形定位,如图 2-2-23(a)所示,依靠接合面的齿形定位,这种定位方式的优点是贴合紧密,定位可靠,结构紧凑。套或销定位,如图 2-2-23(b)、图 2-2-23(c)所示,依靠套或销与连杆体(或盖)的孔紧密配合定位,这种形式能多向定位,定位可靠。止口定位,如图 2-2-23(d)所示,这种形式工艺简单,缺点是定位不大可靠,只能单向定位,对连杆盖止口向外变形或连杆大头止口向内变形均无法防止。

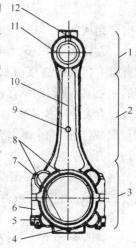

图 2-2-22　连杆组

1—小头;2—杆身;3—大头;4,9—装配记号(朝前);5—螺母;6—连杆盖;7—连杆螺栓;8—轴瓦;10—连杆体;11—衬套;12—集油孔

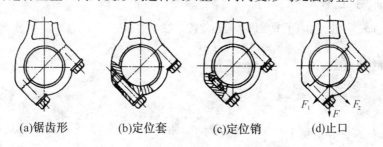

(a)锯齿形　　(b)定位套　　(c)定位销　　(d)止口

图 2-2-23　斜切口连杆大头及其定位方式

7. 连杆轴承

(1)功用及工作条件。连杆轴承也称连杆轴瓦(俗称小瓦),装在连杆大头内,用以保护连杆轴颈和连杆大头孔。其在工作时承受着较大的交变负荷、高速摩擦、低速大负荷时润滑困难等苛刻条件。为此,要求轴承具有足够的强度、良好的减磨性和耐腐蚀性。

（2）结构。现代发动机所用的连杆轴承是由钢背和减磨层组成的分开式薄壁轴承，如图2-2-24所示。

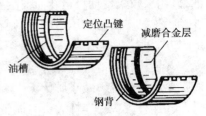

图2-2-24　连杆轴承

钢背由厚1~3 mm低碳钢带制成，是轴承的基体。钢背既有足够的强度，以承受近乎冲击性的负荷；又有合适的刚度，以便与轴承孔良好贴合。在钢背的内圆面上浇铸减磨合金层，用以减小摩擦阻力、加速磨合和保持油膜。目前，常用的轴承减磨合金主要有：白合金、铜铅合金和高锡铝合金。白合金（也称巴氏合金）轴承减磨性好，但是疲劳强度较低，且耐热性差，因此，常用于负荷不大的发动机。铜铅合金和高锡铝合金均具有较高的承载能力和耐疲劳性，含锡量20%以上的高锡铝合金轴瓦在汽油机和柴油机上均得到广泛采用。

连杆轴承背面有较低的表面粗糙度，且当轴承装入连杆大头时有一定的过盈，故能均匀地紧贴在大头孔壁上，并具有很好的承载能力和导热能力。这样可以提高其工作可靠性和延长使用寿命。

为了防止连杆轴承在工作中发生转动或轴向移动，在两个连杆轴承的剖分面上，分别冲压出高于钢背面的两个定位凸键。装配时，这两个凸键分别嵌入在连杆大头和连杆盖上的相应凹槽中，在连杆轴承内表面上还加工有油槽，用以储油和保证可靠润滑。

**任务实施：**

# 一、任务要求

本任务通过对495型柴油发动机活塞连杆组的检测，可了解495型柴油发动机活塞连杆组的常见损伤，完成活塞连杆组检测任务，掌握发动机活塞连杆组检测的基本要求和技术规范，提高实践操作能力。

# 二、仪器与工具

495型柴油发动机、常用工具和专业工具各一套。

# 三、实施步骤

## （一）测量活塞直径

1. 将活塞放置在台虎钳上

提示：在钳口与活塞之间垫上抹布，防止钳口损坏活塞连杆组。

2. 查看活塞顶部直径级别

3. 清洁调整千分尺

（1）清洁校量棒。

（2）清洁千分尺。

（3）千分尺调零。

4.清洁调整游标卡尺

(1)清洁游标卡尺。

(2)游标卡尺校零。

(3)将游标卡尺调到 0 后锁止。

5.测量活塞直径

(1)做测点记号。

(2)在记号处测量活塞直径。

提示:标准活塞直径为 65.5 mm,根据测量确定是否更换活塞。

(3)清洁记号。

(4)清洁、归位工量具。

### (二)测量活塞环三隙

1.测量活塞环侧隙

(1)用气枪清洁活塞环。

(2)清洁塞尺。

(3)做 3 个位置记号并测其侧隙。

提示:第一环侧隙为 0.03 ~ 0.07 mm,第二环侧隙为 0.02 ~ 0.06 mm。

(4)清洁记号、清洁活塞环。

2.测量活塞环端隙

(1)清洁活塞环。

(2)将第一道气环放入相对应的气缸。

(3)用活塞将活塞环平推到离气缸底部 15 ~ 20 mm 处。

(4)用游标卡尺检查第一道活塞环是否达到规定的检测位置。

(5)根据活塞环的标准端隙选择塞尺的厚度。

提示:第一环端隙为 0.15 ~ 0.30 mm,第二环端隙为 0.2 ~ 0.7 mm。

(6)用塞尺检查第一道活塞环端隙。

(7)清洁、归位量具。

3.测量活塞环背隙

(1)清洁活塞环。

(2)用游标卡尺测量活塞环环槽宽与活塞环环厚。

提示:第一、二道环槽宽为 1.5 mm,第一、二道环厚为 1.5 mm;油环槽宽为 2.81 ~ 2.83 mm,油环厚 0.45 mm。

(3)计算出活塞环背隙,计算公式:活塞环背隙 = 环槽宽 - 环厚。

(4)清洁活塞环。

### (三)活塞的选配

在发动机维修过程中,活塞、活塞销和活塞环等是作为易损件更换的,这些零件的选配是一项重要的工艺技术措施。

活塞连杆组的修理,主要包括活塞、活塞环、活塞销的选配,连杆的检验与校正,以及活塞连杆组在组装时的检验校正和装配。

(1)活塞的耗损。活塞的耗损包括正常磨损和异常损坏。

①活塞的正常磨损。活塞的正常磨损主要是活塞环槽的磨损、活塞裙部的磨损、活塞销座孔的磨损等。活塞环槽的磨损较大,尤其是第一道环槽最为严重,各环槽由上而下逐渐减轻。其主要原因是由于燃气的压力作用及活塞高速往复运动,使活塞环对环槽的冲击增大。此外,活塞头部还受到高温、高压燃气的作用,使其强度下降。环槽的磨损将引起活塞环与环槽侧隙的增大,活塞环的泵油作用增大,使气缸漏气和窜润滑油,密封性降低。

活塞裙部的磨损较小,通常是在承受侧向力的一侧发生磨损和擦伤,当活塞裙部与气缸壁间隙过大时,发动机工作易出现敲缸,并出现较严重的窜油现象。

活塞在工作时,由于气体压力和惯性力的作用,使活塞销座孔产生上下方向较大而水平方向较小的椭圆形磨损。由于磨损使活塞销与座孔的配合松旷,在工作中会出现异响。

②活塞的异常损坏。活塞的异常损坏主要有活塞刮伤、顶部烧蚀和脱顶等。

活塞刮伤主要是因为活塞与气缸壁的配合间隙过小,使润滑条件变差,以及气缸内壁严重不清洁,有较多和较大的机械杂质进入摩擦表面而引起的。活塞顶部的烧蚀则是发动机长时间超负荷或爆燃条件下工作的结果。活塞脱顶(活塞头部与裙部分离)的原因是活塞环的开口间隙过小或活塞环与环槽槽底无背隙,当发动机连续在高温、高负荷条件下工作时,活塞环开口间隙被顶死,与气缸壁之间发生黏滞,而活塞裙部受到连杆的拖动使活塞在头部与裙部之间拉断。此外,活塞敲缸和活塞销松旷故障未能及时排除也将造成活塞的异常损坏。

(2)活塞的检验。活塞由于受侧压力的影响,形成椭圆形状,因此,应对活塞的圆度进行检验。若超过标准值范围应予以更换。活塞直径的测量,是用外径千分尺从活塞裙部底边向上约 15 mm 处测量活塞的横向直径。测量的气缸直径减去活塞直径,即为活塞与气缸的间隙,应符合配合标准。

(3)活塞的选配。当气缸的磨损超过规定值及活塞发生异常损坏时,必须对气缸进行修复,并且要根据气缸的修理尺寸选配活塞。选配活塞时要注意以下几点:

①按气缸的修理尺寸选用同一修理尺寸和同一分组尺寸的活塞。活塞裙部的尺寸是镗磨气缸的依据,只有在活塞选配后,才能按选定活塞的裙部尺寸进行镗磨气缸。

②活塞是成套选配的,同一台发动机必须选用同一厂牌的活塞,以保证其材料和性能的一致性。

③在选配成组活塞中,其尺寸差一般为 0.01 ~ 0.015 mm,质量差为 4 ~ 8 g,销座孔的涂色标记应相同。若活塞的质量差过大,可适当车削活塞裙部的内壁或重新选配。车削后,活塞的壁厚不得小于规定尺寸,车削的长度一般不得超过 15 mm。

发动机的活塞与气缸的配合都采用选配法,在气缸的技术要求确定的情况下,重点是选配相应的活塞。活塞的修理尺寸级别一般分为 +0.25 mm、+0.50 mm、+0.75 mm 和 +1.00 mm四级,有的只有 1 ~ 2 个级别。在每一个修理尺寸级别中又分为若干组,通常分为 3 ~ 6 组,相邻两组的直径差为 0.01 ~ 0.015 mm。选配时,要注意活塞的分组标记和涂色标记。有的发动机为薄型气缸套,活塞不设置修理尺寸,只区分标准系列活塞和维修系列活塞,每一系列活塞中也有若干组可供选配。活塞的修理尺寸级别代号常打印在活塞的顶部。部分发动机活塞的分组与气缸直径如表 2-2-1 所示。

选配好活塞后,应在活塞顶部按照气缸的顺序做出标记,以免装错。

表 2-2-1　部分发动机活塞的分组与气缸直径

| 发动机型号 | 分组 | 活塞尺寸(mm) | 缸套尺寸(mm) | 配合间隙(mm) | 备注 |
|---|---|---|---|---|---|
| 五十铃 4JB1 | 基本尺寸<br>一<br>二 | 93<br>93.040~92.985<br>93.024~93.005 | 93.040~93.021<br>93.060~93.041 | 0.025~0.045 | |
| 日产 P06 | S<br>M<br>L | 124.815~124.835<br>124.835~124.855 | 125.00~125.02<br>125.02~125.03<br>125.03~125.05 | 0.185~0.205 | |
| CA6102 | A<br>B<br>C<br>D | 101.54~101.56<br>101.56~101.58<br>101.58~101.60<br>101.60~101.62 | 101.56~101.58<br>101.58~101.60<br>101.60~101.62<br>101.62~101.64 | 0.02~0.04 | |

### (四)活塞环的选配

(1)活塞环的常见损伤。活塞环的常见损伤主要是活塞环的磨损、弹性减弱和折断等。

活塞环的磨损主要是活塞环受高温、高压燃气的作用,活塞环往复运动的冲击和润滑不良所致。活塞环的磨损速度较快,在两次大修间隔之间的某次二级维护,当气缸的圆柱度达到 0.09~0.11 mm 时,则需要更换活塞环一次。在使用中受高温燃气的影响,活塞环的弹性逐渐减弱,造成活塞环接触气缸壁的压力降低,使气缸的密封性变差,出现漏气和窜润滑油现象,发动机的动力性下降,经济性变坏。由于活塞环的安装不当或端隙过小,发动机在高温、大负荷条件下工作时,端隙顶死而卡缸,在活塞的冲击负荷作用下而断裂。此外,在维护更换活塞环时未将气缸壁上磨出的凸肩刮去,也会撞断第一道活塞环。

(2)活塞环的选配。在发动机大修时,活塞环是被当作易损件更换的。活塞环设有修理尺寸,但不因气缸和活塞的分组而分组。

活塞环选配时,以气缸的修理尺寸为依据,同一台发动机应选用与气缸和活塞修理尺寸等级相同的活塞环。当发动机气缸磨损后,也应选配与气缸同一级别的活塞环,严禁选择加大一级修理尺寸的活塞环经锉端隙来使用。进口发动机活塞环的更换按原厂规定进行。

对活塞环的要求:与气缸、活塞的修理尺寸一致;具有规定的弹力,以保证气缸的密封性;活塞环的漏光度、端隙、侧隙和背隙应符合原厂规定。

①活塞环的弹力检验。活塞环的弹力是指使活塞环端隙为零时作用在活塞环上的径向力。活塞环的弹力是建立背压的首要条件,也是保证气缸密封性的必要条件。弹力过大,会使环的磨损加剧;弹力过弱,会使气缸密封性变差,燃料消耗增加,燃烧室积炭严重。活塞环弹力检验仪如图 2-2-25 所示。将活塞环置于滚轮和底座之间,沿秤杆移动活动量块,使环的端隙达到规定的间隙值。此时,可由量块在秤杆上的位置读出作用于活塞环上的力,即为活塞环的弹力。

②活塞环的漏光度检验。活塞环的漏光度检验旨在检测环的外圆表面与缸壁的接触和密封程度,其目的是避免漏光度过大,使活塞环与气缸的接触面积减小,造成漏气和窜润滑油的

隐患。

常用的活塞环漏光度的简易检查方法:活塞环置于气缸内,用倒置的活塞将其推平,用一直径略小于活塞环外径的圆形板盖在环的上侧,在气缸下部放置灯光,从气缸上部观察活塞与气缸壁的缝隙,确定其漏光情况,如图2-2-26所示。

对活塞环漏光度的技术要求:在活塞环端口左右30°范围内,不应有漏光点;在同一根活塞环上的漏光点不得多于两处,每处漏光弧长所对应的圆心角不得超过25°,同一环上漏光弧长所对应的圆心角之和不得超过45°;漏光处的缝隙应不大于0.03 mm,当漏光缝隙小于0.015 mm时,其弧长所对应的圆心角之和可放宽至120°。

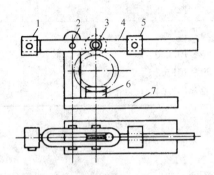
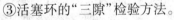
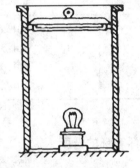

图2-2-25　活塞环弹力检验仪

1—固定量块;2—支撑销;3—滚轮;4—秤杆;

5—活动量块;6—底座;7—底板

图2-2-26　活塞环漏光度检验

③活塞环的"三隙"检验方法。

a.端隙检验。检验端隙时,将活塞环置于气缸套内,并用倒置活塞的顶部将环推入气缸内其相应的上止点,然后用厚薄规测量,如图2-2-27(a)所示。若端隙大于规定值则应重新选配;若端隙小于规定值时,应利用细平锉刀对环口的一端进行锉修,如图2-2-27(b)所示。锉修时只能锉一端且环口应平整,锉修后应将加工产生的毛刺去掉,以免在工作时刮伤气缸壁。

(a)活塞环端隙的检验　(b)用锉刀锉修活塞环端头　(c)活塞环侧隙的检验

图2-2-27　活塞环间隙的检验

b.侧隙检验。将环放在环槽内,围绕环槽滚动一周,应能自由滚动,既不能松动,又不能有阻滞现象。用厚薄规检测侧隙的方法如图2-2-27(c)所示。

c.背隙检验。为测量方便通常是将活塞环装入活塞内,以环槽深度与活塞环径向厚度的差值来衡量。测量时,将环落入环槽底,再用深度游标卡尺测出环外圆柱面沉入环岸的数值,该数值一般为0~0.35 mm。

在实际操作中,通常是以经验法来判断活塞环的侧隙和背隙。将环置入环槽内,环应低于环岸,且能在槽中滑动自如,无明显松旷感觉即可。

几种常见发动机活塞环的"三隙"如表 2-2-2 所示。

表 2-2-2　几种常见发动机活塞环的"三隙"

| 发动机型号 | 活塞环开口间隙(mm) | | | 活塞环侧隙(mm) | | |
|---|---|---|---|---|---|---|
| | 第一道气环 | 第二道气环 | 油环 | 第一道气环 | 第二道气环 | 油环 |
| 135 系列柴油机 | 0.600～0.800 | 0.500～0.700 | 0.400～0.600 | 0.100～0.135 | 0.080～0.115 | 0.060～0.098 |
| YC6105 柴油机 | 0.400～0.600 | 0.400～0.600 | 0.400～0.600 | 0.090～0.125 | 0.050～0.085 | 0.040～0.075 |
| 康明斯 K38,K50 型柴油机 | 0.640～1.020 | 0.640～1.020 | 0.380～0.760 | — | — | — |
| CA6102 汽油机 | 0.500～0.700 | 0.400～0.600 | 0.300～0.500 | 0.055～0.087 | 0.055～0.087 | 0.040～0.080 |

### (五)活塞销的选配

(1)活塞销的耗损。活塞销多用浮式连接,与活塞销座的配合精度较高,常温下有微量的过盈。在发动机正常工作时,与活塞销座和连杆衬套有微小的间隙。因此,活塞销可以在销座和连杆衬套内自由转动,使得活塞销的径向磨损比较均匀,磨损速率也较低。

由于活塞销在发动机工作时,承受较大的冲击负荷,当活塞销与活塞销座和连杆衬套的配合间隙超过一定数值时,就会由于配合的松旷而发生异响。

(2)活塞销的选配。发动机大修时,一般应更换活塞销,选配标准尺寸的活塞销,为发动机小修留有余地。

选配活塞销的原则:同一台发动机应选用同一厂牌、同一修理尺寸的成组活塞销,活塞销表面应无任何锈蚀和斑点,质量差在 10 g 范围内。

为了适应修理的需要,活塞销设有四级修理尺寸,可以根据活塞销座和连杆衬套的磨损程度来选择相应修理尺寸的活塞销。

(3)活塞销座孔的修配。活塞销与活塞销座和连杆衬套的配合一般是通过铰削、镗削或滚压来实现的。活塞销座的铰削工艺步骤如下:

①选择铰刀。根据活塞销的实际尺寸选择长刃活动铰刀,使两活塞销座能同时进行铰削,以保证两端座孔的同轴度并将选好铰刀的刀把夹入虎钳,与钳口平面保持垂直。

②调整铰刀。第一刀只做试验性的微量调整,一般调整到铰刀的上刃刚露出销座即可。以后各刀的吃刀量也不可过大,以旋转调整螺母 60°～90°为宜。

③铰削。如图 2-2-28 所示,铰削时要用两手平握活塞,按顺时针方向转动活塞并轻轻向下施压进行铰削,铰削要平稳,用力要均匀。为提高铰削质量,每次铰削至刀刃下端与销座平齐时停止铰削。压下活塞从铰刀下方退出,以防止铰偏或起棱,并在不调整铰刀的情况下从反向再铰一次。

④试配。如图 2-2-29 所示,在铰削过程中,每铰削一刀都要用活塞销试配,以防止铰大。当铰削到用手掌力能将活塞销推入一端销座深度的 1/3 时,应停止铰削。然后在活塞销一端垫以阶梯冲轴,用手锤将活塞销反复从一端打向另一端,取下活塞销视其压痕,用刮刀修刮。销座经刮削后,应能用手掌力将活塞销击入一端销座的 1/2,接触面呈点状均匀分布,轻重一致,面积在 75% 以上。

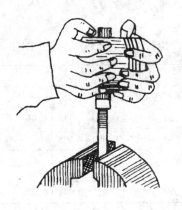
图 2-2-28　活塞销座孔的铰削

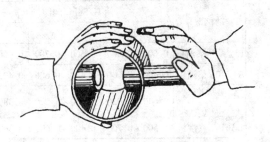
图 2-2-29　活塞销与销座的试配

### （六）连杆组的检修

连杆组的检修主要有连杆变形的检验与校正、连杆小端衬套的压装与铰削等。

（1）连杆变形的检验与校正。连杆在工作中，由于发动机超负荷运转和爆燃等原因，产生复杂的交变负荷，造成连杆的弯曲和扭曲变形。连杆的弯曲是指小端轴线对大端轴线在轴线平面内的平行度误差；连杆的扭曲是指连杆小端轴线在轴线平面的法向上的平面度误差。连杆变形后，使活塞在气缸中歪斜，引起活塞与气缸、连杆轴承与连杆轴颈的偏磨，将对曲柄连杆机构的工作产生很大的影响。因此，对连杆变形的检验与校正是发动机修理过程中的一项极为重要的项目。

①连杆变形的检验。连杆变形的检验在连杆校验仪上进行，如图 2-2-30 所示。连杆校验仪能检验连杆的弯曲、扭曲、双重弯曲的程度及方位。校验仪上的菱形支撑轴，它能保证连杆大端轴承孔轴向与检验平板相垂直。检验时，首先将连杆大端的轴承盖装好，不装连杆轴承，并按规定的拧紧力矩将连杆螺栓拧紧，同时将心轴装入小端衬套的轴承孔中。然后将连杆大端套装在支撑轴上，通过调整定位螺钉使支撑轴扩张，并将连杆固定在校验仪上。测量工具是一个带有 V 形槽的三点规。三点规上的三点构成的平面与 V 形槽的对称平面垂直，两下测点的距离为 100 mm，上测点与两下测点连线的距离也是 100 mm。

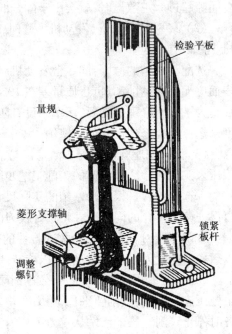
图 2-2-30　连杆校验仪

测量时，将三点规的 V 形槽靠在心轴上并推向检验平板。若三点规的三个测点都与检验仪的平板接触，说明连杆不变形。若上测点与平板接触，两下测点不接触且与平板的间隙一致，或两下测点与平板接触，而上测点不接触，表明连杆弯曲。可用厚薄规测出测点与平板之间的间隙即为连杆在 100 mm 长度上的弯曲度,如图 2-2-31 所示。若只有一个下测点与平板接触,另一下测点与平板不接触,且间隙为上测点与平板间隙的 2 倍,这时下测点与平板的间隙,即为连杆在 100 mm 长度上的扭曲度,如图 2-2-32 所示。有时在测量连杆变形时,会遇到下面两种情况:一是连杆同时存在弯曲和扭曲,反映在一个下测点与平板接触;但另一个下测点的间隙不等于上测点间隙的 2 倍。这时,下测点与平板的间隙为连杆扭曲度,而上测点间隙与下测点间隙的 1/2 的差值为连杆弯曲度。二是连杆存在如图 2-2-31 所示的双重弯曲,检验时先测量出连杆小端端面与平板距离,再将连杆翻转 180°后,按同样方法测出此距离。若两次测出的距离数值不等,即说明连杆有双重弯曲,两次测量数值之差为连杆双重弯曲度。

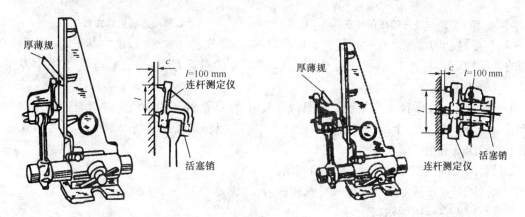

图 2-2-31 连杆弯曲的检验　　　　　　　　图 2-2-32 连杆扭曲的检验

在汽车维修技术标准中,对连杆的变形做了如下规定:连杆小端轴线与大端应在同一平面,在该平面上的平行度公差为 100:0.03,该平面的法向平面上的平行度公差为 100:0.06,若连杆的弯曲度和扭曲度超过公差值时应进行校正。连杆的双重弯曲,通常不予校正。因为连杆大、小端对称平面偏移的双重弯曲极难校正,而双重弯曲对曲柄连杆机构的工作极为有害,因此,应更换连杆。

②连杆变形的校正。经检验确定连杆有变形时,应记下连杆弯曲与扭曲的方向和数值,利用连杆校验仪进行校正。一般是先校正扭曲,后校正弯曲。校正时,应避免反复的过校正。校正扭曲时,先将连杆下盖按规定装配和拧紧,然后用台钳口垫以软金属垫片夹紧连杆大端侧面,最后使用专用扳钳装卡在连杆杆身上下部位,按如图 2-2-33 所示的安装方法校正连杆的逆时针扭曲变形。校正顺时针的扭曲时,将上、下扳钳交换即可。

校正弯曲时,如图 2-2-34 所示。将弯曲的连杆置入专用的校压器中,弯曲的凸起部位朝上,在需校正丝杠的部位加入垫块,扳丝杠使连杆产生反向变形并停留一定时间,待金属组织稳定后再卸下,检查连杆的回位量,直至连杆校正至合格为止。

连杆的弯扭校正经常在常温下进行,由于材料弹性后效的作用,在卸去负荷后连杆有恢复原状的趋势。因此,在校正变形量较大的连杆后,必须进行时效处理。方法是:将连杆加热至 573 K,保温一定时间即可;校正变形较小的连杆,只需在校正负荷下保持一定时间,不必进行时效处理。

 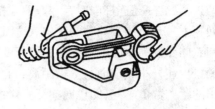

图 2-2-33　连杆的扭曲校正　　　　　图 2-2-34　连杆的弯曲校正

（2）连杆衬套的修配。在更换活塞销的同时，必须更换连杆衬套，以恢复其正常配合。新衬套的外径应与连杆小端轴承孔有 0.10～0.20 mm 的过盈量，以防止衬套在工作中发生转动。

①更换衬套。用手锤和专用铣头将旧衬套敲出，再将新衬套的倒角一端对着连杆小端有倒角的一端，整体式衬套上的油孔应对正连杆小端油孔；将衬套放正，垫上专用铣头，在压床或台钳上缓缓压入直至与端面齐平。

②衬套的铰削。铰刀的选择、使用与铰削方法如下：

a.选择铰刀。按活塞销的实际尺寸选用铰刀，将铰刀的刀把垂直地夹在台钳的钳口上。

b.调整铰刀。将连杆衬套孔套入铰刀，一只手托住连杆大端，另一只手压下连杆小端，以刀刃露出衬套上面 3～5 mm 作为第一刀的铰削量为宜。

c.铰削。铰削时，一只手托住连杆大端均匀用力扳转，另一只手把持小端并向下略施压力，铰削时应保持连杆轴线垂直于铰刀轴线，以防铰偏，如图 2-2-35 所示。当衬套下平面与刀刃相平时停止铰削，将连杆下压退出以免铰偏或起棱。然后在铰刀量不变的情况下，再将连杆反向重铰一次，铰刀的铰削量以调整螺母转过 60°～90° 为宜。

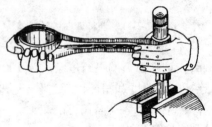

图 2-2-35　连杆衬套的铰削

d.试配。每铰削一次都要用相配的活塞销试配，以防铰大。当达到用手掌力能将活塞销推入衬套的 1/3～1/2 时停铰，用木锤打入衬套内，并夹持在台钳上左右扳转连杆，如图 2-2-36 所示。然后压出活塞销，视衬套的压痕适当修刮。

活塞销与连杆衬套的配合通常也有凭感觉判断的，即以拇指力能将涂有润滑油的活塞销推过衬套为符合要求，如图 2-2-37 所示。或将涂有润滑油的活塞销装入衬套内，连杆与水平面倾斜成 45°，用手轻击活塞销应能依靠其自重缓缓下滑。此外，活塞销与连杆衬套的接触呈点状分布，面积应在 75% 以上。

（3）连杆其他损伤的检修。连杆的杆身与小端的过渡区应无裂纹，表面无碰伤。必要时可采用磁力探伤检验连杆的裂纹。如有裂纹，应予以更换。如果连杆下盖损坏或断裂时，也要同时更换连杆组合件。

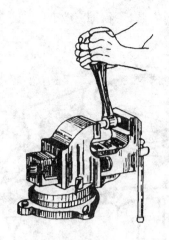 

图 2-2-36 检验活塞销与连杆衬套的配合(一)　　　图 2-2-37 检验活塞销与连杆衬套的配合(二)

连杆大端侧面与曲柄臂之间一般应有 0.10 ~ 0.35 mm 的间隙,如间隙超过 0.50 mm 时,可堆焊连杆大端侧面后修理平整。

连杆杆身下盖的结合平面应平整。检验时,使两平面分别与平板平面贴合,其接触面应贴合良好,如有轻微缝隙,不得超过 0.026 mm。连杆轴承孔的圆柱度误差大于 0.025 mm 时应进行修理或更换连杆。

连杆螺栓应无裂纹,螺纹部分完整,无滑牙和拉长等现象。选用新的连杆螺栓时,其结构参数及材质应符合规定,禁止用普通螺栓代替连杆螺栓。连杆螺栓的自锁螺母不得重复使用。

### (七)活塞连杆组的组装

活塞连杆组的零件经修复、检验合格后,方可进行组装。组装前应对待装零件进行清洗,并用压缩空气吹干。

活塞与连杆的装配应采用热装合方法。将活塞放入水中加热至 353 ~ 373 K,取出后迅速擦净,将活塞销涂上润滑油,插入活塞销座和连杆衬套,然后装入锁环。两锁环内端应与活塞销端面留有 0.10 ~ 0.25 mm 的间隙,以避免活塞销受热膨胀时把锁环顶出。锁环嵌入环槽中的深度,应不少于丝径的 2/3。

活塞与连杆组装时,要注意两者的缸序和安装方向,不得错乱。活塞与连杆一般都标有装配标记,如图 2-2-38 所示。如两者的装配标记不清或不能确认时,可结合活塞和连杆的结构加以识别,如活塞顶部的箭头或边缘缺口应朝前。汽油机活塞的膨胀槽开在做功行程侧压力较小一面,连杆杆身的圆形突出点应朝前,连杆大端的 45°的润滑油喷孔润滑左侧气缸壁。此外,连杆与下盖的配对记号一致并对正,或杆身与下盖承孔的凸榫槽安装时在同一侧,以避免装配时的配对错误。

最后,安装活塞环。安装时,应采用专用工具,以免将环折断,如图 2-2-39 所示。由于各道活塞环的结构差异,所以在安装活塞环时,要特别注意各道活塞环的类型和规格、顺序及其安装方向。

安装气环时,有镀铬的活塞环一般装在第一道;扭曲环应装在第二道和第三道,其安装方向视该环的具体作用而定;用作刮油的正扭曲环,其内缺口或内倒角朝上,外缺口或外倒角朝下;否则活塞环的泵油作用将得到加强,从而使润滑油大量窜入燃烧室而引起积炭。各种环的组合方式和安装方向要按该型号发动机的说明书的要求进行安装,不得随意改变。

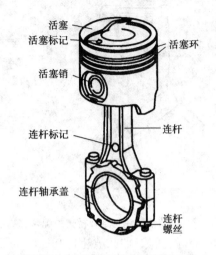

图 2-2-38 活塞连杆组的正确安装

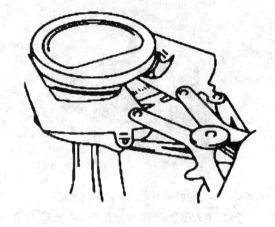

图 2-2-39 活塞环的正确安装

为了提高气缸的密封性,避免高压气体的泄漏,要求活塞环的开口应交错布置,一般是以第一道活塞环的开口位置为始点,其他各环的开口布置成迷宫状的走向。第一道环开口应布置在做功行程侧压力较小的一侧,其他环(包括油环)依次间隔90°~180°。例如,有三道环的发动机,则每道环间隔120°;四道环的发动机,第二环与第一环开口间隔180°,第三环与第二环开口间隔90°,第三环与第四环间隔180°。安装组合油环的上、下刮片,也要交错排列,两道刮片间隔180°。各环的开口布置都应避开活塞销座和膨胀槽位置。

## 知识检测:

### 一、选 择 题

1.一般柴油机活塞顶部多采用(      )。

    A.平顶                 B.凹顶

    C.凸顶                 D.A、B、C 均可。

2.活塞销与销座选配的最好方法是(      )。

    A.用量具测量          B.用手掌力击试

    C.用两者有相同涂色标记选配      D.以上都不对。

3.活塞(      )是承压面。

    A.垂直于活塞销的方向          B.平行于活塞销的方向

    C.和活塞销成60°方向          D.和活塞销成45°方向

4.活塞气环开有切口,具有弹性,在自由状态下其外径与气缸直径(      )。

    A.相等                 B.小于气缸直径

    C.大于气缸直径         D.不能确定。

5.活塞环的径向磨损会使环的(      )。

    A.侧隙增大             B.背隙增大

　　C. 开口间隙增大　　　　　　　D. B + C

6. 活塞环的背隙是指活塞与活塞环装入气缸后,(　　)。
　　A. 环端面与环槽上面之间的间隙　B. 环内圆面与环槽底圆面之间的间隙
　　C. 环外圆面与缸壁之间的间隙　　D. 环自由状态下的搭口间隙

7. 四冲程柴油机连杆轴颈外侧磨损比内侧磨损(　　)。
　　A. 大　　　　　　　　　　　　B. 小
　　C. 相同　　　　　　　　　　　D. 无规律

8. 四冲程柴油机连杆轴颈与主轴颈磨损较大的部位在(　　)。
　　A. 连杆轴颈内侧,主轴颈远离连杆轴颈一侧
　　B. 连杆轴颈外侧,主轴颈近连杆轴颈一侧
　　C. 连杆轴颈内侧,主轴颈近连杆轴颈一侧
　　D. 连杆轴颈外侧,主轴颈远离连杆轴颈一侧

9. 将活塞连杆组装入气缸时,注意活塞顶部的记号应(　　)。
　　A. 向后　　　　　　　　　　　B. 向左
　　C. 向右　　　　　　　　　　　D. 向前

10. 椭圆形活塞之所以被广泛使用,主要原因为(　　)。
　　A. 在发动机冷车时可减少活塞间隙及允许活塞膨胀
　　B. 冷时、热时均成椭圆,故工作噪音小
　　C. 使用于磨损很严重的气缸
　　D. 可提高压缩比

## 二、判 断 题

1. 活塞裙部两侧同时刮伤,说明润滑不良或长期大负荷工作。(　　)
2. 应将活塞环放在活塞环槽内测量其端隙。(　　)
3. 全浮式活塞销的直径在常温下要小于活塞销座孔直径。(　　)
4. 活塞环在自然状态下是一个封闭的圆环形。(　　)
5. 活塞顶是燃烧室的一部分,活塞头部主要用来安装活塞环,活塞裙部可起导向的作用。(　　)
6. 连杆弯曲会导致发动机温度升高后活塞敲缸。(　　)
7. 活塞在工作中受热膨胀,其变形量裙部大于头部。(　　)

## 三、简 答 题

1. 叙述活塞、连杆的结构特点。
2. 扭曲环装入气缸中为什么会产生扭曲效果?它有何优点?装配时应注意什么?
3. 为什么有的活塞销的中心不与气缸中心线相交?
4. 叙述活塞连杆组的检查项目及装配注意事项。

# 任务三 曲轴飞轮组检修

## 任务描述:

在发动机大修中,必须对曲轴飞轮组的主要零部件进行检修。通过本任务学习,学会主要零部件的拆装方法及注意事项,正确使用百分表、千分尺等测量工具,检测曲轴、飞轮等零部件,并判断其性能是否良好,确定修理方案。

## 相关知识:

### 曲轴飞轮组

曲轴飞轮组主要由曲轴、飞轮、扭转减震器、正时齿轮和曲轴皮带轮等组成,如图 2-3-1 所示。

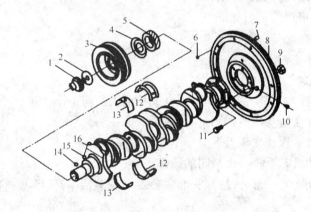

图 2-3-1 曲轴飞轮组

1—起动爪;2—起动爪锁紧垫片;3—扭转减震器皮带轮;4—挡油片;5—正时齿轮;6—第一、第六缸活塞上止点标记;7—圆柱销;8—齿环;9—螺母;10—黄油嘴;11—曲轴与飞轮连接螺栓;12—中间轴承上下轴瓦;13—主轴承上下轴瓦;14、15—半圆键;16—曲轴

1. 曲轴

(1)功用及工作条件。曲轴的主要功用是把活塞连杆组传来的气体压力转变为转矩并对外输出;另外,还用来驱动发动机的配气机构和其他各种辅助装置。

曲轴在工作时,要承受周期性变化的气体压力、往复惯性力和离心力,以及它们产生的转矩和弯矩的共同作用。因此,要求曲轴用韧性和耐磨性都比较高的材料制造,一般都采用中碳钢或中碳合金钢模锻。

近年来,有些发动机还采用高强度的稀土球墨铸铁铸造,这种曲轴必须采用全支撑,以保证其刚度。

曲轴有整体式和组合式两种形式。

（2）整体式曲轴的结构。整体式曲轴如图2-3-2所示,曲轴的基本组成包括前端轴、主轴颈、连杆轴颈、曲柄、平衡重、后端轴和后凸缘盘等,一个连杆轴颈和它两端的曲柄及主轴颈构成一个曲拐。曲轴的曲拐数取决于气缸的数目和排列方式。直列发动机曲轴的曲拐数等于气缸数;V形发动机曲轴的曲拐数等于气缸数的1/2。

图 2-3-2　整体式曲轴

1—前端轴;2—主轴颈;3—连杆轴颈;4—曲柄;5—平衡重;6—后凸缘盘

①主轴颈和连杆轴颈。主轴颈是曲轴的支撑部分。每个连杆轴颈两边都有一个主轴颈的称为全支撑曲轴,全支撑曲轴的主轴颈总比连杆轴颈数多一个;主轴颈少于连杆轴颈的称为非全支撑曲轴。全支撑曲轴的优点是可以提高曲轴的刚度,且主轴承的负荷较小。故它在汽油机和柴油机中广泛采用。

连杆轴颈又叫曲柄销。在直列发动机上,连杆轴颈与气缸数相同。在V形发动机上,因为绝大多数是在一个连杆轴颈上,装左、右两列各一个气缸的连杆,所以,连杆轴颈为气缸数的1/2。

曲轴上钻有贯穿主轴承、曲柄和连杆轴承的油道,以使主轴承内的润滑油经此贯穿油道流至连杆轴承。油道口有倒角,以防刮伤轴承。

②曲柄和平衡重。曲柄是用来连接主轴颈和连杆轴颈的,如图2-3-3所示。平衡重的作用是平衡连杆大头、连杆轴颈和曲柄等产生的离心力及其力矩,有时也平衡活塞连杆组的往复惯性力和力矩,以使发动机运转平稳,并且还可减小曲轴轴承的负荷。

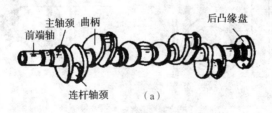

（a）

（b）

图 2-3-3　曲柄和平衡重

有的平衡重与曲轴制成一体;有的单独制成零件,再用螺栓固定于曲柄上,形成装配式平衡重;有的刚度相对较大的全支撑曲轴没有平衡重。无论有无平衡重,曲轴本身还必须经过动平衡校验,对不平衡的曲轴常在其偏重的一侧钻去一部分质量而使其达到平衡。

现代小型高速发动机为减小噪声,采用平衡轴来提高曲轴的平衡度。平衡轴通常使用两根,断面为半圆,使用胶木斜齿轮与曲轴齿轮啮合,如图2-3-4所示。平衡轴与曲轴转动方向相反,以消除曲轴旋转的惯性力。

③前端轴和后端轴。曲轴前端装有驱动配气凸轮轴的正时齿轮、驱动风扇和水泵的皮带轮及止推片等,如图2-3-5所示。为了防止润滑油沿曲轴轴颈外漏,在曲轴前端装有甩油盘,随着曲轴旋转,由于离心力的作

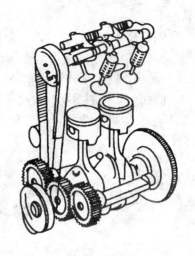

图 2-3-4  平衡轴

用,油被甩到齿轮室盖的壁面,再沿壁面流回到油底壳中。即使还有少量润滑油落到甩油盘前端的曲轴上,也会被压配在齿轮室盖上的油封挡住,并流回油底壳。

有的中、小型发动机曲轴前端还装有起动爪,以便必要时用人力转动曲轴,起动发动机。

曲轴后端安装有飞轮用的凸缘盘。为了防止润滑油向后漏出,常采用甩油盘、油封(自紧油封或填料油封)和回油螺纹等封油装置,如图2-3-6所示。

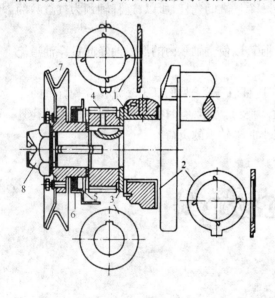

图 2-3-5  曲轴前端的结构

1、2—滑动止推轴承;3—止推片;4—正时齿轮;5—甩油盘;6—油封;7—皮带轮;8—起动爪

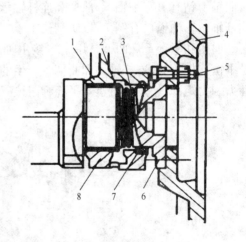

图 2-3-6  曲轴后端的结构

1—轴承座;2—甩油盘;3—回油螺纹;4—飞轮;5—飞轮螺栓;6—曲轴凸缘盘;7—垫料油封;8—轴承盖

发动机工作时,曲轴经常受到离合器施加于飞轮的轴向力作用及其他作用从而有轴向窜动的可能。因曲轴的窜动将破坏曲柄连杆机构一些零件的正确位置,故必须用止推片加以限制。在曲轴受热膨胀时,其应能自由伸长,所以,曲轴上只能有一个地方设置轴向定位装置。

止推片的形式一般有两种,如图2-3-7所示:一种是翻边轴承的翻边部分;另一种是单面

制有减磨合金层的止推片。安装止推片时,应将涂有减磨合金层的一面朝向旋转面。

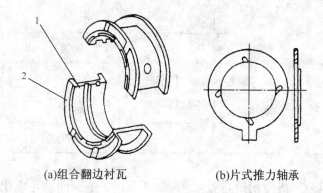

(a)组合翻边衬瓦        (b)片式推力轴承

图 2-3-7   曲轴推力轴承

1—轴瓦;2—推力片

④ 曲拐的布置规律与顺序如下:

a. 曲拐的布置规律

多缸发动机曲轴曲拐的布置与气缸数、气缸的排列形式(直列、V 形)、发动机的平衡以及各缸工作顺序有关。曲拐布置的一般规律如下:各气缸的做功间隔角要尽量均衡,以使发动机运转平稳。对于直列式发动机来说,连续工作的两个气缸相对的夹角(连杆轴颈的分配角)要相等,并等于一个工作循环期间曲轴转角除以气缸数。如六缸四冲程发动机,曲轴每转两圈(720°)各气缸都应工作一次,则相邻做功的两气缸相对应的曲拐互成 720°/6 = 120° 夹角。

连续做功的两气缸相隔应尽量远些,最好是在发动机的前半部和后半部交替进行,这样一方面可减少主轴承连续承载,另一方面避免相邻两气缸进气阀同时开启而发生抢气现象,可使各气缸进气分配较均匀。

V 形发动机左右两排气缸尽量交替做功;曲拐的布置尽可能对称、均匀,以使发动机工作平衡性好。

b. 常见的几种多缸发动机曲拐的布置和工作顺序

直列四缸四冲程发动机曲拐的布置如图 2-3-8 所示。其曲轴曲拐对称布置于同一平面内,做功间隔为 720°/4 = 180°,各气缸的工作顺序有 1—3—4—2 和 1—2—4—3 两种。其工作循环如表 2-3-1 所示。

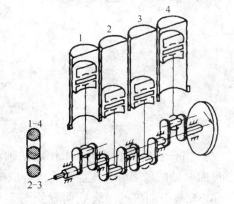

图 2-3-8  直列四缸四冲程发动机曲拐的布置图

表 2-3-1  直列四缸四冲程发动机工作循环表

| 曲轴转角(°) | 第一缸 | 第二缸 | 第三缸 | 第四缸 |
|---|---|---|---|---|
| 0～180 | 做功 | 压缩 | 排气 | 进气 |
| 180～360 | 排气 | 做功 | 进气 | 压缩 |
| 360～540 | 进气 | 排气 | 压缩 | 做功 |
| 540～720 | 压缩 | 进气 | 做功 | 排气 |

直列六缸四冲程发动机曲拐的布置如图 2-3-9 所示。这种曲轴是应用较广的一种曲轴，各气缸的工作顺序为 1—5—3—6—2—4，曲拐均匀布置在互成 120°的三个平面内，做功间隔角为 720°/6＝120°。

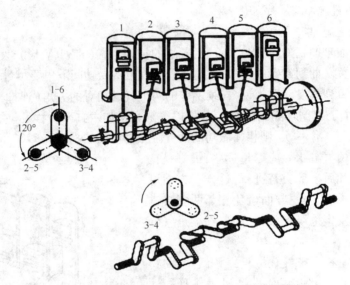

图 2-3-9  直列六缸四冲程发动机曲拐的布置图

（3）组合式曲轴的结构。采用滚动轴承作为曲轴主轴承的柴油发动机，必须采用组合式曲轴，即曲轴的各部分分段加工后组合成整个曲轴，如图 2-3-10 所示。

6135 型柴油机的组合式曲轴如图 2-3-11 所示。该曲轴由耐磨铸铁制成，它主要由皮带盘、前轴、曲拐、输出凸缘、主轴承和飞轮等组成。

①皮带盘。基本型柴油机有三种不同结构形式的皮带盘。6135G－1 型柴油机的皮带盘内孔为圆锥面，其余直列机型皮带盘的内孔均为圆柱面，V 形柴油机的皮带盘均为圆锥面，在损坏更换时切不可搞错。需拆下皮带盘时，应利用拉马拉着两个螺孔拉出，不可用撬棒硬撬，以免拉伤皮带盘。为了拆卸方便，在用拉马拉圆锥孔的皮带盘时，应一边拉一边用锤子轻轻敲击。

②前轴。基本型柴油机的前轴有两种结构：一种是与皮带盘圆柱面配合键连接，用于 2、4、6 缸直列基本型柴油机；另一种是与皮带盘圆锥面配合键连接，用于 12 缸 V 形柴油机及 6135G－1 型柴油机。在安装时，要注意使前轴上安装主动齿轮的键槽对准第一个曲拐连杆轴

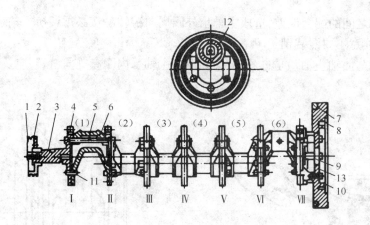

图 2-3-10 组合式曲轴

1—起动爪;2—带轮;3—前端轴;4—滚动轴承;5—连杆螺栓;6—曲柄;7—飞轮齿圈;8—飞轮;9—后端凸轮;10—挡油圈;11—定位螺栓;12—油管;13—锁片

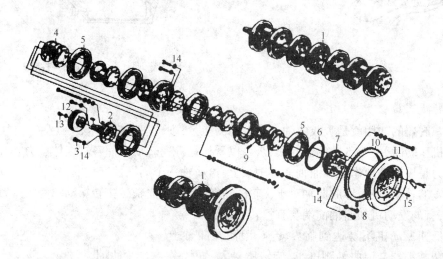

图 2-3-11 6135 型柴油机组合式曲轴结构图

1—曲轴装配部件;2—前轴;3—连接螺钉;4—曲拐;5—4G7002136L 滚柱轴承;6—甩油圈;7—曲轴凸缘;8—定位螺钉;9—油管;10—起动齿圈;11—飞轮;12—皮带盘;13—压紧螺钉;14—镀铜螺母;15—定位销

颈方向(第一缸活塞在上止点位置时,主动齿轮的键槽朝上),而且相应连杆轴颈处的螺栓孔比其他螺栓孔大 1 mm。

③曲拐。当柴油机检修需拆卸曲轴时,可利用曲拐上的两个 M12 螺孔,拧入相应螺钉顶开相邻曲拐,并用专用工具把主轴承拆下,如图 2-3-12 所示。拆卸时,每只曲拐上应做出顺序标记,以便重装时按原来位置装配,保证曲轴动平衡精度。在长期使用后,曲拐内腔可能积聚大量的油污,因此,大修时必须加以彻底清除。

④ 输出凸缘。输出凸缘有两种,主要结构尺寸的区别是凸缘的轴向长度不同。短的一种用于2、4、6缸基本型柴油机;长的一种用于 12 缸 V 形柴油机。在凸缘的外圆有双头右螺旋槽,连同铆接在它上面的甩油圈与飞轮壳组成曲轴后油封结构,如图 2-3-13 所示。

⑤ 主轴承。主轴承采用单列向心圆柱滚子轴承。主轴承外圈与机体主轴承孔为过盈配合,其两端用固定在机体上的销簧限制其轴向移动。主轴承应尽量避免拆卸;否则容易影响主

轴承外圈与机体之间的配合误差,造成主轴承外圈周向游转。在必须调换主轴承时,可用专用工具拆装,特别注意不要漏装销簧。

主轴承内圈与曲轴主轴颈是过盈配合,如发现主轴承内圈有周向游转,应及时维修或更换主轴承。

图 2-3-12　曲拐的拆卸

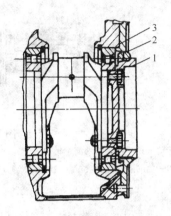

图 2-3-13　曲轴后油封结构

1—输出凸缘;2—甩油圈;3—飞轮壳

### 2. 扭转减震器

扭转减震器的功用就是吸收曲轴扭转振动的能量,削减扭转振动。

发动机运转时,由于飞轮的惯性很大,可以看作是等速转动。而各缸气体压力和往复运动件的惯性力是周期性地作用在曲轴连杆轴颈上,给曲轴一个周期性变化的扭转外力,使曲轴发生忽快忽慢的转动,从而形成曲轴对于飞轮的扭转摆动,即曲轴的扭转振动。为了削减曲轴的扭转振动,有的发动机在曲轴前端装有扭转减震器。

一般低速发动机不易达到临界转速,因而在曲轴上不加装扭转减震器。但曲轴刚度小,旋转质量大,缸数多及转速高的发动机,由于自振动频率低,强迫振动频率高,容易达到临界转速而发生强烈共振,因而应加装曲轴扭转减震器。

常用的扭转减震器有干摩擦式、橡胶式、黏液式(硅油)及橡胶—黏液式等。

橡胶式扭转减震器如图 2-3-14 所示,是将减震器圆盘用螺栓与曲轴带轮及轮毂紧固在一起,橡胶层与圆盘及惯性盘硫化在一起。当曲轴发生扭转振动时,力图保持等速转动的惯性盘便使橡胶层发生内摩擦,从而消除了扭转振动的能量,避免扭转振动。

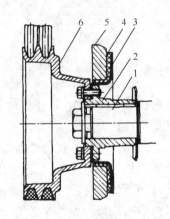

图 2-3-14　橡胶式扭转减震器

1—曲轴前端;2—皮带轮毂;3—减震器圆盘;
4—橡胶垫;5—惯性盘;6—皮带盘

### 3. 飞轮

飞轮的主要功用是通过储存和释放能量来提高发动机运转的均匀性和改善发动机克服短暂的超负荷能力,与此同时,又将发动机的动力传给离合器。

　　飞轮多采用灰铸铁制造,当轮缘的圆周速度超过50 m/s时,要采用强度较高的球墨铸铁或铸钢制造。飞轮是一个转动惯量很大的圆盘,为了保证在足够转动惯量的前提下,尽可能减小飞轮的质量,应使飞轮的大部分质量都集中在轮缘上,因此,轮缘通常做得宽而厚。

　　飞轮外缘上压有一个齿圈,其作用是在发动机起动时,与起动机齿轮啮合,带动曲轴旋转。飞轮上通常刻有点火正时或供油正时记号,以便校准点火时间或供油时间,如图 2-3-15 和图 2-3-16 所示。

　　飞轮与曲轴装配后应进行动平衡调整,否则在旋转时因质量不平衡而产生的离心力,将引起发动机的振动并加速主轴承的磨损。做完动平衡的曲轴与飞轮的位置是固定而不能再变的。为避免装错而引起错位,使平衡受到破坏,飞轮与曲轴之间应有严格的相对位置,用定位销或不对称布置的螺栓予以保证。

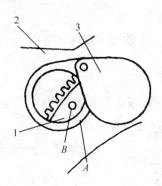

图 2-3-15　汽油机飞轮上 1、6 缸上止点记号
1—飞轮;2—飞轮壳;3—观察孔盖;A—飞轮壳上
的刻线;B—飞轮上的标记(钢球)

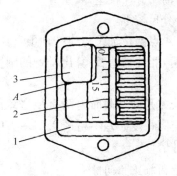

图 2-3-16　柴油机飞轮上的刻记
1—检查窗孔;2—飞轮上的刻线;3—凸缘;A—凸缘边缘

## 任务实施:

### 一、任务要求

　　掌握曲轴飞轮组的组成、功用及原理;熟悉曲轴飞轮组各部件的工作条件、材料、结构、安装位置及相互连接关系;熟悉曲轴飞轮组主要零部件的检修、装配方法及注意事项;能熟练使用曲轴飞轮组的检测工具、量具及设备,进行活塞连杆组的检修。

### 二、仪器与工具

　　495 型柴油发动机 4 台、常用工具和专业工具四套。

### 三、实施步骤

1. 检测曲轴弯曲度
(1)清洁百分表测量头。
(2)组装百分表。

（3）将曲轴放在 V 形块上。

（4）将百分表座吸附在工作台上。

（5）调整百分表,使用百分表头贴近曲轴最中间主轴颈,并对百分表预压 1 mm。

（6）转动百分表刻度盘,使其大指针对准"0"刻度。

（7）双手慢慢转动曲轴,仔细观察百分表测出曲轴的圆跳动量。

（8）读取数值。

（9）清洁整理工、量具。

**2. 检测曲轴轴颈与连杆轴颈**

（1）将曲轴放置于 V 形块上。

（2）清洁曲轴轴颈与连杆轴颈。

（3）清洁千分尺校量棒、千分尺。

（4）千分尺校零。

（5）取 4 点测量轴颈与连杆轴颈直径,检测位置:每个轴颈两端两个方向。

（6）读取相应数值,计算出轴颈的圆度与圆柱度。

提示:

圆度误差是同一截面内两直径之差的一半。圆柱度误差是同一方向上的直径之差的一半。圆度与圆柱度误差不超过 0.01 ~ 0.0125 mm,当圆度和圆柱度误差超过 0.025 mm 时,应按修理尺寸磨修。

**3. 测量曲轴止推间隙**

（1）清洁百分表测量头。

（2）组装百分表,并将百分表座吸附在气缸体上。

（3）调整百分表,使百分表表头紧贴曲轴后端的安装飞轮处,并对百分表预压。

（4）转动百分表刻度盘,使其大指针对准"0"刻度。

（5）用螺丝刀左右撬动曲轴,观察表的跳动情况,测量出曲轴的止推间隙。

提示:曲轴止推间隙标准为 0.13 ~ 0.28 mm,极限为 0.4 mm。

（6）读取相应数值。

（7）清洁游标卡尺并校零。

（8）清洁半圆止推环,用游标卡尺测止推环的厚度。

提示:

①标准厚度为 2.40 mm。

②如果止推间隙超过最大值,应成套更换止推垫片。

（9）清洁整理工、量具。

**4. 曲轴的耗损**

（1）曲轴的磨损。曲轴主轴颈和连杆轴颈的磨损是不均匀的,且磨损部位有一定的规律性。

主轴颈和连杆轴颈径向最大磨损部位相互对应,即各主轴颈的最大磨损靠近连杆轴颈一侧;而连杆轴颈的最大磨损部位在主轴颈一侧。

连杆轴颈的径向不均匀磨损是由于作用在轴颈上的力沿圆周方向分布不均匀。连杆轴颈的内侧磨损较大。

主轴颈径向的不均匀磨损,主要是受连杆、连杆轴颈和曲柄臂等离心力的影响,使靠近连杆轴颈一侧的轴颈与轴承间发生的相对磨损较大。

实践证明,连杆轴颈的磨损比主轴颈的磨损严重,这主要是由连杆轴颈的负荷较大、润滑条件较差等原因所造成的。

轴颈表面还可能出现擦伤和烧伤。擦伤主要是润滑油不清洁,其中较大的机械杂质在轴颈表面划成沟痕烧瓦后轴颈表面会出现严重的擦伤划痕,轴颈表面烧灼变成蓝色。

(2)曲轴的弯扭变形。所谓曲轴弯曲是指主轴颈的同轴度误差大于 0.05 mm,称为弯曲。若连杆轴颈分配角误差大于 0°30′,则称为曲轴扭曲。

曲轴产生弯曲和扭曲变形,是由于使用不当和修理不当造成的。如发动机在爆震和超负荷条件下工作,个别气缸不工作或工作不均衡,各道主轴承松紧度不一致,主轴承座孔同轴度偏差增大等都会造成曲轴承载后的弯扭变形。曲轴弯曲变形后,将加剧活塞连杆组和气缸的磨损,以及曲轴和轴承的磨损,甚至造成曲轴的疲劳折断。

(3)曲轴的断裂。曲轴的裂纹多发生在曲柄臂与轴颈之间的过渡圆角处,以及油孔处。前者是径向裂纹,严重时将造成曲轴断裂;后者多为轴向裂纹,沿斜置油孔的锐边向轴向发展。曲轴的径向、轴向裂纹主要是应力集中引起的,曲轴变形和修磨不慎也会使过渡区的应力陡增,加剧曲轴的疲劳断裂倾向。

(4)曲轴的其他损伤。起动爪螺纹孔的损伤、曲轴前后油封轴颈的磨损、曲轴后凸缘固定飞轮的螺栓孔磨损、凸缘盘中间支撑孔磨损,以及皮带轮轴颈和凸缘圆跳动误差过大等。

5. 曲轴的检修

曲轴的检修主要包括裂纹的检修、变形(弯曲和扭曲)的检修和磨损的检修等。

(1)曲轴裂纹的检修。曲轴清洗后,首先应检查有无裂纹。它可用磁力探伤法、浸油敲击法或荧光探伤等方法进行裂纹的检验。浸油敲击法,即将曲轴置于煤油中浸一会儿,取出后擦净表面并撒上白粉,然后分段用小锤轻轻敲击,如有明显的油迹出现,该处有裂纹。曲轴检验出裂纹,一般应报废。

(2)曲轴弯曲的检修。检验弯曲变形应以两端主轴颈的公共轴线为基准,检查中间主轴颈的径向圆跳动误差。检验时,将曲轴两端主轴颈分别放置在检验平板的 V 形块上,将百分表触头垂直地抵在中间主轴颈上,慢慢转动曲轴一圈,百分表指针所指示的最大摆差,即中间主轴颈的径向圆跳动误差值,如图 2-3-17 所示。此值若大于 0.15 mm,则应进行压力校正。低于此限,可结合磨削主轴颈予以修正。

曲轴弯曲变形的校正,一般可采用冷压校正法。冷压校正是将曲轴用 V 形铁架住两端主轴颈,用油压机沿曲轴弯曲相反方向加压,如图 2-3-18 所示。由于钢质曲轴的弹性作用,压弯量应为曲轴弯曲量的 10 ~ 15 倍,并保持 2 ~ 4 min,为减小弹性后效作用,最好采用人工时效法消除。人工时效处理,即在冷压后,将曲轴加热至 573 ~ 773 K,保温 0.5 ~ 1 h,便可消除冷压产生的内应力。

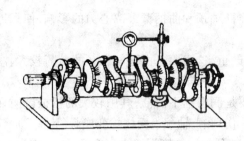 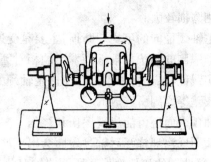

图 2-3-17　曲轴弯曲、扭曲变形的检验　　　　图 2-3-18　曲轴弯曲变形的校正

（3）曲轴扭曲的检修。以六缸发动机曲轴为例，将第一、第六缸连杆轴颈转到水平位置，用百分表分别测量第一缸连杆轴颈和第六缸连杆轴颈至平板的距离，求得同一方位上两个连杆轴颈的高度差 $\Delta A$，如图 2-3-18 所示。扭转变形的扭转角若大于 $0°30'$，可进行表面加热校正或敲击校正。扭转角 $\theta$ 用以下公式进行计算：

$$\theta = 360° \Delta A / 2\pi R \approx 57° \Delta A / R$$

式中，$R$——曲柄半径，mm。

6135ZG 柴油机的 $R = 70$ mm，12V135AG 柴油机的 $R = 75$ mm，CA6102 汽油机的 $R = 57.15$ mm 等。各机型的曲轴半径可查阅有关资料。

曲轴若发生轻微的扭曲变形，可直接在曲轴磨床上结合对连杆轴颈磨削时予以修正。

（4）曲轴轴颈磨损的检修。曲轴轴颈磨损的检验，首先检查轴颈有无磨痕，然后利用外径千分尺测量曲轴各轴颈的直径，从而完成圆度和圆柱度的测量。在同一轴颈的Ⅰ-Ⅰ横截面内的圆周进行多点测量，取其最大与最小直径差值的 1/2，即为该截面的圆度误差，同理测出Ⅱ-Ⅱ截面的圆度误差，该轴颈的圆度误差以两个截面中的最大值表示。在同一轴颈的全长范围内，轴向移动千分尺，测其不同截面

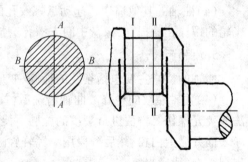

图 2-3-19　曲轴轴颈磨损的检验

的最大值与最小值，其差值为 1/2，即为该轴颈的圆柱度误差，如图 2-3-19。对曲轴短轴颈的磨损以检验圆度误差为主，对长轴颈则必须检验圆度和圆柱度误差。曲轴主轴颈和连杆轴颈的圆度、圆柱度误差不得大于 0.025 mm，超过该值，应按修理尺寸对轴颈进行磨削修理。

部分发动机曲轴轴颈的标准尺寸如表 2-3-2 所示。

表 2-3-2　部分发动机曲轴轴颈的标准尺寸（mm）

| 发动机型号 | 康明斯 K38、K50 柴油机 | 135 系列柴油机 | CA6102 汽油机 |
|---|---|---|---|
| 主轴颈 | 165.05 ~ 165.10 | $80^{0}_{-0.025}$ | $75^{0}_{-0.02}$ |
| 连杆轴颈 | 107.87 ~ 107.95 | $95^{-0.060}_{-0.080}$ | $62^{0}_{-0.02}$ |

曲轴轴颈的磨削应在弯、扭校正后进行，磨削加工设备通常采用专用曲轴磨床。

曲轴的各道主轴颈和连杆轴颈分别磨成同级修理尺寸，以便选择统一的轴承。

在曲轴磨削时,选择定位基准的正确与否,将直接影响到上述要求的满足程度,影响到曲轴的加工质量。

定位基准的选择原则:根据基准统一的要求,首先,应选择与曲轴制造加工时的定位基准相统一;其次,应选择在工作中不易磨损的过盈(或过渡)配合的轴颈表面。据此,在磨削主轴颈时,一般选择曲轴前端起动爪螺孔的内倒角和曲轴后端中心轴承座孔为定位基准。在磨削连杆轴颈时,可选择曲轴前端正时齿轮轴颈和曲轴后端飞轮凸缘的外圆柱面为定位基准。磨削曲轴时,应先磨削主轴颈,然后磨削连杆轴颈。

**6. 飞轮的检修**

(1)更换齿圈。飞轮齿圈有断齿或齿端冲击耗损(如断齿或齿端耗损严重)与发动机齿轮啮合困难时,应更换齿圈或飞轮组件。齿圈与飞轮配合过盈为 0.30 ~ 0.60 mm,更换时,应先将齿圈加热 623 ~ 673 K,再进行热压配合。

(2)修整飞轮工作平面。飞轮工作平面有严重烧灼或磨损沟槽深 0.50 mm 时,应进行修整。修整后,工作平面的平面度误差不得大于 0.10 mm;飞轮厚度极限减薄量为 1 mm;与曲轴装配后的端面圆跳动误差不得大于 0.15 mm。

(3)曲轴、飞轮、离合器总成组装后进行动平衡试验。组件动不平衡量应不大于原厂规定。组件的不平衡量过大,使组件共振临界转速降低。假若共振临界转速降至发动机经济转速内,曲轴就会长期在共振条件下工作,造成曲轴早期疲劳断裂和发动机机体损伤。因此,更换飞轮或齿圈、离合器压盘或总成之后,都应重新进行组件的动平衡试验。

(4)曲轴扭转减震器的检查。现代发动机曲轴的前端多数都有扭转减震器,用于减小曲轴的共振倾向和平衡曲轴前、后两端的振动,降低曲轴的疲劳应力。目前,比较普遍使用的是橡胶式扭转减震器。在检查扭转减震器时,若发现内环(轮毂)与外环(风扇皮带或平衡盘)之间的橡胶层脱层,内、外环出现相对转动,两者的装配记号(刻线)相错,说明扭转减震器已丧失了工作能力,必须更换。

**7. 曲轴轴承的选配**

(1)轴承的耗损。轴承耗损形式有磨损、合金疲劳剥落、轴承疲劳收缩及黏着咬死等。轴承的径向间隙逾限后,因轴承对润滑油流动阻尼能力减弱,可使主油道压力降低,可能破坏轴承的正常润滑;加之引起的冲击负荷,又造成轴承疲劳应力剧增,使轴承疲劳而导致黏着咬死,发动机丧失工作能力。因此,行车中应注意油压变化,听察异响,发现异常应立即停机检修。二级维护时,必须检查轴承间隙,发现轴承间隙逾限时,即更换轴承。若因曲轴异常磨损造成上述故障,应进行修磨或校正曲轴。发动机总成修理时更换全部轴承。

(2)轴承的选配。轴承的选配包括选择合适内径的轴承以及检验轴承的高出量、自由弹开量、横向装配标记——凸唇、轴承钢背表面质量等内容。

①选择轴承内径。根据曲轴轴承的直径和规定的径向间隙选择合适内径的轴承。现代发动机曲轴轴承制造时,根据选配的需要,其内径已制成一个尺寸系列。

②轴承钢背质量的检验。要求定位凸点完整,轴承钢背完整无损。

③轴承自由弹开量的检验。要求轴承在自由状态下的曲率半径,如图 2-3-20(a)所示,保证轴承压入座孔后,可借轴承自身的弹力作用与轴承贴合紧密。

④ 轴承高出量的检验。轴承装入座孔内,上、下两片的每端均应高出轴承 0.03 ~

0.05 mm,称为高出量,如图2-3-20(b)所示。轴承高出座孔,以保证轴承与座孔紧密贴合,提高散热效果。

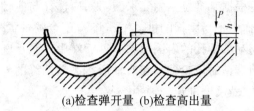

(a)检查弹开量  (b)检查高出量

图2-3-20  轴承的检验

（3）轴承间隙的检验。轴承间隙的检验分径向间隙和轴向间隙检验两种。

①轴承径向间隙的检验。轴承与轴颈之间的间隙,称为轴承的径向间隙。检查的方法有以下几种:

a. 将轴承盖螺栓按规定顺序及力矩拧紧后,用适当的力矩转动曲轴,以检查其松紧度;或用双手扭动曲轴臂使曲轴转动,试其松紧,这是最简单的方法,但必须有一定的经验。

b. 用内径千分尺和外径千分尺分别测量轴颈的外径和轴承的内径,测得的这两个尺寸之差,就是它们之间的间隙,一般径向间隙为0.02～0.05 mm。

c. 用塑胶量规测量检查,剪取与轴承宽度相同的塑胶量规,与轴颈平行放置,盖上轴承盖并按规定扭力拧紧螺栓(注意不要转动曲轴)。拆下螺栓,取下轴承盖,使用塑胶量规袋上的量尺,对比测量被压扁的塑胶最宽点的宽度,换算成径向间隙值(注意,测量后应立即彻底清洁塑胶间隙规尺)。如果其值不在规定的范围,就要更换轴承。

②轴承轴向间隙的检验。轴承的轴向间隙是指轴承端面与轴颈定位肩之间的间隙。

检查时,可用撬棒将曲轴移动靠紧一侧,然后用厚薄规量另一侧的间隙,如图2-3-21所示。轴承轴向间隙的调整是通过更换不同厚度的装在曲轴前端或后端的止推环进行的;有的则是更换装在中间的不同侧面厚度的止推轴承进行调整的。

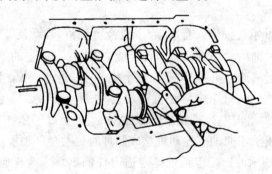

图2-3-21  曲轴轴承轴向间隙的测量

📌知识检测:

## 一、选择题

1. 曲轴中间主轴颈的径向圆跳动误差反映了曲轴( )的程度。
    A. 弯曲                              B. 扭曲
    C. 磨损                              D. 弯扭

2. 曲轴轴颈修理尺寸的要点是( )。
    A. 所有轴颈必须一致               B. 同名轴颈必须一致
    C. 每个轴颈都可采用单独的修理尺寸   D. 以上都不对。

3. 曲轴上的平衡重一般设在( )。
    A. 曲轴前端                         B. 曲轴后端
    C. 曲柄上                           D. 曲拐上

4. 曲轴轴瓦装入座孔后,轴瓦接合面应( )座孔。
    A. 高于                             B. 低于
    C. 平齐                             D. 没有要求。

5. 校正发动机曲轴平衡时,一般是在曲轴( )处用钻孔去除材料的方法获得平衡。
    A. 主轴颈                           B. 曲拐
    C. 平衡重                           D. 连杆轴颈

6. 测量发动机曲轴的止推间隙采用( )量具。
    A. 千分尺                           B. 百分表
    C. 游标卡尺                         D. 塑料间隙规

7. 发动机曲轴检验和组装后,还必须进行( )。
    A. 动平衡试验                       B. 传动试验
    C. 装车试验                         D. 整体检验

## 二、判断题

1. 在测量曲轴轴承径向间隙时不可转动曲轴。( )

2. 发动机曲轴皮带轮上的上止点记号和缸体上的标记对齐时,第一缸活塞正好处于压缩行程上止点位置。( )

3. 多缸发动机曲轴曲柄上均设置有平衡重块。( )

4. 曲轴修磨的目的是为了消除轴颈表面的形状误差和拉伤等缺陷。( )

5. 有的发动机在曲轴前装有扭转减震器,其目的是为了消除飞轮的扭转振动。( )

6. 发动机曲轴轴承间隙过大,会使轴瓦的冲击负荷增大,导致轴瓦损坏。( )

## 三、简答题

1. 曲轴为什么要轴向定位? 如何定位?

2. 曲轴前后端的防漏措施有哪些?

3. 曲轴扭转减震器有什么作用?

4. 曲轴的修理尺寸是如何确定的?

# 任务四　曲柄连杆机构的常见故障

## 任务描述:

　　曲柄连杆机构异响是发动机常见故障之一。通过对异响故障现象和故障原因分析,按照故障排除程序及时、准确地排除此故障,可避免后续出现发动机内部较为严重的机械故障。所以在发动机使用初期,尤其重视曲柄连杆机构异响的故障诊断与排除工作。

## 相关知识:

### 柴油机曲柄连杆机构的故障分析

　　曲柄连杆机构承担着动力转换和对外输出动力的作用,在设计上已为各个零部件的强度和刚度留有充分的余地,一般情况下,曲柄连杆机构的零部件自身出现故障的概率相对较小,大部分故障都是其他系统或因素及其衍生造成的。比如,大多数烧瓦、抱轴都是由缺润滑油或柴油机过热造成的。也有一些故障是人为原因造成的,比如因装配调整不当、螺栓拧紧力度不足等。

　　曲柄连杆机构最常见的故障主要有:异响、连杆螺栓损坏、烧瓦、拉缸、缸套活塞早期磨损等,曲柄连杆机构异响的故障诊断方法分析如下。

　　曲柄连杆机构异响的诊断方法有仪器诊断法和人工经验诊断法两种。利用仪器实现异响的快速、准确诊断一直是人们追求的目标,但现有的异响诊断仪器尚难满足实际诊断需要。因此,异响诊断仍主要依靠人工经验诊断法。

　　各种异响和柴油机的转速、温度、负荷、润滑条件等有关,并具有各自的特点和规律。异响的人工经验方法就是诊断人员综合响声的固有特征(音调),在易听清楚的部位改变柴油机的转速、温度、负荷、润滑条件,根据所产生的变化,对故障部位与原因做出判断。

　　为提高诊断的准确性和速度,必须了解柴油机的转速、温度、负荷和润滑条件对异响的影响关系。

　　(1)转速。一般情况下,转速越高异响越强烈。尽管如此,高转速时的各种异响声混杂在一起,听诊时反而不易辨清某些异响。所以,诊断转速不一定是高转速,要对具体异响具体对待。听诊气阀异响和活塞异响时在怠速或低速下也能听得非常明显;当主轴承异响、连杆轴承异响和活塞销异响较为严重时,在怠速和低速下也能听到。总之,诊断异响应在声响最明显的转速下进行,并尽量在低转速下进行,以减小不必要的噪声和损耗。

（2）温度。有些异响与柴油机的温度有关,而有些异响与柴油机的温度无关或关系不大。在异响诊断中,对于热膨胀系数大的配合副要特别注意柴油机的热状况,最典型的例子是铝活塞敲缸。在柴油机冷却后,该异响非常明显;然而一旦温度升高,响声就会消失或减弱。所以,诊断该响声应在柴油机低温时进行。热膨胀系数小的配合副所产生的异响(如曲轴主轴承异响、连杆轴承异响;气阀异响等)受柴油机温度变化的影响不大,因而对诊断温度无特别要求。

（3）负荷。许多异响与柴油机的负荷有关。如曲轴主轴承异响、连杆轴承异响和活塞敲缸异响等,均随负荷的变大而增强,随负荷减小而减弱。但是,也有些异响与负荷无关,如气阀异响和凸轮轴异响等,在负荷变化时异响并不变化。

（4）润滑条件。不论什么异响,当润滑条件不佳时,异响一般都显得严重。有些异响本身会引起润滑条件的恶化,如较严重的曲轴主轴承异响和连杆轴承异响常伴有润滑油压力降低。

## 任务实施:

### 一、任务要求

掌握发动机下排气压力过大的故障现象、故障原因;熟悉发动机下排气压力过大故障诊断与排除的流程和方法;能进行发动机下排气压力过大的故障诊断与排除工作。

### 二、实施步骤

1. 曲柄连杆机构异响的故障分析

（1）曲轴主轴承异响

①故障现象。柴油机突然加速时发出沉重而有力的"当当当"或"刚刚刚"的金属敲击声,严重时机体发生很大的振动,响声随柴油机转速的提高而增大,随负荷的增加而增强,响声的部位在气缸下部的曲轴箱内。

②故障原因。主轴承盖固定螺栓松动;主轴承与主轴颈磨损过度,轴向止推装置磨损过度,造成径向与轴向间隙太大;主轴承减摩合金烧毁或脱落;曲轴弯曲,致使曲轴中部或两端主轴承配合间隙太大;润滑油压力太低或润滑油黏度太小。

③故障排除。若轴承盖松动可按规定力矩拧紧;径向间隙过大应换用加厚瓦片重新修配间隙,不允许加垫或修整轴承盖;轴承烧蚀时应查明原因,排除故障后再换轴承;若为轴向窜动引起异响,应重新调整轴向间隙。

（2）连杆轴承的异响

柴油机连杆轴承一般都是三元合金轴承,在使用中只要注意润滑油的牌号,定期保养,正确操作,是不会出现什么问题的。但由于使用、保养不当,也会出现连杆轴承异响的现象。

①故障现象主要表现为:

a. 柴油机突然加速时,有连续明显的敲击声,响声较清脆、短促,响声随柴油机的转速升高而增大,随负荷的增加而增强。

b. 响声在柴油机温度变化时,变化不大。

c. 在急速和中速运转时,可以听到"格楞"的声音。

d. 断油试验,响声明显减弱。

②故障原因

a.润滑不良。轴颈和轴承的配合不符合标准;润滑油牌号不对,加入普通的柴油机润滑油造成润滑不良,轴承的磨损加快,以至于烧瓦;管路中润滑油出现了大量泄漏,造成柴油机烧瓦。

b.轴承的质量、安装问题,使轴承变形,导致合金脱落而烧瓦。

c.连杆大端内孔磨损,轴承走外圈,堵塞油路,轴颈磨成椭圆,轴承和轴颈接触不良。

③连杆轴承异响的判断:

a.逐缸断油试验,从怠速到中速,转速再升高,抖动油拉杆,响声随柴油机的转速升高而增大。轻轻地抖动油拉杆,可以听到"格楞"的响声,而且响声在加油的瞬间增大,断油时响声减小;恢复供油的瞬间响声变大;听到这种声音,即可判断为连杆轴承异响。

b.打开润滑油加油口盖,能听到较强的"哨哨"的敲击声。

c.车辆在运行中,加大油量,或由低速挡猛加油时,听到柴油机的"当当"的敲击声。

④故障排除。更换连杆轴承,保证适当的配合间隙。

(3)活塞敲缸异响

①故障现象

a.活塞敲缸是指在工作行程开始瞬间(或当活塞上行时),活塞在气缸内摆动,其头部与缸壁相碰,发出声响。

b.敲击声在怠速时明显,为"哨哨"响声,与连杆轴承异响相似。

c.响声随柴油机温度变化而变化,冷车时较响,热车时响声较轻或消失。当突然加大油量时,就变成"嗒嗒"的敲击声。

d.多缸敲击发生在由怠速提高到中高速时,声响杂乱无序。

②故障原因

a.冷车起动时,由于活塞冷缩与气缸壁间隙较大,出现明显的敲击声,热机后活塞膨胀与气缸壁间隙减小,故响声变弱或消失。

b.由于燃烧不正常,柴油机"工作粗暴"迫使活塞与缸壁碰撞而敲缸。

c.活塞与缸壁长期摩擦而增加磨损,相互间隙增大,在工作行程开始瞬间活塞在气缸内摆动而敲缸。

d.连杆弯曲或扭转等原因使活塞在气缸内偏斜不正,造成气缸不正常磨损,使活塞敲击缸壁。

③故障判断

a.将润滑油加油口盖打开,用螺钉旋具抵触润滑油加油口一面的缸壁,将耳朵贴在螺钉旋具木把上,如所触处活塞敲缸就可听到有震动的敲击声。

b.采取逐缸断油的办法来确定敲缸的位置。如果断到某个缸时,声音明显地减小或者消失,而当恢复供油时能听到明显的"嗒嗒"声音,说明是该缸的活塞敲缸。

c.为了进一步证实该缸活塞敲缸,可以将该缸的喷油器卸下来,向气缸内加入少量CD级以上的中增压润滑油(起密封作用),再装好喷油器,起动柴油机,敲击声消失或减弱,但运行一段时间后敲击声再度出现,则是该缸活塞敲缸无疑。

d.若冷机时有轻微敲击声,热机后消失,可暂不修理。

④故障排除。柴油机热机敲缸显著时应送修。

(4)活塞环敲击声异常

①故障现象。柴油机发出比较钝哑的"啪啪"响声,随着柴油机转速的升高,声音也随之增大,并且还变成较杂的声音。

②故障原因

a.活塞环间隙过小,热机后膨胀,紧压在缸壁上而卡死在气缸内。

b.活塞环槽积炭过多,使侧隙过小,甚至无间隙;端隙受积炭影响无膨胀余地,以致活塞环卡死在气缸内。

c.活塞环断裂。

d.由于缸壁磨损,气缸顶部出现凸肩,重新安装连杆轴承后使活塞环与缸壁凸肩相碰。

(5)活塞销敲击声异常

①故障现象

a.活塞销敲击声是上下双响(活塞每一工作行程上、下各响一次),声音较脆。

b.怠速时响声较大、较清楚,突然加大油量时,响声也随之加大、加快,高速时响声混浊不清,热机后响声甚至更大。

②故障原因

a.活塞销与连杆衬套磨损过度而松动。

b.活塞销与销座孔配合松动。

c.活塞销两端面与卡环碰击。

d.润滑不良引起活塞销严重烧蚀。

③排除方法。更换连杆衬套或活塞销。

2.柴油机曲轴和轴承烧蚀的原因与预防

(1)原因分析

柴油机曲轴与轴承之间是滑动摩擦。造成曲轴轴承磨损烧蚀的根本原因是润滑条件不良,出现半干摩擦或干摩擦,使轴承表面擦伤,防护层脱落,表面高温使减磨合金层损坏和熔化,轴承烧蚀。导致曲轴与轴承烧蚀的主要原因是:润滑油牌号不对或质量不合格;润滑油容量不足、润滑系统油压低,曲轴轴颈与轴承之间不能形成良好的润滑油膜;轴承本身厚度差超限;轴承压紧余量不够;曲轴或缸体的尺寸精度、形位公差达不到要求,机体变形;曲轴主轴颈、连杆轴颈形位公差超过规定值;曲轴主轴颈、连杆轴颈的表面粗糙度不符合要求;曲轴、飞轮、离合器的动平衡达不到要求;润滑油滤清系统故障引起滤清失效;柴油机维护不当、组装时清洁不彻底;柴油机冷却系统冷却强度不足;低温起动;长期高负荷运行。

(2)预防措施

预防柴油机曲轴和轴承烧蚀的主要措施如下:

①严格监测柴油机机体主轴承孔同轴度及圆度误差。必须比较精确地测量机体主轴承孔同轴度误差和曲轴的圆跳动,以此选配轴承的厚度,使油膜间隙在各轴位达到一致。凡发生过烧瓦、"飞车"等情况的柴油机,组装前必须对机体主轴承孔同轴度误差进行检测,球墨铸铁曲轴全长度内误差不大于0.14 mm,钢轴全长度内误差不大于0.12 mm,同时对机体主轴承孔的圆度和圆柱度也有要求,若超过限度则禁用,若在限度之内,则采用研磨法研磨(即在轴承上涂以适量红丹粉,装入曲轴后进行转动,然后拆下轴承盖对轴承进行检查,对有硬点凸出部位进行刮削处理之后,测量尺寸的变化量,确保使用的可靠性)。

②提高轴承的维修和装配质量并严格控制连杆合格率。提高轴承的修配质量,保证轴承背面光滑无斑点,定位凸点完整无损;保证装配后轴承借助自身弹力与轴承座孔贴合紧密;对曲轴、连杆一律要求测量其大、小孔中心线的平行度及杆身扭曲误差,对不合格的连杆禁止使用;轴承的工作面不能用刮配后达到 75% ~85% 的接触印痕作为衡量标准,应在不刮削时就使轴承和轴颈的配合间隙达到要求。此外,装配时要注意检查曲轴轴颈和轴承的加工质量,严格执行修理工艺规范,防止因装入方法不当而造成安装不正以及轴承螺栓的扭矩不均或不符合规定,从而产生弯曲变形和应力集中,导致轴承过早损坏。

对购置的新轴承进行复检。着重对轴承厚度进行测量,外部质量应符合要求。对状态好的旧轴承进行清洗检测后,实行原机体、原曲轴、原轴承、原位装配使用,确保柴油机组装及润滑油的清洁度。提高清洗设备的性能,严把清洗质量关,提高柴油机各部件的清洁度,同时,净化组装现场环境,制作缸套防尘套,以提高柴油机组装的清洁度。

③合理地选用和加注润滑油。使用规定牌号的润滑油,根据柴油机的强化系数确定润滑油的质量等级,再根据气温确定润滑油黏度等级。定期更换润滑油和滤清器,可用仪器对润滑油进行质量分析,以判断是否需要更换。油品更换时要遵循柴油机操作与保养使用说明书的要求,以免混入其他油品或水分等杂质,保证油品的数量和质量。在使用过程中要选用油膜表面张力小的润滑油,使形成的气泡溃灭时油流的冲击作用力减小,可有效地预防轴承穴蚀;润滑油的黏度等级不可随意增加,以免增加轴承的焦化倾向;柴油机的润滑油油面必须在标准范围内,润滑油和加油工具必须保持清洁,防止任何污物和水的进入,同时保证柴油机各部位的密封效果。注意定期检查和更换润滑油;加注润滑油的场所应无污染,防止一切污染物的侵入;不同品质、不同黏度等级以及不同使用类型的润滑油禁止混用。

④经常检查润滑油是否渗漏。在柴油机起动前或停机 5 min 后进行检查。全面检查一次润滑油量;观察润滑油压力表读数是否符合要求;注意润滑油有无滴漏现象;定期更换润滑油粗、细滤芯,保持润滑油散热器清洁;及时更换损坏的零件;大修时使用质量可靠并符合规格的轴承,安装轴承时紧固螺栓应达到规定的转矩,按设计要求装配曲轴。另外应注意清洗曲轴油道。

⑤定期检查冷却系统。清除管路中的水垢;检查散热器中冷却液是否足够;查看水泵传动带张紧力是否足够、水泵轴承及叶轮是否损坏等,如有损坏,应及时更换;检查节温器是否失效,节温器失效会造成柴油机冷却只有小循环,冷却液温度过高而烧瓦;查看散热器是否渗漏及风扇传动带是否打滑、叶片是否变形等。

⑥正确使用和维护柴油机。安装轴承时,应在轴颈和轴承的工作表面涂以规定牌号的清洁润滑油。轴承装复后,初次起动前应先关闭燃油开关,用起动机带动柴油机空转几次,当柴油润滑油压表有显示后再接通、打开燃油开关,并将油门置于中低速位置,起动柴油机使其运转,进行观察。怠速运转时间不能超过 15 min。新机及大修后的柴油机在磨合期禁止长时间在大负荷或猛增猛减负荷以及高速状态下运转;柴油机长时间全负荷工作结束后,不能马上停机,必须让柴油机以空载中低速运转 5 min 后才能停机;否则内部的热量不易散发。

在冬季,除严格控制起动温度外,还应延长起动供油时间,以保证润滑油到达柴油机各摩擦副,最大限度地减少柴油机起动时各摩擦副的混合摩擦。当润滑油滤清器前后压力差达到 0.08 MPa 时,即应更换。

保持润滑油滤清器和曲轴箱通风装置的清洁并加强维护,按说明书要求及时更换滤芯;保证柴油机冷却系统正常工作,防止散热器"开锅";正确选用燃油,准确调整配气相位,防止柴油机不正常燃烧;及时做好曲轴和轴承技术状况的检查和调整工作。

### 知识检测:

## 一、选择题

1. 检验发动机曲轴裂纹的最好方法是选用( )。
 A. 磁力探伤法或渗透法  B. 敲击法
 C. 检视法  D. 荧光探伤法

2. 为了不影响发动机的动力性和经济性,应尽量减少( )。
 A. 备燃期  B. 速燃期
 C. 缓燃期  D. 后燃期

3. 测量发动机曲轴的止推间隙采用( )。
 A. 千分尺  B. 百分表
 C. 游标卡尺  D. 塑料间隙规

4. 测量发动机曲轴的弯曲量应采用( )。
 A. 千分尺  B. 百分表
 C. 塞尺  D. 塑料间隙规

5. 发动机产生突爆时发出的强烈的类似敲击金属的声音属于( )。
 A. 机械异响  B. 空气动力异响
 C. 燃烧异响  D. 电磁异响

6. 发动机气缸的修复方法可用( )。
 A. 电镀法  B. 喷涂法
 C. 修理尺寸法  D. 铰削法

## 二、判断题

1. 发动机工作时,发出一种沉闷的敲击声,且发动机有振动,在逐缸断火检查时,响声无明显降低,这种现象是连杆轴承敲击声。( )

2. 有的发动机在曲轴前装有扭转减震器,其目的是为了消除飞轮的扭转振动。( )

3. 零件表面越光滑,磨损速度越低。( )

4. 活塞在工作中受热膨胀,其变形量裙部大于头部。( )

5. 连杆杆身采用工字形断面主要是为了减轻质量,以减小惯性力。( )

## 三、简答题

1. 简述工程机械发动机的大修原因。
2. 简述工程机械发动机大修需更换的配件。
3. 简述工程机械发动机大修时需修理的配件。

# 项目三
## 配气机构的检修

**项目描述：**

  配气机构的检修是工程机械发动机构造与维修工作领域的关键工作任务，是技术服务人员和维修人员必须掌握的一项基本技能。

  配气机构的检修主要内容包括：配气机构的功用、组成、工作过程；气阀间隙和配气相位的基本概念；配气机构主要零部件的构造特点、装配连接关系、检修、装配方法；配气机构常见故障现象、原因分析及排除过程。本项目采用理实一体化教学模式，按照完成工作任务的实际工作步骤，通过实物讲解、演示、实训，使学生能正确进行气阀间隙的检查与调整工作，能正确拆装和检修配气机构的主要零部件，通过常见故障现象和原因的分析，能正确排除配气机构的常见故障，增强工程机械发动机技术服务人员和维修员的岗位就业能力。

# 任务一　气阀间隙的检查与调整

## 任务描述:

气阀间隙的检查与调整是发动机维护和大修中非常重要的工作。气阀间隙过大或过小都会影响发动机的使用性能,出现异常情况。所以,保证气阀间隙在标准范围内是非常必要的。通过本任务的学习,学会用盘车工具、厚薄规和常用工具进行气阀间隙的调整,按照规范操作,符合发动机运行技术参数要求,并填写记录表。

## 相关知识:

### 一、配气机构的功用与组成

1. 配气机构的功用

配气机构的功用是根据发动机的工作需要,适时地开启和关闭各个气缸的进气阀和排气阀,使可燃混合气或新鲜空气及时进入燃烧室,并将燃烧后的废气及时排出气缸。

2. 配气机构的组成

发动机配气机构由气阀组和气阀传动组组成。气阀组用于封闭进排气道;气阀传动组按发动机的工况要求,控制气阀的开闭时刻与开闭规律。

凸轮轴下置气阀顶置式配气机构示意,如图3-1-1所示。气阀组包括气阀、气阀导管、气阀弹簧和弹簧座等。气阀传动组由正时齿轮、凸轮轴、挺柱、推杆及摇臂总成等组成。气阀穿过气阀导管,通过气阀锁片与气阀弹簧座连接。气阀弹簧套在气阀杆外围,并有一定的预紧力。气阀弹簧的上端抵在弹簧座上,下端抵在气缸盖。当气阀关闭时,在气阀弹簧预紧力的作用下,气阀头部的密封锥面压紧在气阀座上,将气道关闭。

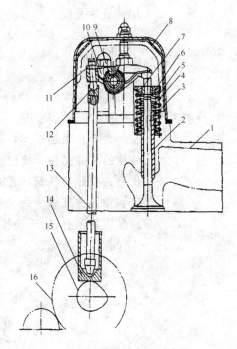

图 3-1-1　凸轮轴下置气阀顶置式配气机构

1—气缸盖;2—气阀导管;3—气阀;4—气阀主弹簧;5—气阀副弹簧;6—气阀弹簧座;7—锁片;8—气阀室罩;9—摇臂轴;10—摇臂;11—锁紧螺母;12—调整螺钉;13—推杆;14—挺柱;15—凸轮轴;16—正时齿轮

摇臂套在摇臂轴上,可绕摇臂轴摆动。摇臂长臂端与气阀杆尾部接触,短臂端装有调整气阀间隙的调整螺钉。凸轮轴安装在气缸体的一侧,挺柱呈杯状,其下端与凸轮轴接触。推杆为一细长杆件,上端与摇臂调整螺钉接触,下端穿过气缸盖与挺柱接触。

发动机工作时,曲轴通过正时齿轮驱动凸轮轴旋转,当凸轮轴转到凸轮的凸起部分顶起挺柱时,通过推杆和调整螺钉使摇臂绕摇臂轴摆动并压缩气阀弹簧,使气阀离座,即气阀开启。当凸轮凸起部分离开挺柱后,气阀便在气阀弹簧力作用下上升而落座,即气阀关闭。

由上述工作过程可知:传动组的运转使气阀开启,气阀弹簧释放张力使气阀关闭;凸轮的轮廓曲线决定了气阀的关闭时刻与规律。

四冲程发动机每完成一个工作循环,曲轴旋转两周,各气缸进、排气阀各开启一次,此时凸轮轴只旋转一周,因此,曲轴与凸轮轴的转速传动比为2∶1。

3. 气阀的布置形式

发动机配气机构形式多种多样,按照气阀相对于气缸的布置,可分为顶置式和侧置式配气机构。

(1)气阀顶置式配气机构。气阀顶置式配气机构是应用最多的一种形式,气阀倒装在气缸盖上,凸轮轴装在曲轴箱内,如图3-1-1所示。

气阀顶置式发动机,由于燃烧室结构紧凑,充气阻力小,具有良好的抗爆性和高速性,易于提高发动机的动力性和经济性指标,因此得到广泛应用。气阀顶置式配气机构的缺点主要是气阀和凸轮轴相距较远,因而,气阀的传动零件较多,结构比较复杂。

(2)气阀侧置式配气机构。气阀侧置式配气机构的进气和排气阀都装在气缸体的一侧,省去了摇臂及摇臂轴、推杆等,简化了配气机构。但是,由于气阀布置在气缸体的一侧使燃烧室的结构不紧凑,限制了压缩比的提高。此外,还由于进气道拐弯多,进气流动阻力大,因而,发动机的动力性和高速性均较差。目前,这种形式的配气机构已趋于淘汰。

4. 凸轮轴布置形式

凸轮轴的布置形式可分为下置、中置和上置三种。三者都可用于气阀顶置式配气机构,气阀侧置式配气机构的凸轮轴只能下置。

(1)凸轮轴下置式配气机构。将凸轮轴布置在曲轴箱内的称为凸轮轴下置式配气机构,如图3-1-1所示。这种配气机构应用最为广泛,其特点是,气阀与凸轮轴相距较远,气阀是通过挺柱、推杆、摇臂传递运动和力。因传动环节多、路线长,在高速运动时,整个系统会产生弹性变形,影响气阀运动规律和开启、关闭的准确性,所以,它不适应高速车用发动机。但因曲轴与凸轮轴距离较近,可以简化二者之间的传动装置,有利于整机的布置。

(2)凸轮轴中置式配气机构。为了减小气阀传动机构的往复运动惯性力,某些高速发动机将凸轮轴位置移至气缸体上部,由凸轮轴经过挺杆直接驱动摇臂,而省去推杆,这种结构称为凸轮轴中置式配气机构。此结构凸轮轴的中心线距离曲轴中心线较远时,若用一对齿轮来传动,齿轮的直径就会过大,这不但会影响发动机的外形尺寸并会使齿轮的圆周速度过大,因此,一般会在中间加一惰轮。

(3)凸轮轴上置式配气机构。凸轮轴上置式配气机构中的凸轮轴布置在气缸盖上。在这种结构中,凸轮轴直接通过摇臂来驱动气阀,这种传动机构没有挺柱、推杆,使往复运动质量大大减小,因此,它适用于高速发动机。但由于凸轮轴离曲轴中心线更远,因此,正时传动机构更为复杂,而且拆装气缸盖也比较困难,气缸内径较小的柴油机的凸轮轴上置时给安装喷油器也带来困难。

5. 凸轮轴的传动方式

由曲轴到凸轮轴的传动方式有齿轮传动、链传动和齿形带传动。

凸轮轴下置与中置式配气机构大多采用圆柱形正时齿轮传动。一般从曲轴到凸轮轴的传动只需一对正时齿轮,必要时可加装中间惰轮,如图 3-1-2 所示。为了啮合平稳,减小噪声,正时齿轮多用斜齿。通常在中、小功率发动机上,曲轴正时齿轮用钢制造,凸轮轴正时齿轮则用铸铁或夹布胶木制造。为了保证装配时的配气正时,齿轮上部有正时记号,装配时必须使记号对齐。

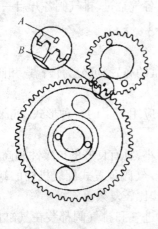
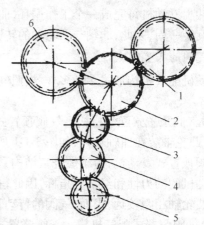

(a) 一对正时齿轮的传动　　　　　　　　　　　(b) 加中间惰轮的齿轮传动

**图 3-1-2　齿轮传动及正时记号**

1—喷油泵正时齿轮;2,4—中间惰轮;3—曲轴正时齿轮;5—润滑油泵传动齿轮;6—凸轮轴正时齿轮

链条和链轮的传动特别适用于凸轮轴上置式配气机构,如图 3-1-3 所示。为使链条在工作时具有一定的张力且不致脱链,装有导链板、张紧轮等装置。为使链条调整方便,有的发动机使用一根链条传动。与齿轮传动相比,链传动有较高的工作可靠性和耐久性,其传动性能在很大程度上取决于链条的制造质量。近年来,国内外已采用齿形皮带来代替链条,图 3-1-4 这种齿形皮带用氯丁橡胶制成,中间夹有玻璃纤维和尼龙织物可以增加强度。采用齿形皮带传动,对于减小噪声、提高结构质量、降低成本都大有好处。

### 6. 气阀间隙

发动机工作时,气阀因温度升高而膨胀。如果气阀与其传动件之间,在冷态时无间隙或间隙过小,则在热态下,气阀及其传动件因受热膨胀势必引起气阀关闭不严,造成发动机在压缩和做功行程中漏气,而使功率下降,严重时甚至不易起动。为了消除这种现象,通常在发动机冷态装配时,在气阀杆末端与气阀驱动零件(摇臂、挺柱或凸轮)之间留有适当的间隙,以补偿气阀受热后的膨胀量,这一间隙称为气阀间隙。一些中、高级轿车由于使用液力挺柱,挺柱的长度能自动变化,故不需要留气阀间隙。

气阀间隙的大小由发动机制造厂根据试验确定。一般在冷态时进气阀的间隙为 $0.25 \sim 0.30$ mm,排气阀的间隙为 $0.30 \sim 0.35$ mm。如果间隙过小,发动机在热态下可能发生漏气,导致功率下降甚至气阀烧蚀。如果间隙过大,则影响气阀的开启量,同时在气阀开启时产生较大的冲击响声。为了能对气阀间隙进行调整,一般在摇臂(或挺柱)上装有调整螺钉及锁紧螺母。

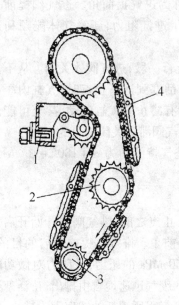

图 3-1-3 凸轮轴的链传动装置

1—液力张紧装置；2—驱动油泵的链轮；3—曲轴；
4—导链板

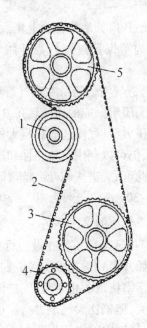

图 3-1-4 齿形皮带传动装置

1—张紧轮；2—正时齿形皮带；3—中间轴正时带轮；
4—曲轴正时带轮；5—凸轮轴正时带轮

## 二、配气相位

用曲轴转角表示的进、排气阀实际开闭时刻和开启持续时间称为配气相位。通常用相对于上、下止点曲轴位置的曲轴转角的环形图来表示,这种图形称为配气相位图,如图 3-1-5 所示。

理论上,四冲程发动机的进气阀在曲拐处于上止点时开启,下止点时关闭;排气阀则在曲拐处于下止点时开启,上止点时关闭。进气时间和排气时间各占 180°曲轴转角。但实际上由于发动机转速很高,活塞每一行程历时相当短,如桑塔纳轿车发动机活塞行程历时仅0.005 4 s,再加上用凸轮驱动气阀需要一个过程,气阀全开的时间就更短了,在这样短的时间内换气,势必会造成进气不足和排气不净。为了改善换气过程,提高发动机性能,故发动

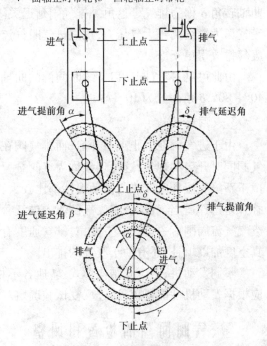

图 3-1-5 配气相位图

机气阀实际开闭时刻不是恰好在上、下止点,而是提前开、滞后关闭一定的曲轴转角。也就是说,气阀开启过程中曲轴转角都大于180°。

1.进气阀的配气相位

(1)进气提前角。在排气行程接近终了、活塞到达上止点之前,进气阀便开始开启,从进

气阀开始开启到活塞移到上止点所对应的曲轴转角 $\alpha$ 称为进气提前角。进气阀提前开启的目的是为了保证进气行程开始时进气阀已开大,减小了进气阻力,新鲜气体能顺利地进入气缸。

(2)进气滞后角。在进气行程下止点过后,活塞又上行一段,进气阀才关闭。从下止点到进气阀关闭所对应的曲轴转角 $\beta$ 称为进气延迟角。由于活塞到达下止点时,气缸内压力仍低于大气压力,且气流还有相当大的惯性,这时气流不但没有终止向气缸流动,甚至可能流速还比较高、仍可以利用气流惯性和压力差继续进气,这是进气阀滞后关闭的目的。

由此可见,进气阀开启持续时间内的曲轴转角,即进气持续角为 $\alpha + 180° + \beta$。$\alpha$ 角一般为 $10° \sim 30°$,$\beta$ 角一般为 $40° \sim 80°$。

2. 排气阀的配气相位

(1)排气提前角。在做功行程接近终了,活塞到达下止点之前,排气阀便开始开启。从排气阀开始开启到下止点所对应的曲轴转角 $\gamma$ 称为排气提前角。排气阀提前开启的目的:当做功行程活塞接近下止点时,气缸内的气体还有 $0.30 \sim 0.50$ MPa 的压力,此压力对做功的作用已经不大,但仍比大气压力高。可利用此压力使气缸内的废气迅速地自由排出,待活塞到达下止点时,气缸内的气体为 $0.11 \sim 0.12$ MPa 的压力,使排气行程所消耗的功率大为减小。此外,高温废气迅速排出,还可以防止发动机过热。

(2)排气延迟角。活塞越过上止点后,排气阀才关闭。从上止点到排气阀关闭所对应的曲轴转角 $\delta$ 称为排气延迟角。排气阀延迟关闭的目的:由于活塞到达上止点时,气缸内的残余废气压力继续高于大气压力,加之排气时气流有一定的惯性,仍可以利用气流惯性和压力差把废气排放得更干净。

由此可见,排气阀开启持续时间内的曲轴转角,即排气持续角为 $\gamma + 180° + \delta$。$\gamma$ 角一般为 $40° \sim 80°$,$\delta$ 角一般为 $10° \sim 30°$。

3. 气阀叠开

由于进气阀在上止点前开启,而排气阀在上止点后才关闭。这就出现了一段时间内进、排气阀同时开启的现象,这种现象称为气阀叠开。同时开启的曲轴转角 $\alpha + \beta$ 称为气阀叠开角。由于新鲜气流和废气流的流动惯性都比较大,在短时间内是不会改变流向的。因此,只要气阀叠开角选择适当,就不会有废气倒流入进气管和新鲜气体随同废气排出的可能性。相反,由于废气气流周围有一定的真空度,对排气速度有一定影响,从进气阀进入的少量新鲜气体可对此真空度加以填补,还有助于废气的排出。

不同发动机,由于其结构形式、转速各不相同,因而配气相位也不相同。合理的配气相位应根据发动机性能要求,通过反复试验确定。

## 三、气阀间隙的检查和调整

气阀间隙通常会因配气机构零件的磨损、变形而发生变化。间隙过大,会使气阀升程不足,引起进气不充分,排气不彻底,并出现异响。间隙过小会使气阀关闭不严,造成漏气,易使气阀与气阀座的工作面烧蚀。因此,在发动机的使用和维护过程中,应按原厂规定的气阀间隙进行检查和调整。

气阀间隙的检查和调整应在气阀完全关闭,而且气阀挺柱落在最低位置时进行。气阀间隙通常有两种调整方法。

（1）逐缸调整法。这也就是一个缸一个缸的调整。根据气缸点火次序，逐缸地在压缩行程终了调整这一气缸的进、排气阀。对于凸轮轴各道凸轮磨损不均的发动机，宜采用此法。调整程序如下：

①将第一缸活塞摇至压缩行程上止点（看配气正时记号），此时第一缸进、排气阀同时完全关闭，可同时调整。调整方法如图3-1-6所示，旋松锁止螺母，用厚度符合规定间隙的塞尺，插入气阀间隙位置，旋转调整螺钉（母），同时来回拉动塞尺，以感到有轻微阻力为合适，然后将锁止螺母可靠地紧固。

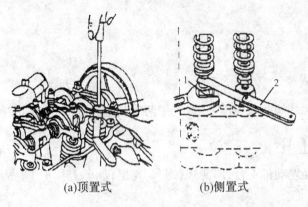

(a)顶置式　　　　　　　　　　(b)侧置式

**图3-1-6　气阀间隙的调整**

1—锁止螺母；2—塞尺

②第一缸调整好后，顺时针转动曲轴 $720°/i$（$i$ 为四冲程发动机的气缸数），如四缸发动机再摇转曲轴 $720°/4 = 180°$。按发动机点火顺序（做功顺序），调整下一个气缸的进、排气阀，以此类推，直至逐缸调完。

③进行复查，如气阀间隙有变化，还须重新调整。

（2）两次调整法。其又称"双排不进"调整法，它是根据发动机的工作循环、点火顺序、曲轴配气角和气阀实际开闭角度的推算。在第一缸或第四缸压缩终了时，除调整本气缸的两个气阀外，还可以调整其他气缸完全关闭的气阀。曲轴再旋转大约一圈后，可以将上次未调整的气阀间隙全部调整好。

只需摇两次曲轴，就可以全部调整完。具体方法步骤举例如下：

①四缸发动机。例如，发动机气缸工作次序为 1—3—4—2，当第一缸活塞处于压缩上止点时：1（双）—3（排）—4（不）—2（进），即第一缸可调进、排气阀，第三缸可调排气阀，第四缸不可调，第二缸可调进气阀。

当第四缸活塞处于压缩上止点时，调整第一次不可调气阀的气缸阀，两次正好调完所有气阀间隙。

②六缸发动机。例如，V形排列的六缸发动机（夹角120°）气缸排列为右侧 2—4—6，左侧 1—3—5，工作顺序为 1—6—5—4—3—2。

当第一缸活塞处于压缩上止点时：1（双）—6、5（排）—4（不）—3、2（进）；当第四缸活塞处于压缩上止点时：4（双）—3、2（排）—1（不）—6、5（进）。

EQ6100E型汽油机为六缸直列式，点火顺序为 1—5—3—6—2—4。当第一缸活塞处于压

缩上止点时:1(双)—5、3(排)—6(不)—2、4(进);

当第六缸活塞处于压缩上止点时:6(双)—2、4(排)—1(不)—5、3(进)。

(3)一缸压缩上止点的确定。

①正时记号结合气缸压力法。将第一缸火花塞(喷油器)拆下并用棉纱堵住火花塞孔(喷油器孔),然后缓慢摇动曲轴。当正时记号对正且棉纱在高压下喷射出去时,停止摇动曲轴,此时第一缸处于压缩上止点。

②分火头判断法。先记下第一缸分高压线的位置,然后打开分电器盖,转动曲轴,当分火头与第一缸分高压线位置相对时,表示第一缸处于压缩上止点。

### 任务实施:

## 一、任务要求

按照操作顺序和气阀间隙标准要求,利用两次调整法进行气阀间隙的检查与调整。

## 二、仪器与工具

四缸 495 型柴油发动机 4 台;厚薄规(塞尺)8 把;盘车工具 4 个;常用工具(套筒、梅花扳手、一字改锥)4 套。

## 三、实施步骤

调整气阀间隙有逐缸调整和二次调整两种方法,目前广泛采用的是二次调整法。检查调整气阀间隙时,必须使被调整的气阀处于完全关闭状态,即挺柱底面落在凸轮的基圆上时才能进行。其步骤如下:

(1)打开气阀室盖。

(2)使用盘车工具摇转发动机至第一缸活塞处于压缩上止点。

①摇转曲轴,直到飞轮(或曲轴皮带轮)的正时记号与缸体上固定的正时记号对正,即第一缸和第四缸活塞均处于上止点位置。

②判断第一缸是压缩上止点还是排气上止点:用手摇一缸的气阀摇臂,如果进排气阀的摇臂均可摇动,则表明此时一缸处于压缩上止点(如果进排气阀的摇臂均摇不动,则表明此时一缸处于排气上止点,再转动曲轴一周,使一缸处于压缩上止点)或用其他方法使一缸处于压缩上止点。

(3)根据"双排不进法",检查此时可调气阀的间隙并逐个做好记录。如不正常,随即予以调整。

(4)将曲轴摇转 360°,再检查调整其余气阀。

(5)安装气阀室盖。

## 四、注意事项

调整时,先松开锁紧螺母,用螺丝刀旋动调整螺钉,将规定厚度的厚薄规插入气阀杆端部与摇臂之间。当抽动厚薄规时有阻力感,拧紧锁紧螺母,再复查一次,符合规定值即可。

## 五、记录表

如表 3-1-1 为气阀间隙检查与调整记录表。

表 3-1-1　气阀间隙检查与调整记录表

| 日　期 | | 班级： | 学号： | 姓名： |
| --- | --- | --- | --- | --- |
| 气　缸 | 1 缸 | 2 缸 | 3 缸 | 4 缸 |
| 进气阀间隙 | | | | |
| 排气阀间隙 | | | | |
| 参考标准 | 进气阀间隙为 0.25 mm；排气阀间隙为 0.30 mm | | | |

### 知识检测：

## 一、选择题

1. 气阀烧损与变形现象主要发生在(　　)。
   A. 进气阀　　　　　　　　　　　B. 排气阀
   C. 进排气阀处均有　　　　　　　D. 不一定。

2. 六缸发动机(1—5—3—6—2—4)第一缸处于压缩上止点时,第六缸的两气阀处于(　　)状态。
   A. 两气阀都开启　　　　　　　　B. 两气阀都关闭
   C. 只有进气阀开启　　　　　　　D. 只有排气阀开启

3. 进、排气阀在压缩上止点时(　　)
   A. 进气阀开,排气阀关　　　　　B. 排气阀开,进气阀关
   C. 进、排气阀全关　　　　　　　D. 进、排气阀全开

4. 进、排气阀在进气下止点时(　　)。
   A. 进气阀开、排气阀关　　　　　B. 进气阀关、排气阀开
   C. 进气阀开、排气阀开　　　　　D. 进气阀关、排气阀关

5. 调整直列四冲程六缸发动机(1—5—3—6—2—4)气阀,当第六缸处于压缩上止点时,第二缸调(　　)。
   A. 进气阀　　　　　　　　　　　B. 排气阀
   C. 都可调　　　　　　　　　　　D. 都不可调

6. 气阀间隙(　　)会影响发动机配气相位的变化。
   A. 过大　　　　　　　　　　　　B. 过小
   C. 过大和过小　　　　　　　　　D. 都不是。

7. (　　)气阀弹簧的刚度,就能提高气阀弹簧的自然振动频率。
   A. 提高　　　　　　　　　　　　B. 降低

C. 扩大                                D. 缩小

8. 为了获得较大的充气系数,一般进气阀锥角是(　　)。

    A. 35°                          B. 30°

    C. 40°                          D. 45°

9. 柴油发动机的进、排气阀在构造上有何不同?(　　)

    A. 进气阀大而薄,排气阀小而厚    B. 进排气阀厚薄大小应一样

    C. 进气阀小而薄,排气阀大而厚    D. 进气阀大而厚,排气阀小而薄

10. 下列(　　)导致气阀升程变大。

    A. 挺杆弯曲                        B. 凸轮工作面磨损

    C. 气阀间隙变小                 D. 凸轮轴向下弯曲

11. 四冲程发动机的整个换气过程(　　)曲轴转角。

    A. 等于 360°                 B. 大于 360°

    C. 小于 360°                 D. 以上都不对。

12. 设某发动机的进气提前角为 $\alpha$ ,进气延迟角为 $\beta$ ,排气提前角为 $\gamma$ ,排气滞后角为 $\delta$ ,则该发动机的进、排气阀重叠角为(　　)。

    A. $\alpha + \beta$                      B. $\beta + \gamma$

    C. $\alpha + \delta$                      D. $\beta + \delta$

13. 当气阀间隙过小时,将会造成(　　)。

    A. 撞击严重,磨损加快          B. 发出强烈噪声

    C. 气阀关闭不严,易于烧蚀     D. 气阀正时未有改变

14. 气阀间隙的大小,一般进气阀和排气阀(　　)。

    A. 一样大                         B. 进气阀大

    C. 排气阀大                       D. 大、小随机型而定

## 二、多选题

1. 柴油机配气机构由(　　)等零部件组成。

    A. 凸轮轴                         B. 连杆

    C. 推杆、挺柱                 D. 摇臂

    E. 气阀

2. 气阀关闭不严的原因有(　　)。

    A. 气阀杆部弯曲                B. 气阀与气阀座接触不良

    C. 气阀弹簧的弹力减弱       D. 气阀间隙过小

    E. 气阀间隙过大

3. 下列关于气阀间隙的叙述正确的是(　　)

    A. 间隙小,工作时冲击大       B. 间隙小,气阀升程加大

    C. 间隙大,气阀开启持续时间长    D. 间隙大,气阀将关不严

    E. 间隙大,气阀将晚开早关

4. 当气阀间隙过大时,将会造成(　　)。

    A. 气阀开启提前角增大      B. 气阀开启持续角减小

C.气阀受热后无膨胀余地　　　　　　　D.气阀与阀座撞击加剧

E.气阀关闭延迟角增大

5.造成配气正时不正确的原因有(　　　)。

A.凸轮磨损　　　　　　　　　　　　B.滚轮磨损变形

C.气阀间隙太大或太小　　　　　　　D.气阀弹簧弹力不足

E.气阀杆尾部磨损

6.下列(　　　)选项是更换气阀的理由。

A.气阀杆出现明显的台阶形磨损　　　B.气阀尾端的磨损有明显不平

C.气阀头部如有烧蚀、烧损时　　　　D.气阀头部有裂纹

E.气阀尾端的磨损有凹坑

7.气阀间隙过大所引起的下列后果中正确说法是(　　　)。

A.影响进、排气阀的配气正时　　　　B.阀杆与摇臂的撞击严重,加速磨损

C.柴油机发出强烈的噪声　　　　　　D.压缩时漏气,压缩终点压力、温度降低

E.使气阀持续打开时间变短,影响配气效率

8.当气阀间隙过大时,将会造成(　　　)。

A.气阀开启提前角增大　　　　　　　B.气阀开启持续角减小

C.气阀受热后无膨胀余地　　　　　　D.气阀与阀座撞击加剧

E.气阀关闭延迟角增大

9.配气相位角由(　　　)组成。

A.进气提前角　　　　　　　　　　　B.进气滞后角

C.排气提前角　　　　　　　　　　　D.排气滞后角

E.气阀叠开角

10.做功顺序为1—3—4—2的发动机在四缸压缩上止点时可以检查调整气阀,下列说法

正确的是(　　　)。

A.4缸的进、排气阀和3、2缸的进气阀

B.1、4缸的进气阀和2缸的排气阀

C.4缸的进、排气阀和2缸的排气阀和3缸的进气阀

D.4缸的进、排气阀和3缸的排气阀和2缸的进气阀

# 三、判断题

1.气阀的早开晚闭,指的是进、排气阀提前开启和延迟关闭。(　　　)

2.气阀座磨损会导致气阀间隙变小。(　　　)

3.气阀间隙过大,发动机在热态下可能发生漏气,导致发动机功率下降。(　　　)

4.为提高气阀与气阀座的密封性能,气阀与座圈的密封带宽度越小越好。(　　　)

5.在采用气阀摇臂的配气机构中,进气阀的气阀间隙与排气阀的气阀间隙一样大。

(　　　)

6.由于气阀是早开晚关的,所以两异名凸轮间的夹角小于90°。(　　　)

## 四、简答题

1. 配气机构的组成有哪些？
2. 什么是气阀间隙？
3. 什么是气阀叠开？为什么要有气阀叠开？
4. 什么是配气相位？

# 任务二  配气机构主要零部件的检修

## 任务描述：

发动机工作中,气阀间隙正常时,出现气阀异响现象,需对配气机构的主要零部件进行检修。通过本任务学习,学会主要零部件的拆装方法及注意事项,正确使用千分尺、百分表等测量工具,检测气阀、气阀座、凸轮轴等零部件,填写记录表并判断其性能是否正常,确定修理方案。

## 相关知识：

## 一、气阀组

气阀组包括进气和排气阀、气阀导管、气阀座及气阀弹簧等零件,如图 3-2-1 所示。气阀组件的作用是保证实现对气缸的可靠密封,因此,对气阀组有如下要求:

(1)气阀头部与气阀座贴合严密。

(2)气阀导管对气阀杆的上下运动有良好的导向。

(3)气阀弹簧的两端面与气阀杆中心线相互垂直,以保证气阀头在气阀座上不偏斜。

(4)气阀弹簧的弹力足以克服气阀及其传动件的运动惯性力,使气阀能迅速闭合,并能保证气阀关闭时紧压在气阀座上。

1. 气阀

(1)气阀的工作条件与材料。气阀在严重的热负荷、机械负荷以及冷却、润滑困难的条件下工作。

首先,气阀直接与高温燃气接触,强烈受热,从气阀传递出热量的条件很差,所以温度很高。根据汽油机排气阀温度分布可知,气阀头部的热量大部分是经气阀座传递的

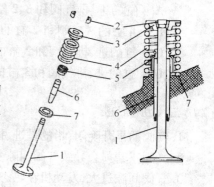

图 3-2-1  气阀组
1—气阀;2—锁片;3、7—气阀座;4—气阀弹簧;5—油封;6—气阀导管

(占气阀全部传热量的75%以上),而杆部的热量则经导管传出,大量的热只能经气阀与气阀座配合的狭小密封锥带散出,故冷却条件很差。排气阀由于承受炽热废气的冲刷,温度高达

873～1 073 K;进气阀因为受到新鲜空气的冷却,温度较低,但也达到573～673 K。

除热负荷外,气阀头部还承受气体压力所产生的机械负荷,并在落座时承受因惯性力而产生的相当大的冲击等。在苛刻条件下工作的气阀经常会出现一些故障。如当气阀座扭曲、气阀头部变形、气阀座积炭时都会引起燃烧废气对气阀座强烈的烧损;维修发动机时若修磨气阀的质量不高,不能保证良好的密封而发生漏气,必将导致密封锥面烧蚀,而烧蚀又使漏气更加严重。如此恶性循环,直至整个气阀被烧坏。

为了保证气阀的正常工作,除了在结构上采取措施外,还应当选用耐热、耐磨、耐腐蚀的材料。根据进、排气阀工作条件的不同,进气阀采用一般合金钢即可,而排气阀则要求用高铬耐热合金钢制造;为了节约贵重的耐热合金钢,有时采用组合的排气阀,头部用耐热合金钢,杆部用一般合金钢。由两根棒料对焊,因为杆部温度不太高,只是在润滑不良的条件下与气阀导管发生摩擦,对材料的主要要求是滑动性和耐磨性。

(2)气阀的构造。气阀由头部和杆部组成。

气阀头部。气阀头部形状有平顶、喇叭顶、球顶。平顶结构[图3-2-2(a)]气阀制造简单、受热面小、工作可靠,为大多数汽车发动机所采用。也有的发动机将进气阀制成漏斗形,即喇叭顶[图3-2-2(b)]。这种结构头部与杆部过渡圆滑,可减小进气阻力,但制造困难、受热面大,故不宜用作排气阀,以免过热,仅在高速强化发动机的进气阀上有所应用。有的发动机将排气阀做成球顶[图3-2-2(c)],以减小排气阻力和积炭,并可增加气阀头部的刚度,这种结构在高速强化发动机的排气阀上有所应用。

气阀头部与气阀座圈接触的工作面是与杆部同心的锥面,通常将这一锥面与气阀顶部平面的夹角称为气阀锥角,如图3-2-3所示,一般做成30°或45°。气阀头部的边缘应保持一定厚度,一般为1～3 mm,以防止工作中由于气阀与气阀座之间的冲击而损坏或被高温气体烧蚀。

为了保证良好密合,装配前应将气阀头与气阀座二者的密封锥面互相研磨,研磨好的零件不能互换。

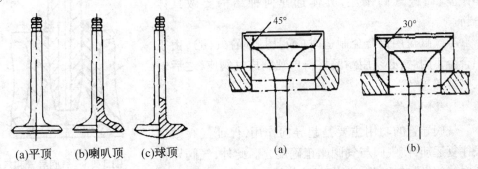

(a)平顶　(b)喇叭顶　(c)球顶　　　　　(a)　　　　　　　　(b)

图3-2-2　气阀头部的结构形式　　　　图3-2-3　气阀锥角

①进气阀直径一般大于排气阀直径,这是由于进气阻力对发动机动力性的影响比排气阻力大得多(尤其对汽油机而言)。在受限制的燃烧室空间(考虑到燃烧室的紧凑性、发动机的尺寸等)内布置的进、排气阀,显然应当适当加大进气阀,并适当减小排气阀。有时为了加工简单,把进、排气阀直径做成一样,在这种情况下,往往在排气阀头部刻有排气标记,以防装错。

②气阀杆部。气阀杆是圆柱形,在气阀导管中不断进行上、下往复运动。气阀杆部应具有较高的加工精度和较小的表面粗糙度,与气阀导管保持正确的配合间隙,以减小磨损和起到良好的导向、散热作用。气阀杆尾部结构取决于气阀弹簧座的固定方式,如图3-2-4所示。常用

的结构是用剖分或两半的锥形锁片4来固定气阀弹簧座3[图3-2-4(a)]，这时气阀杆1的尾部可切出环形槽来安装锁片；也可以用锁销5来固定气阀弹簧座3[图3-2-4(b)]，对应的气阀杆尾部应有一个用来安装锁销的径向孔。

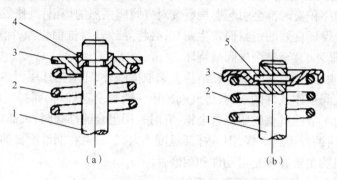

图3-2-4　气阀弹簧座的固定方式

1—气阀杆；2—气阀弹簧；3—气阀弹簧座；4—锥形锁片；5—锁销

### 2. 气阀座

气阀座与气阀共同执行密封功能，可以直接在气缸盖(气阀顶置时)或气缸体(气阀侧置时)上镗出，也可以用耐热钢、球墨铸铁或合金铸铁单独制成，然后压入气缸盖或气缸体的相应孔中(图3-2-5)，后者称为镶块式气阀座。镶块式气阀座的优点：可以采用比机体好的材料，既不浪费材料，又可提高使用寿命，可以更换，维修方便。其缺点是：传热较差，加工精度要求高，使成本增加。如果精度太差，不能保证一定的过盈，工作时镶块松脱，将会造成事故或因配合不良而影响传热。

在实践中可以看到有些发动机进、排气阀均镶座，有些发动机进气阀不镶座、排气阀镶座，有些发动机排气阀不镶座、而进气阀镶座，具体选择何种结构要做具体分析。

当气缸盖用铝合金制造时(而且是顶置气阀)，由于铝合金不耐磨，必须用耐磨材料单独制成气阀座，之后镶入气缸盖。

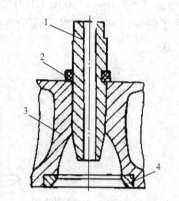

图3-2-5　气阀导管和气阀座

1—气阀导管；2—卡环；3—气缸盖；4—气阀座

### 3. 气阀导管

气阀导管的功用主要是起导向作用，保证气阀做直线往复运动，使气阀与气阀座正确配合。此外，气阀导管还在气阀杆与气缸盖之间起导热作用。

气阀导管的材料一般为铸铁或球墨铸铁，近年来我国广泛应用铁基粉末冶金导管。它在不良润滑条件下工作可靠，磨损很小，同时工艺性好，造价低。

导管内、外圆柱面经加工后压入气缸盖的气阀导孔中，然后再精铰气阀导管内孔。为了防止气阀导管在使用过程中松落，有的发动机对气阀导管用卡环定位，如图3-2-5所示。

### 4. 气阀弹簧

气阀弹簧位于气缸盖与气阀杆尾端弹簧座之间，起到如下作用：

（1）使气阀关闭时贴合紧密。

（2）防止各传动零件之间因惯性力而产生间隙,保证气阀按凸轮轮廓曲线的规律关闭。

（3）防止发动机振动时气阀产生跳动而导致关闭不严。为保证上述作用的发挥,气阀弹簧的刚度一般都很大,而且在安装时进行了预压缩,因此预紧力很大。

气阀弹簧多采用优质合金钢丝卷绕成螺旋状,弹簧两端磨平,以防止在工作中弹簧产生歪斜。为提高弹簧疲劳强度,保证弹簧的弹力不下降,弹簧不折断,弹簧丝表面要磨光、抛光或喷丸处理。弹簧丝表面还必须经过发蓝处理或磷化处理,以免在使用中锈蚀。

气阀弹簧多为等螺距弹簧[图3-2-6(a)]。但随着发动机转速的提高,弹簧产生共振而折断的可能性增加。加粗弹簧直径,减小弹簧的圈径,可以提高弹簧的共振频率,防止弹簧的共振。另外采用下述方法,也可避免共振的产生。

变螺距弹簧[图3-2-6(b)]各圈之间的螺距不等,在弹簧压缩时,螺距较小的弹簧两端逐渐贴合,使有效圈数逐渐减少,共振频率逐渐提高,避免共振发生。

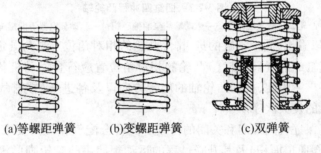

(a)等螺距弹簧　　　　(b)变螺距弹簧　　　　(c)双弹簧

**图3-2-6　气阀弹簧**

目前,大多数发动机采用双弹簧结构[图3-2-6(c)],两个弹簧的刚度不同,固有频率不同,若一个弹簧进入了共振工况,另一个弹簧可起减振作用。采用双弹簧不仅可以防止共振,而且还可起安全作用。因为如果其中一个弹簧折断,另一个弹簧尚能继续工作,不致立即发生气阀落入气缸的事故。采用双弹簧时,内、外弹簧的螺旋方向应相反,以免互相干扰。当一个弹簧断裂时,不致嵌入另一个弹簧圈内,使另一个弹簧卡住造成配气机构零件的损坏。在高速发动机中,还可在弹簧内圈加阻尼摩擦片来消除共振。

为了改善气阀和气阀座密封面的工作条件,可使气阀在工作中相对气阀座缓慢旋转,使气阀头部受热均匀而减少变形,同时可阻止在密封锥面上沉积物的形成而具有自洁作用。

## 二、气阀传动组

气阀传动组主要包括凸轮轴、正时齿轮、挺柱及其导管,气阀顶置式配气机构还有推杆、摇臂和摇臂轴等。气阀传动组的作用,使进、排气阀能按配气相位规定的时刻开闭,且保证有足够的开度。

### 1.凸轮轴

凸轮轴主要由凸轮1、凸轮轴轴颈2等组成(如图3-2-7所示)。对于凸轮轴下置的汽油机还具有用以驱动润滑油泵、分电器的螺旋齿轮4和用以驱动输油泵的偏心轮3。凸轮1受到气阀间歇性开启的周期性冲击负荷,因此,要求凸轮1表面要耐磨,凸轮轴要有足够的韧性和刚度。凸轮轴一般用优质锻钢或特种铸铁制成,也可采用合金铸铁或球墨铸铁制造。凸轮和轴颈的工作表面经热处理后精磨和抛光,以提高其硬度及耐磨性。

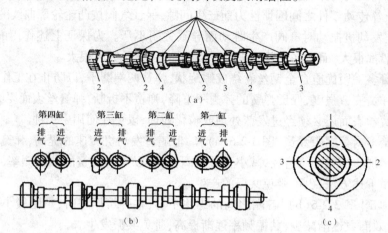

图 3-2-7 四缸四冲程凸轮轴
1—凸轮;2—凸轮轴轴颈;3—驱动输油泵的偏心轮;4—驱动分电器等的螺旋齿轮

从图 3-2-7 可以看出,同一气缸的进、排气凸轮的相对角位置是与既定的配气相位相适应的。发动机各个气缸的进气(或排气)凸轮的相对角位置应符合发动机各气缸的发火次序和发火间隔时间的要求。因此,根据凸轮轴的旋转方向以及各进气(或排气)凸轮的工作次序,就可以判定发动机的发火次序。

凸轮的轮廓应保证气阀开启和关闭的持续时间符合配气相位的要求,且使气阀有合适的升程(它决定了气阀通道面积)及其升降过程的运动规律。凸轮轮脚形状如图 3-2-8 所示。$O$ 点为凸轮旋转中心。$EA$ 为以 $O$ 点为中心的圆弧。当凸轮按图中箭头方向转过弧 $EA$ 时,挺柱不动,气阀关闭。凸轮转过 $A$ 点后,挺柱(液压挺柱除外)开始上移至 $B$ 点,气阀间隙消除,气阀开始开启,凸轮转到 $C$ 点,气阀提升高度达最大。到 $D$ 点,气阀闭合终了。$\phi$ 对应着气阀开启持续角,$\rho_1$ 和 $\rho_2$ 则分别对应着消除和恢复气阀间隙所需的转角。凸轮轮廓 $BCD$ 凹段的形状,决定了气阀的升程及其升降过程的运动规律。

在一根凸轮轴上,各气缸的同名凸轮彼此间的夹角称为同名凸轮配角,它应符合发动机的工作顺序。同一气缸的异名凸轮彼此间的夹角称为异名凸轮配角,它应保证一个工作循环中对进、排气阀开闭时间的要求。根据这一原则,四缸四冲程发动机每完成一个工作循环,曲轴旋转两周而凸轮轴只旋转一周。因此,根据发动机的工作顺序 1—2—4—3,各气缸同名凸轮配角为曲轴的连杆轴颈配角的 1/2,即 90°,如图 3-2-9(a)所示。同样,六缸四冲程发动机各气缸同名凸轮配角为 60°,其工作顺序为 1—5—3—6—2—4,如图 3-2-9(b)所示。四冲程发动机同缸异名凸轮配角的理论值为 90°,实际上由于气阀的早开迟闭,凸轮配角往往要大于 90°。

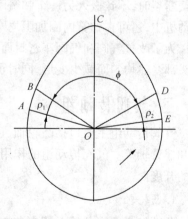

图 3-2-8 凸轮形状示意图

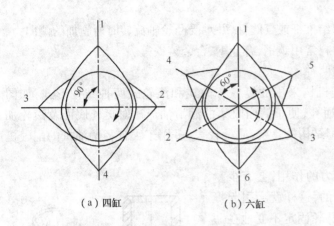

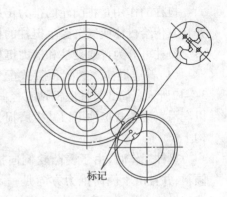

（a）四缸　　　　　　（b）六缸

图 3-2-9　同名凸轮配角的位置　　　　图 3-2-10　正时齿轮及正时标记

凸轮轴由曲轴通过传动装置驱动,通常采用一对正时齿轮传动,如图 3-2-10 所示。小齿轮和大齿轮分别用键安装在曲轴和凸轮轴的前端,其传动比为 2:1。在装配曲轴和凸轮轴时,必须将齿轮正时标记对准,以保证正确的配气相位和点火时刻。

由于凸轮轴的驱动齿轮通常采用斜齿轮,有的大型车辆发动机上还采用锥齿轮驱动。因此,凸轮轴不可避免地受到一定的轴向力。为了保持凸轮轴轴向位置的正确性,凸轮轴需要轴向定位。常用的轴向定位方法有以下几种:

（1）止推轴承定位。如图 3-2-11（a）所示,止推轴承定位就是控制凸轮轴的第一轴颈上的两端凸肩与凸轮轴承座之间的间隙,以限制凸轮轴的轴向移动。

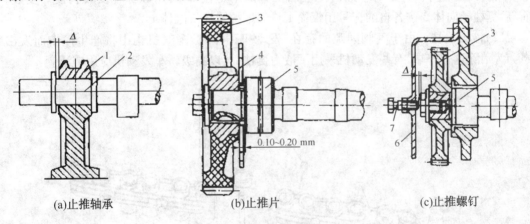

（a）止推轴承　　　　　　（b）止推片　　　　　　（c）止推螺钉

图 3-2-11　凸轮轴轴向定位的方式

1—凸轮轴承座;2—第一轴颈;3—正时齿轮;4—止推片;5—凸轮轴颈;6—正时齿轮室盖;7—止推螺钉

（2）止推片轴向定位。如图 3-2-11（b）所示,止推片 4 安装在正时齿轮 3 与凸轮第一轴颈 5 之间,且留有一定的间隙,从而限制了凸轮轴的轴向移动量。调整止推片的厚度,可控制轴向间隙大小。

（3）止推螺钉轴向定位。如图 3-2-11（c）所示,止推螺钉拧在正时齿轮室盖上,并用锁紧螺母锁紧。调整止推螺钉拧入的程度就可以调整凸轮轴的轴向移动量。车用发动机凸轮轴的轴向间隙一般为 0.10 ~ 0.20 mm。

2．挺柱

挺柱的作用是将凸轮的推力传递给推杆或气阀杆,并承受凸轮轴旋转时所施加的侧向力,并将其传给机体或气缸盖。挺柱的材料常用碳钢、合金钢、合金铸铁等。

挺柱可分为普通挺柱和液力挺柱两种。

(1)普通挺柱。气阀顶置式配气机构采用的挺柱有筒式和滚轮式两种结构形式,如图3-2-12所示。筒式挺柱底部钻有径向通孔,便于筒内收集的润滑油流出对挺柱底面及滚轮加以润滑。滚轮式挺柱可以减少磨损,但结构较复杂,质量较大,多用于大缸径柴油机的配气机构上。

挺柱工作时,由于受凸轮侧向推力的作用,会有少量倾斜,并且由于侧向推力方向是一定的,这样就会引起挺柱与导管之间单面磨损,同时挺柱与凸轮固定不变地在一处接触,也会造成磨损不均匀。为此,挺柱底部工作面制成球面,而且把凸轮面制成带锥度形状。这样凸轮与挺柱的接触点偏离挺柱轴线,当挺柱被凸轮顶起上升时,接触点的摩擦力使其绕轴线转动,以达到均匀磨损的目的。

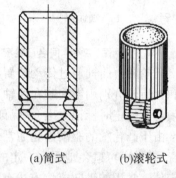

(a)筒式　　(b)滚轮式

图 3-2-12　挺柱

挺柱位于导向孔内,有些发动机的导向孔直接在气缸体或气缸盖上镗出,也有些发动机采用可拆式挺柱导向体,将挺柱装在导向体的导向孔内,导向体固定在气缸体上。解放 CA1091 型发动机挺柱导向体。如图 3-2-13 所示。可拆式挺柱导向体的每个导向体上加工有两个定位环 3,用以保证安装精度。安装时,前、后挺柱导向体 2 按各自的记号用螺栓 1 均匀地拧紧在气缸体上。

(2)液力挺柱。由于气阀间隙的存在,发动机工作时,配气机构中将产生撞击而发出噪声。为消除这一弊端,有些发动机采用了液力挺柱,尤以高级轿车发动机应用广泛。

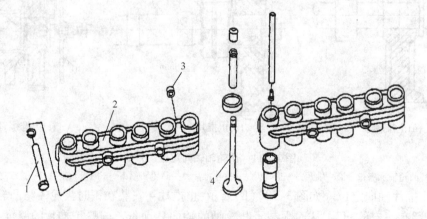

图 3-2-13　可拆式挺柱导向体

1—螺栓;2—挺柱导向体;3—定位环;4—气阀

如图 3-2-14 所示为一种液力挺柱结构图。在挺柱体 1 中装有柱塞 3,在柱塞上端压入支撑座 5。柱塞经常被柱塞弹簧 8 压向上方,其最上位置由卡环 4 来限制,柱塞下端的单向阀架 2 内装有单向阀碟形弹簧 6 和单向阀 7。发动机工作时,发动机润滑系统中的润滑油从主油道经挺柱体侧面的油孔流入,并经常充满柱塞内腔及其下面的空腔。

当气阀关闭时,弹簧 8 使柱塞 3 连同压合在柱塞中的支撑座 5 紧靠着推杆,整个配气机构中不存在间隙。当挺柱被凸轮推举向上时,推杆作用于支撑座 5 和柱塞 3 上的反作用力使柱塞 3 克服柱塞弹簧 8 的弹力而相对于挺柱体 1 向下移动,于是柱塞 3 下部空腔内的油压迅速增高,使单向阀 7 关闭。由于液体的不可压缩性,整个挺柱便如同一个刚体一样上升,这样便保证了必要的气阀升程。当气阀开始关闭或冷却收缩时,柱塞 3 所受压力减小,由于柱塞弹簧 8 的作用,柱塞 3 向挺柱体 1 运动,始终与推杆保持接触,同时柱塞 3 下部的空腔中产生真空度,单向阀 7 再次被吸开,油液便流入挺柱体腔,再度充满整个挺柱内腔。

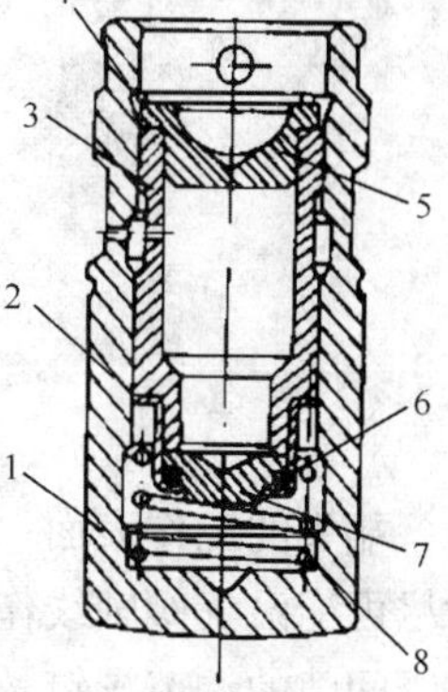

由上述工作过程可以看出,若气阀受热膨胀伸长,由于气阀弹簧的弹力大于挺柱弹簧力,迫使柱塞下移,将挺柱内腔油液从柱塞与挺柱体之间的间隙中挤出,同时,每次气阀关闭以后柱塞上移受限,补油量减少,从而使挺柱自动"缩短",保证气阀关闭紧密。相反,若气阀冷却收缩,柱塞弹簧将使柱塞上移,单向阀打开,柱塞内

图 3-2-14　发动机液力挺柱
1—挺柱体;2—单向阀架;3—柱塞;4—卡环;5—支撑座;6—单向阀碟形弹簧;7—单向阀;8—柱塞弹簧

腔的油液进入柱塞下腔,同时,每次气阀关闭后,柱塞上移量增大,补油量增加,从而使挺柱自动"伸长",保证配气机构无间隙。因此,配气机构中不留气阀间隙仍能保证气阀可靠地关闭。

采用液力挺柱,消除了配气机构中的间隙,减小了各零件的冲击负荷和噪声,同时凸轮轮廓可以设计得陡一些,以便气阀开启相对于关闭更快,减小进、排气阻力,改善发动机的换气,提高发动机的性能,特别是高速性能。但液力挺柱结构复杂,加工精度要求较高,而且磨损后无法调整,只能更换。

3. 推杆

推杆的作用是将凸轮轴经过挺柱传来的推力传给摇臂,它是配气机构中最易弯曲的细长零件。为了减少质量并保证有足够的刚度,推杆通常采用冷拔无缝钢管制成。对于气缸体和气缸盖都是铝合金制造的发动机,其推杆最好用硬铝制造。推杆可以是实心的,也可以是空心的。

钢制实心推杆[图 3-2-15(a)]一般是同球形支座锻成一个整体,然后进行热处理。图 3-2-15(b)是硬铝棒制成的推杆,推杆两端配以钢制的支撑。空心推杆有两种[图 3-2-15(c)和(d)],前者的球头与杆身做成整体,后者的两端与杆身是用焊接或压配的方法连成一体,且具有不同的形状。这不仅与气阀间隙调整螺钉的头部相适应,而且还可以在凹球内积存少量润滑油以减少磨损。

4. 摇臂

摇臂的功用是将推杆和凸轮传来的力改变方向,作用到气阀杆端以推开气阀。摇臂实际上是一个双臂杠杆(图 3-2-16),摇臂的两臂长的比值为 1.2～1.8,其中摇臂一端是推动气阀

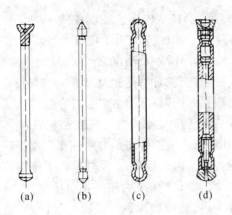

图 3-2-15　推杆

的。端头的工作表面一般制成圆柱形,当摇臂摆动时可沿气阀杆端面滚滑,这样使两者之间的力尽可能沿气阀轴线作用。摇臂内还钻有润滑油道和油孔,在摇臂的短臂一端装有用以调整气阀间隙的调节螺钉及锁紧螺母,螺钉的球头与推杆端的凹球座相接触。

摇臂通过衬套空套在摇臂轴上,而后者又支撑在支座上,摇臂上还钻有油孔。摇臂轴为空心管状结构,润滑油从支座的油道经摇臂轴内腔和摇臂中的油道流向摇臂两端进行润滑。为了防止摇臂的窜动,在摇臂轴上每两摇臂间都装有定位弹簧。摇臂的材料一般为中碳钢,也可以采用铸铁或铸钢精锻而成。为了提高耐磨性,支座的摇臂轴孔内装有青铜衬套或装有滚针轴承。

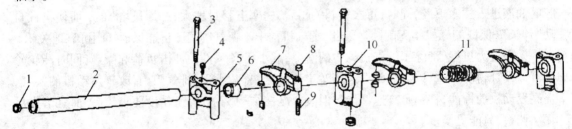

图 3-2-16　摇臂组

1—碗形塞;2—摇臂轴;3—螺栓;4—摇臂轴固定螺栓;5—摇臂轴前支座;6—摇臂衬套;7—摇臂;
8—锁紧螺母;9—调整螺钉;10—摇臂轴中间支座;11—限位弹簧

## 任务实施:

### 一、任务要求

熟悉配气机构的组成,气阀组和气阀传动组主要机构、作用与装配关系;掌握配气机构正确的拆装步骤、方法、要求。

### 二、仪器与工具

康明斯发动机4台,常用工具4套,外径千分尺4套,百分表4套,磁性表架4个,铅笔4

支,铰刀4套,气阀研磨砂若干,游标卡尺4套。

## 三、实施步骤

### (一)配气机构的拆装

1. 气阀组的拆卸

(1)拆卸气缸盖罩及摇臂机构,取出推杆。

(2)拆下气缸盖。

(3)用气阀弹簧钳拆卸气阀弹簧,依次取出锁片、弹簧座、弹簧和气阀。锁片应用尖嘴钳取出,不得用手取出。将拆下的气阀做好相应标记,按顺序放置。

(4)解体摇臂机构。

2. 气阀传动组的拆卸

(1)拆下正时齿轮室盖及衬垫。

(2)检查正时齿轮安装记号,如无记号或记号不清,应做出相应的装配记号(一缸活塞位于压缩行程上止点时)。

(3)拆下凸轮轴止推凸缘固定螺钉,平稳地将凸轮轴抽出(正时齿轮可不拆卸)。

3. 清洗各零部件,熟悉各零部件的具体构造和装配关系

### (二)配气机构主要零部件的检验

1. 气阀及气阀导管的检查

(1)用千分尺测量气阀杆直径。

(2)利用百分表测量气阀导管内径,如间隙大于最大值,更换气阀和气阀导管。

经验检查法:将气阀杆和导管擦净,在气阀杆上涂一层润滑油,将气阀放置在导管内,上下拉动次数后,气阀在自重下能徐徐下落,表示气阀杆与导管的配合间隙适当。

(3)测量气阀总长,如果长度小于最小值,更换气阀。

2. 气阀座的检验

(1)在气阀工作面上涂一层普鲁士蓝(或白铅),轻轻将气阀压向气阀座,不要转动气阀。如果围绕气阀座的蓝色呈现360°,则导管与气阀工作面是同心的,如果不是,重修气阀座。

(2)检查气阀座接触带是否在气阀工作面的中间,若气阀面上密封带过高或过低,修正气阀座。

3. 气阀座的铰销、气阀的研磨和气阀密封性的检查

(1)气阀铰销步骤

①修理气阀座前应检查气阀导管,若不符合要求应先更换或修理气阀导管,以便保证气阀座与气阀导管的中心线重合。

②选择刀杆:铰销气阀座时,利用气阀导管作为定位基准。根据气阀导管的内径选择相适应的定心杆直径,导杆以轻易插入气阀导管内,无旷动量为宜;调整定心杆,使它与导管内孔密切接触不活动,保证铰销的气阀座与气阀导管中心线重合。

③粗铰:选用与气阀工作面锥角相同的粗铰刀,置于导杆上,把砂布垫在铰刀下,要磨除座

口硬化层,以防止铰刀打滑和延长铰刀使用寿命;直到凹陷、斑点全部去除并形成 2.5 mm 以上的完整锥面为止。铰销时两手用力要均衡并保持顺时针方向转动。一般先用 45°的粗铰刀加工气阀座工作锥面,直到工作面全部露出金属光泽。

④试配:用修理好的气阀或新气阀进行试配,根据气阀密封锥面接触环带的位置和宽度进行调整铰销。接触环带偏向气阀杆部,应用 75°的铰刀铰销;接触环带偏向气阀顶部,应用 15°的铰刀修正。铰销好的气阀座工作面宽度应符合规定,接触环带应处在气阀密封锥面中部偏气阀顶的位置。

⑤精铰:最后用 45°的细铰刀精铰气阀座工作锥面,并在铰刀下面垫上细砂布修磨。

(2)气阀研磨

①用汽油清洗气阀、气阀座和气阀导管,将气阀按顺序排列或在气阀头部打上记号,以免错乱。

②在气阀工作锥面上涂薄薄一层粗研磨砂,同时在气阀杆上涂以低黏度润滑油,插入气阀导管内,然后利用橡皮捻子将气阀作往复和旋转运动,使气阀与气阀座进行研磨,注意旋转角度不宜过大,并不时地提起和转动气阀,更换气阀与气阀座相对位置,以保证研磨均匀。在研磨中不要过分用力,也不要提起气阀在气阀座上用力拍击。

③当气阀工作面与气阀座工作面磨出一条较完整且无斑痕的接触环带时,可以将粗研磨砂洗去,换用细研磨砂,继续研磨。当工作面出现一条整齐的灰色的环带时,再洗去细研磨砂,涂上润滑油,继续研磨几分钟即可。

(3)气阀密封性检查

划线法:在气阀锥面上用铅笔沿径向均匀地划上若干条线,每线相隔 4 mm。然后与相配气阀座接触,略压紧并转动气阀 45°~90°,取出气阀,察看铅笔线条。如铅笔线条均被切断,则表示密封性良好;否则,应重新研磨。

4.气阀弹簧的检查

(1)用钢角尺测量气阀弹簧的垂直度。若垂直度大于 1.5 mm,更换气阀弹簧。

(2)用游标卡尺测量气阀弹簧自由长度。若自由长度减少值超过 2 mm,更换气阀弹簧。

(3)利用弹簧试验机测量气阀弹簧的弹力,当弹簧弹力的减小值大于原厂规定的 10%,应更换气阀弹簧。

5.凸轮轴的检查

(1)将凸轮轴放到 V 形铁上,用百分表测量中间轴径向的圆跳动。

(2)用外径千分尺测量凸轮高度。当凸轮最大升程减小值大于 0.40 mm,则更换凸轮轴。

(3)利用千分尺测量凸轮轴直径,计算凸轮轴轴径的圆度误差,当圆度误差大于 0.015 mm,各轴径的同轴度误差超过 0.05 mm 时,应按修理尺寸法进行校正并修磨。

(三)配气机构的安装

(1)安装前各零部件应保持清洁并按顺序放好。

(2)安装凸轮轴:转动曲轴,在第一缸压缩上止点时,对准凸轮轴正时齿轮和曲轴正时齿轮上的啮合记号,平稳地将凸轮轴装入轴承孔内;紧固止推突缘螺钉,最后堵上凸轮轴轴承座孔后端的堵塞。

（3）安装气阀挺柱。安装挺柱时,挺柱上应涂以润滑油并对号入座。挺柱装入后,应能在挺柱孔内均匀自由地上下移动和转动。

（4）安装复正时齿轮室盖、曲轴皮带轮及起动爪。

（5）气阀组的装配。润滑气阀杆,按记号将气阀分别装入气阀导管内。然后翻转缸盖,装上气阀弹簧、挡油罩和弹簧座。用气阀弹簧钳分别压紧气阀弹簧,装上锁片（锁片装入后应落入弹簧座孔中,并使两瓣高度一致,固定可靠）。

（6）安装气缸盖,安装推杆。

（7）安装摇臂机构,气缸盖罩。

## 四、注意事项

铰销时,两手握紧手柄垂直向下用力,并只做顺时针方向转动,不允许倒转或只在小范围内转动。

### 知识检测：

## 一、选 择 题

1. 为了获得较大的充气系数,一般进气阀锥角是（　　）。
A. 35°　　　　　　　　　　　B. 30°
C. 40°　　　　　　　　　　　D. 45°

2. 气阀座与（　　）一起对气缸起密封作用。
A. 气阀头部　　　　　　　　B. 气阀杆身
C. 气阀弹簧　　　　　　　　D. 气阀导管

3. （　　）气阀弹簧的刚度,就能提高气阀弹簧的自然震动频率。
A. 提高　　　　　　　　　　B. 降低
C. 扩大　　　　　　　　　　D. 缩小

4. 在气阀传动组中,（　　）将凸轮的推力传给推杆。
A. 挺柱　　　　　　　　　　B. 气阀杆
C. 气阀弹簧　　　　　　　　D. 气阀座圈

5. 曲轴正时齿轮与凸轮轴正时齿轮的传动比是（　　）。
A. 1∶1　　　　　　　　　　B. 1∶2
C. 2∶1　　　　　　　　　　D. 4∶1

6. 摇臂的两端臂长是（　　）。
A. 等长的　　　　　　　　　B. 靠气阀端较长
C. 靠推杆端较长　　　　　　D. 没有长短区别

7. 排气阀的锥角一般为（　　）。
A. 30°　　　　　　　　　　　B. 45°
C. 60°　　　　　　　　　　　D. 50°

8. 下面（　　）凸轮轴布置型式最适合于高速发动机。

A. 凸轮轴下置式　　　　　　　　　　B. 凸轮轴上置式

C. 凸轮轴中置式　　　　　　　　　　D. 侧置式

9. 气阀传动组零件的磨损,配气相位的变化规律是(　　　)。

A. 早开早闭　　　　　　　　　　　　B. 早开晚闭

C. 晚开早闭　　　　　　　　　　　　D. 晚开晚闭

10. 四冲程四缸发动机配气机构的凸轮轴上同名凸轮中线间的夹角是(　　　)。

A. 180°　　　　　　　　　　　　　　B. 60°

C. 90°　　　　　　　　　　　　　　　D. 120°

11. 气阀的落座是(　　　)完成的。

A. 摇臂　　　　　　　　　　　　　　B. 推杆

C. 气阀弹簧　　　　　　　　　　　　D. 凸轮

12. 若气阀与气阀导管之间的间隙太大,发动机的排气将会是(　　　)。

A. 冒白烟　　　　　　　　　　　　　B. 冒黑烟

C. 冒蓝烟　　　　　　　　　　　　　D. 没有异常

13. 四冲程柴油机完成一个工作循环,其凸轮轴转速与曲轴转速之间的关系为(　　　)。

A. 2/1　　　　　　　　　　　　　　 B. 1/1

C. 1/2　　　　　　　　　　　　　　 D. 4/1

14. 在气阀传动中(　　　)把旋转运动转变为往复运动。

A. 偏心轮　　　　　　　　　　　　　B. 凸轮

C. 轴套　　　　　　　　　　　　　　D. 心轴

15. 使用液力挺柱,当气阀受热膨胀时,(　　　)的油向(　　　)泄漏一部分,从而使挺柱(　　　)。

A. 高压油腔;低压油腔;伸长　　　　B. 高压油腔;低压油腔;缩短

C. 低压油腔;高压油腔;伸长　　　　D. 低压油腔;高压油腔;缩短

## 二、多选题

1. 摇臂组包括(　　　)。

A. 摇臂　　　　　　　　　　　　　　B. 摇臂轴

C. 推杆　　　　　　　　　　　　　　D. 摇臂轴支座

E. 气阀挺杆

2. 关于配气相位,以下说法正确的是(　　　)。

A. 通常用曲轴转角来表示进、排气阀开关时刻,称为配气相位

B. 实际上发动机工作时进、排气阀开启和关闭并不是在活塞位于上止点或下止点位置时开始的

C. 发动机工作时,进、排气阀从开启到关闭所对应的曲轴转角大于180°

D. 发动机工作时,进、排气阀从开启到关闭所对应的曲轴转角等于180°

E. 配气相位的主要目的是为了使换气过程更加完善

3. 发动机配气机构凸轮轮廓磨损会引起(　　　)。

A. 气阀开度增大　　　　　　　　　　B. 充气系数降低

C. 配气相位变化　　　　　　　D. 发动机噪声增大
E. 气阀关闭不严

4. 下列关于配气相位的说法中,(　　)是正确的。
A. 四冲程柴油机进气阀是在进气行程的下止点前关闭
B. 四冲程柴油机进气阀是在进气行程的下止点后关闭
C. 四冲程柴油机进气阀是在进气行程的上止点后打开
D. 四冲程柴油机进气阀是在进气行程的上止点前打开
E. 四冲程柴油机进气阀是在进气行程的上止点打开

5. 造成配气正时不正确的原因有(　　)。
A. 凸轮磨损　　　　　　　　　B. 滚轮磨损变形
C. 气阀间隙太大或太小　　　　D. 气阀弹簧弹力不足
E. 气阀杆尾部磨损

6. 防止气阀弹簧发生共振的措施有(　　)。
A. 提高气阀弹簧的固有振动频率　B. 降低气阀弹簧的固有振动频率
C. 采用双气阀弹簧,且旋向相同　D. 采用双气阀弹簧,且旋向相反
E. 采用不等螺距气阀弹簧

7. 为了使气阀座圈与气缸盖(体)结合良好,装配时可采用下述(　　)方法。
A. 压入后再冲压四周　　　　　B. 加热气缸盖
C. 将气阀在液氮中冷却　　　　D. 采用间隙配合
E. 将气阀座圈强力压入气缸盖

8. 下述选项中,不影响发动机充气效率的是(　　)。
A. 润滑油品质　　　　　　　　B. 空燃比
C. 进气终了时的压力　　　　　D. 气缸容积
E. 压缩比

9. 以下关于发动机凸轮轴的叙述中,正确的是(　　)。
A. 凸轮的大小决定气阀开启和关闭的时刻
B. 凸轮在轴向做成一定的锥度是为了让挺杆能绕自身轴线旋转
C. 凸轮分成进气凸轮和排气凸轮
D. 凸轮的磨损会使气阀的开度减小
E. 凸轮基圆越大气阀开度越大

10. 下述各零件不属于气阀传动组的是(　　)。
A. 气阀导管　　　　　　　　　B. 挺柱
C. 摇臂轴　　　　　　　　　　D. 凸轮轴
E、气阀座

# 三、判断题

1. 曲轴正时齿轮是由凸轮轴正时齿轮驱动的。(　　)
2. 对于多缸发动机来说,各缸同名气阀的结构和尺寸是完全相同的,可以互换使用。
(　　)

3.为了安装方便,凸轮轴各主轴径的直径都做成一致的。(　　)

4.气阀重叠角越大越好。(　　)

5.为提高气阀与气阀座的密封性能,气阀与座圈的密封带宽度越小越好。(　　)

6.每循环进入气缸的新鲜空气量越多,说明换气过程进行得越完善。(　　)

7.下置凸轮轴式配气机构的气阀传动组零件主要有正时齿轮、凸轮轴、挺柱、气阀和气阀弹簧等。(　　)

8.不等螺距的气阀弹簧安装时,螺距小的一端应朝向气阀头部。(　　)

9.安装发动机摇臂轴总成时,必须先把摇臂调整螺钉调至最低位置,以免装配中相碰。(　　)

10.采用双气阀弹簧的作用是为了增加气阀弹簧的弹力。(　　)

11.气阀座磨损会导致气阀间隙变小。(　　)

12.曲轴正时齿数仅为凸轮轴正时齿数的一半。(　　)

13.在配气相位四个角中,排气阀晚关角对发动机性能的影响最大。(　　)

## 四、简答题

1.简述气阀传动组的组成与作用。

2.什么是同名凸轮?什么是异名凸轮?它们各自相差多少角度?

# 任务三　配气机构常见故障诊断

## 任务描述:

气阀异响是发动机配气机构的常见故障之一。通过对异响故障现象和故障原因分析,按照故障排除程序及时、准确地排除此故障,可避免发动机故障进一步恶化,造成发动机内部较为严重的机械故障,所以,应重视气阀异响的故障诊断与排除工作。

## 相关知识:

### 柴油机配气机构的故障分析

配气机构的零件经常处于高温、高压条件下工作,加之润滑不良及冲击载荷的影响,使得其零件磨损、烧蚀、变形而产生故障,导致柴油机动力性和经济性下降,严重时会影响柴油机正常运行。

1.气阀烧蚀的故障现象与原因

(1)故障现象

①当某缸气阀烧蚀后,可明显地发现该缸的压缩压力降低,柴油机功率下降。

②柴油机工作时可听到进气歧管发出"喔喔"声音,在消声器外可以听到"突突"声。

（2）故障原因

①柴油机长时间超负荷或者在大负荷下工作,引起气阀较早地磨损,同时超负荷长期磨损,还将引起气缸盖、气阀座、气阀导管等变形,使气阀密封性降低,散热条件恶化,导致气阀烧蚀。

②柴油机冷却不足,柴油机持续高温,引起润滑油、柴油发生化学变化,在气阀头部和杆部形成烧蚀。

③气阀弹簧弹力过小或气阀间隙调整不当也会导致气阀烧蚀。

气阀烧蚀是柴油机配气机构的常见故障。因此,应在使用中注意对柴油机的例行保养,防止柴油机长时间大负荷工作,及时清除积炭,按规定调整气阀间隙。若不能修复则更换。

2.气阀座圈松脱的故障现象与原因

（1）故障现象

①柴油机工作时,从气缸盖外发出较大的"嚓嚓"的破碎声,声音随转速变化,时大时小。

②严重时,排气管有较大的敲鼓声。

（2）故障原因

①气阀座圈的材料和加工精度不符合要求,与缸体配合过盈量不够。

②材料质量不佳。

3.气阀弹簧折断的故障现象与原因

（1）故障现象

①柴油机工作无力,怠速转动时,发出"喀哒喀哒"的敲击声。

②顶置式气阀柴油机在气缸盖处发出"哨哨"的敲击声。

（2）故障原因

①气阀弹簧制造质量差。

②气阀弹簧没有按规定工艺安装。

③工作频率较大,加之交变载荷作用,产生共振折断。

4.气阀异响的故障现象与原因

（1）故障现象

柴油机上部发出"哒哒"的金属敲击声。怠速运转时,响声清晰均匀;转速升高,响声随之增大。若多只气阀异响,声音嘈杂。

（2）故障原因

①气阀间隙调整不当或磨损过大。

②气阀间隙调整螺钉的固定螺母松动。

③凸轮磨损异常,导致运转中挺杆跳动异响。

5.气阀积炭、结胶的故障现象与原因

气阀积炭是配气机构的常见故障之一,这不仅与气阀结构设计和燃烧过程有关,也与所用燃油的品质有关。气阀积炭太多引起的故障有:柴油机难以起动或自动熄火;排气冒黑烟;油耗高。

（1）故障现象

柴油机温度升高到一定程度,会发出"嘚嘚"的异响声,并使柴油机不易熄火。积炭、结胶严重时会把气阀杆卡在导管内,使之不能运动。

(2)故障原因

由于活塞与气缸壁间隙过大,油环密封不严,致使润滑油窜入气缸燃烧。气阀杆与气阀座密封不良,引起窜油。润滑油质量不合格,胶质过多。

发现上述现象,可对气阀进行检查,或在柴油机例行维护、维修中,检查气阀是否有积炭,如果有积炭可进行清洗,必要时更换气阀。

6.气阀间隙不正常的故障现象

(1)柴油机冒黑烟或深灰烟。

(2)配气机构有异常响声。

(3)柴油机功率下降且运转不正常。

(4)柴油机自动熄火。

发现上述现象,尤其是听到柴油机有异响应考虑检测柴油机配气机构的气阀间隙是否正常;否则应按前述气阀间隙调整方法进行调整。

7.活塞顶进、排气阀的故障原因

(1)气阀弹簧弹力不足或折断。

(2)气阀杆上下运动不畅,甚至气阀杆与气阀导管烧结,气阀卡死在导管内。

(3)气阀座没有安装到位,致使气阀在关闭时气阀底平面到活塞上平面的距离变小。

(4)缸垫过薄,活塞上半部尺寸超长。

(5)凸轮轴齿轮装错牙,致使配气相位错误。

(6)中间齿轮、凸轮轴齿轮或曲轴齿轮损坏不能正常进行配气正时。

(7)极特殊的情况是曲轴齿轮发生转动,造成活塞运动与气阀运动位置不协调。

## 📌任务实施:

### 一、任务要求

掌握气阀异响的故障现象、故障原因、故障诊断与排除的流程和方法,能进行发动机气阀异响的故障诊断与排除工作。

### 二、仪器与工具

东风康明斯发动机4台,常用工具4套,外径千分尺4套,百分表4套,磁性表架4个,铅笔4支,铰刀4套,气阀研磨砂若干,游标卡尺4套。

### 三、实施步骤

发动机的运转声能够反映出该发动机的技术状况。当发动机各配合副的间隙符合技术标准时发出的响声属于正常现象。当发动机的机件磨损松旷或因修理质量不高、调整不当,破坏了配合副的间隙则会发出一种不正常的响声。能否准确判断不正常的响声,及时排除故障,对于保证车辆的良好技术状态有直接的关系。发动机工作时发出的异响多种多样,极其复杂,有时正常的响声和异响混杂在一起,有些响声非常相似很难分辨。现将发动机配气机构异响的特征、原因、诊断加以论述。

1. 异响的特征

（1）怠速时发出有规律的金属敲击声，但高速时声响模糊。

（2）冷车运转时，声响明显且每一循环声响出现一次。

（3）出现声响的气缸往往工作不良。

2. 异响的产生原因

（1）气阀敲击或漏气声响。

调整好的气阀间隙有变动或原来的气阀间隙就没调整好，都会出现气阀敲击响，导致该故障的原因有：气阀调整螺钉磨损偏斜；气阀间隙调整不一致；气阀弹簧座磨损起槽或气阀杆与气阀导管磨损过甚；气阀销片脱落、气阀头断裂导致气阀自由窜动；气阀磨损、卡滞及烧蚀导致密封不良。

气阀间隙调整的一般方法是：

①预热发动机使冷却液水温达到 80～90 ℃。

②打开缸盖罩。

③确认缸盖螺栓处于拧紧到规定扭矩状态。

④转动曲轴，使飞轮上"0"刻线与离合器壳上标记线对齐，确认第一缸进排气阀摇臂的弧面与凸轮轴凸轮基圆接触（即一缸活塞处于压缩上止点）。如果摇臂与凸轮接触则应旋转曲轴360°，此时气阀处于关闭位置。

⑤松开调整螺钉的锁紧螺母，用螺丝刀转动调整螺钉使螺钉下端面与气阀杆上端面之间的间隙达到规定值。

（2）凸轮轴部位敲击声响。

凸轮轴与轴承配合间隙过大、轴向间隙调整不当、凸轮轴外颈与座孔配合松动及润滑不良导致轴承衬套烧毁或脱落，造成凸轮轴轴承敲击声响；正时齿轮啮合间隙过大或过小正时，齿轮紧固螺栓松动等导致凸轮轴正时齿轮声响；凸轮轴由于轴向间隙过大衬套或衬套外圆磨损及弯曲等。

（3）气阀座圈松脱产生的声响。

气阀座圈表面粗糙度过大或加工精度不合格，气阀座圈产生松旷；由于气阀座圈选材不当遇热膨胀变形过大等。

（4）气阀弹簧声响。气阀弹簧折断或弹力不足、卡滞等。

（5）气阀挺杆声响。气阀挺杆与其导孔磨损严重造成的配合间隙过大；挺杆不能自由转动，凸轮外廓不圆滑导致挺杆跳动；挺杆大端磨损过甚等。

3. 异响的检查与排除

（1）首先应检查气阀间隙有无变动，各缸气阀间隙是否一致

当气阀间隙过大，就会使气阀迟开早闭，致使气阀开启的时间太短，在进气过程中无法充分吸入气体，使发动机正常功率发挥不出来。在排气过程中也不能充分排出废气易使发动机过热。发动机在工作时还会产生气阀敲击声，影响机件的使用寿命。

（2）某缸断火后响声仍然存在，可用急加速或急减速的办法来进行确认

若转速提高或降低时都能听见杂乱和轻微的噪音，且在急加速时尤为明显，则可确定为正

时齿轮的啮合间隙过大或过小所致。凸轮轴轴承间隙或轴向间隙过大时可听见连续的金属敲击声且伴有轻微的振动。

（3）当转速变化时声响几乎不变，故障缸断火时响声消失，冷车起动时响声易出现。对此可检查气阀座圈有无松动。

（4）若在各种转速下都存在声响，且加速困难、机身抖动现象。出现时应拆下气阀室盖，查看气阀弹簧有无折断。若折断，则应及时更换。

气阀弹簧的作用是利用气阀弹簧安装后的预紧力使气阀座与气阀头部锥面紧密配合，保证密封、防止泄漏，克服气阀和气阀传动件产生惯性力的干扰以免气阀、挺杆等彼此脱离，防止破坏气阀机构的正常工作。弹簧预紧力可防止发动机振动时引起气阀的跳动及破坏密封，可起缓冲作用并不断使气阀回位。气阀弹簧经过长期使用后，由于受到压缩产生塑性变形使弹簧的自由长度缩短、弹力减弱，弹簧发生歪斜或折断。弹簧弹力减弱和变形，将影响气阀关闭的密封性。弹簧折断后不仅影响发动机工况，而且气阀会掉入气缸引起机件损坏事故。发动机大修时必须对气阀弹簧进行技术检验。使用钢角尺，检查气阀弹簧的垂直度最大允许值。如果垂直度大于最大允许值，则应更换弹簧。使用游标卡尺测量气阀弹簧的自由长度。其自由长度。如果不符合规定要求，则应更换气阀弹簧。

（5）若怠速时有节奏明显的"嘎嘎"声，且在气阀室一侧尤其明显。转速提高后声响消失，可拆下气阀室盖用铁丝钩住挺杆进行试验。若响声消失，则说明该挺杆发出的声响；若响声不减轻，则应用手扭动挺杆，若不能自由转动或虽能转动但有阻力，则说明挺杆与其导孔之间积污或其球面磨有沟槽所致。另外，还应检查凸轮外廓有无出现磨损。因为凸轮过渡处不圆滑，就会出现传动冲击现象并产生敲击声响。

## 知识检测：

### 一、选择题

1. 在检查和调整发动机气阀间隙时，为使发动机某缸进、排气阀间隙均可调，则应使该缸活塞处于（　　）。
   A. 进气行程下止点　　　　　　　B. 压缩行程上止点
   C. 做功行程下止点　　　　　　　D. 排气行程上止点
2. 发动机大修过程中气阀密封性检查应使用（　　）。
   A. 测缸内气压以判断气阀密封性
   B. 气阀关闭状态下注水观察是否渗漏以判断气阀密封性
   C. 测量气阀接触带宽以判断气阀密封性
   D. 气阀关闭状态下注柴油观察是否渗漏以判断气阀密封性

### 二、判断题

1. 对于多缸发动机来说，各缸同名气阀的结构和尺寸是完全相同的，所以可以互换使用。
（　　）

2. 发动机在高温条件下使用,发动机充气系数下降,功率降低。(　　)
3. 检测发动机凸轮轴时,必须测量凸轮的圆度和圆柱度。(　　)

# 三、简答题

1. 简述配气机构常见故障。
2. 简述气阀异响的故障原因和排除过程。

# 项目四
## 润滑系统的检修

**项目描述:**

　　润滑系统的检修是工程机械发动机构造与维修工作领域的关键工作任务,是技术服务人员和维修人员必须掌握的一项基本技能。

　　润滑系统的检修主要内容包括:润滑系统的功用、组成、工作过程;润滑系统的维护知识与工作;润滑系统主要零部件的构造特点、装配连接关系、检修、装配方法;润滑系统常见故障现象、原因分析及排除过程。本项目采用理实一体化教学模式,按照完成工作任务的实际工作步骤,通过实物讲解、演示、实训,使学生能正确地进行润滑系统的日常维护和定期维护工作,能正确拆装和检修润滑系统的主要零部件,通过常见故障现象和原因的分析,能正确排除润滑系统润滑油压力过低的常见故障,增强工程机械发动机技术服务人员和维修员的岗位就业能力。

# 任务一  润滑系统的维护

**任务描述:**

　　润滑系统的维护是发动机定期维护中最为频繁的维护任务。如果不能规范、按期进行本系统的维护,发动机将会出现异常情况。所以,做好润滑系统的维护工作是保证发动机正常运行的必要条件。通过本任务的学习,学会用滤芯扳手、常用工具等规范、准确进行润滑系统润滑油的选用、润滑油油位的检查与添加、润滑油滤清器的更换等维护工作,保证发动机正常运行,并填写任务报告书。

**相关知识:**

## 一、润滑系统的概述

　　发动机工作时,所有相对运动的金属零件表面之间的直接摩擦,将增大发动机的功率消耗,降低发动机机械效率;使零件表面迅速磨损;摩擦产生大量热导致零件工作表面烧蚀,从而使发动机无法正常运转。为了保证发动机正常工作,必须对相对运动零件表面加以润滑,也就是在摩擦表面间覆盖一层薄而匀的润滑油膜,以减小摩擦阻力、降低功率消耗、减轻机件磨损、延长发动机的使用寿命。将润滑油送到运动零件表面而实现润滑的系统,称为发动机的润滑系统。

## 二、润滑系统的组成与功用

　　1. 润滑系统的组成

　　如图4-1-1所示为发动机润滑系统。润滑系统的主要部件有油底壳、润滑油泵、限压阀、集滤器、粗滤器、细滤器。油底壳做储油用,油泵将润滑油压出至发动机每个部件,限压阀控制最大油压,润滑油滤清器过滤出油内杂质。工程机械上还设有润滑油散热器。

　　2. 润滑系统的功用

　　(1)润滑作用。润滑运动零件表面,减小摩擦阻力和磨损,减小发动机的功率消耗。这是润滑系统的基本作用。

　　(2)清洗作用。润滑油在润滑系统内不断循环,清洗摩擦表面,带走磨屑和其他异物。

　　(3)冷却作用。润滑油在润滑系统内循环还可带走摩擦产生的热量,起冷却作用。

　　(4)密封作用。在运动零件之间形成油膜(如活塞与气缸)可以提高它们的密封性,有利于防止漏气或漏油。

　　(5)防锈蚀作用。在零件表面形成油膜,对零件表面起保护作用,防止腐蚀生锈。

　　(6)减震作用。在运动零件表面形成油膜,可以吸收冲击并减小振动,起减震缓冲作用。

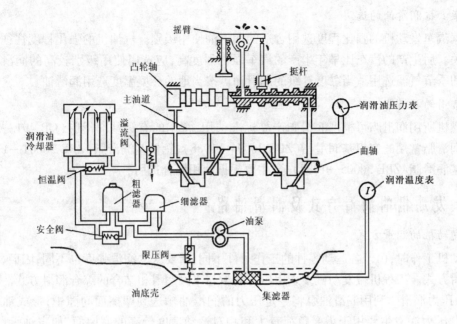

图 4-1-1　湿式油底壳柴油机润滑系统

3.润滑油的分类

国际上润滑油分类广泛采用美国 SAE 黏度分类法和 API 使用分类法,而且它们已被国际标准化组织(ISO)确认。

美国工程师学会(SAE)按照润滑油的黏度等级,把润滑油分为冬季用润滑油和非冬季用润滑油。冬季用润滑油有 6 种牌号:SAE0W、SAE5W、SAE10W、SAE15W、SAE20W 和 SAE25W。非冬季用润滑油有 4 种牌号:SAE20、SAE30、SAE40 和 SAE50。号数较大的润滑油黏度较大,适于在较高的环境温度下使用。上述牌号的润滑油只有单一的黏度等级,当使用这种润滑油时,驾驶员需根据季节和气温的变化随时更换润滑油。目前使用的润滑油大多数具有多种黏度等级,其牌号有 SAE5W – 20、SAE10W – 30、SAE15W – 40、SAE20W – 40 等。例如,SAE10W – 30 在低温下使用时,其黏度与 SAE10W 一样;而在高温下,其黏度又与 SAE30 相同。因此,一种润滑油可以冬夏通用。

API 使用分类法是美国石油学会(API)根据润滑油的性能及其最适合的使用场合,把润滑油分为 S 系列和 C 系列两类。S 系列为汽油润滑油(汽油机用润滑油),目前有 SA、SB、SC、SD、SE、SF、SG 和 SH 共 8 个级别。C 系列为柴油润滑油(柴油机用润滑油),目前有 CA、CB、CC、CD 和 CE 共 5 个级别。级号越靠后,使用性能越好,适用的机型越新或强化程度越高。其中,SA、SB、SC 和 CA 等级别的润滑油,除非汽车制造厂特别推荐,否则已不再使用。

我国于 2007 年 1 月 1 日实施新的国家标准 GB 11121—2006 汽油润滑油国家标准,GB 11122—2006 柴油润滑油国家标准。其中,GB 11121—2006 汽油润滑油国家标准将汽油润滑油的质量级别分为 9 个品种。分别是:SE、SF、SG、SH、GF – 1、SJ、GF – 2 SL、GF – 3。

GB 11122—2006 柴油润滑油国家标准将柴油润滑油的质量级别分为 6 个品种。分别是:CC、CD、CF、CF – 4、CH – 4、CI – 4。

国产发动润滑油的黏度分类新方法,已等效采用国际 SAE 黏度分类法。

**4. 柴油机润滑油的选用**

根据汽车发动机的强化程度选用合适的润滑油使用级别。汽油机的强化程度往往与生产年份有关。后生产的汽车比早年生产的汽车强化程度高,应选用使用级别较高的润滑油。根据地区的季节气温选用适当黏度等级的润滑油。按当地的环境温度选用润滑油。

**5. 常用的润滑脂**

内燃机所用润滑脂可根据润滑脂产品标准选用,常用的有钙基润滑脂(GB 491—1987)。发动机润滑脂常用的有铝基润滑脂(ZBE 36004—1988)、钙钠基润滑脂(ZBE 36001—1988)及合成钙基润滑脂(ZBE 36005—1988)等,主要根据使用场合选用。

## 三、发动机的润滑方式及润滑油路

**1. 发动机的润滑方式**

发动机工作时,由于各运动零件的工作条件不同,所要求的润滑强度也不同,因而,采取不同的润滑方式。工程机械发动机多采用压力润滑与飞溅润滑相结合的综合润滑方式。

(1)压力润滑。利用润滑油泵将一定压力的润滑油输送到摩擦面间隙中,形成油膜润滑的方式。压力润滑主要用于承受负荷较大和相对运动速度较高的摩擦面,如主轴承、连杆轴承、凸轮轴承、气阀摇臂轴等处。

(2)飞溅润滑。利用发动机工作时运动零件飞溅起来的油滴或油雾润滑摩擦表面的方式。飞溅润滑主要用于外露表面、负荷较轻的摩擦表面,如气缸壁、活塞销、凸轮、挺柱、偏心轮、连杆小头等。

(3)喷油润滑。某些零部件如活塞的热负荷非常严重。如康明斯发动机,在气缸体内部活塞的下面壁上装了一个喷嘴,将润滑油喷到活塞的底部来冷却活塞。但一般低负荷的发动机,活塞与气缸壁之间虽然工作条件较差,为了防止过量润滑油进入燃烧室而使发动机工作恶化,都采用飞溅润滑。事实上,喷油润滑与飞溅润滑没有本质区别。

(4)综合润滑方式。现代发动机一般同时采用压力润滑和飞溅润滑,此种润滑方式称综合润滑方式。

(5)定期润滑。定期、定量加注润滑脂。在发动机辅助系统中,有些零件需要采用定期加注润滑脂的方式进行润滑。如发电机轴承、水泵轴承、起动机轴承等。

(6)自润滑。近年来在有些发动机上采用了含耐磨材料的轴承,来代替加注润滑脂的轴承。这种轴承使用中,不需要加注润滑脂,故称其为自润滑轴承。

**2. 润滑油路**

现代工程机械发动机润滑油路布置方案大致相似,只是由于润滑系统的工作条件和某些具体结构的不同而稍有差别。

润滑系统按照润滑油储存位置的不同,可分为湿式油底壳和干式油底壳两类。在湿式油底壳润滑系统中,油底壳为储存、收集和冷却的容器,是传统的发动机结构形式,如图4-1-2所示。干式油底壳润滑系统的特点:回流到油底壳内的润滑油不断被一只或两只吸油泵抽出,并输送到位于发动机外边的储油箱中,然后由另一只压油泵将润滑油送到发动机内部的润滑系统中去,如图4-1-2所示。

采用干式油底壳润滑系统的目的:

（1）使发动机适于在纵向和横向大倾斜度条件下工作,不至于使供油间断。

（2）使大量的润滑油免除与曲轴箱中的高温气体接触,可以有效地减少润滑油的氧化变质。

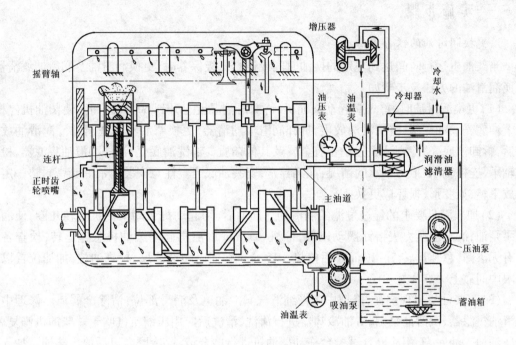

图 4-1-2　干式油底壳润滑系统

## 四、润滑系统的维护

润滑系统的维护应注意以下几点:

（1）按照柴油机的维护要求,及时更换、添加指定牌号的润滑油,润滑油的牌号与使用的环境温度有关,应按照说明书的要求,使用相应的润滑油。

（2）在发动机的使用过程中,润滑油是不断消耗的,要注意及时补充。

（3）更换润滑油时,应在热机的时候进行。

（4）根据润滑油的状况,可以判断发动机的其他故障。

### 任务实施:

## 一、任务要求

掌握发动机润滑系统的组成、功用及原理;理解工程机械发动机润滑系统各部件的工作条件、材料、结构、安装位置及相互连接关系;熟悉润滑油油位检查方法及注意事项;熟悉润滑油的型号、黏度等级、性能指标;熟悉润滑油和润滑油滤清器的更换方法及注意事项;能进行润滑油油位的正确检查;能给发动机正确选用润滑油;能按照要求,进行润滑油和润滑油滤清器的正确更换。

## 二、仪器与工具

油桶、扳手、套筒,等等。

## 三、实施步骤

**1. 更换润滑油的操作方法**

当柴油机运行时间达到规定的换油时间或进行二级保养时,更换润滑油及润滑油滤清器。更换润滑油的方法及步骤如下。

(1)更换润滑油时,首先应起动柴油机,待润滑油温度上升到 60~80℃时,使柴油机停机,拆下油底壳放油螺塞,将润滑油放出,拆卸润滑油滤清器,更换新润滑油滤清器。润滑油放干净后,拆卸油底壳,检查油底壳是否有金属及其他杂质。清洗油底壳,清洗润滑油集滤器,检查主轴承、连杆轴承、推力轴承的情况,如无异常,安装油底壳。注意安装时油底壳密封垫一定要安放平整,如变形、损坏应更换。

(2)加入满足要求的经过过滤的润滑油。加油后,用起动机带动柴油机空转几圈,使润滑油泵泵油,润滑油压力表指针摆动以后,停机。5 min 以后再起动柴油机怠速运转,检查各部分有无渗漏,怠速运转 5~10 min 后停机。15 min 后抽出润滑油尺,检查油位,加油位置以上下限中间靠上一点为好。

(3)若柴油机出现烧瓦,修理中应仔细清洗润滑油道及润滑部位,清除金属屑。修理中对润滑油集滤器、润滑油泵、润滑油冷却器进行清洗,清洗后应用压缩空气吹干。柴油机修复后,将柴油加入油底壳,用冷磨合试验台拖动柴油机进行磨合清洗,冷磨合以后放出柴油。加入润滑油再次进行冷磨合,冷磨合一定时间后放出润滑油,另加新润滑油后起动柴油机进行热磨合。至少热磨合 6 h 以上,然后放出润滑油,加入合格的润滑油并更换润滑油滤清器。采用此办法虽然耗费点油料,但能保证柴油机清洗干净,工作正常。

**2. 润滑系统使用注意事项**

1)一般性的保养要求与注意事项

(1)选用符合说明书规定的润滑油,如果没有使用说明书,对于增压柴油机,建议选用 CF级以上中增压柴油机润滑油,目前大多数单位使用 CF 级 15W/40 润滑油,应注意不使灰尘、杂质和水分进入润滑油中。

(2)经常检查和保持润滑油的油面高度,高度应符合要求。第一次投入使用的柴油机或保养换油、换润滑油滤清器的柴油机,加注润滑油时油面可以稍高一点,运转一段时间后检查油面,多放少补。

(3)柴油机起动前,应检查润滑油油面,待符合要求再起动。有时柴油机起动时润滑油油压过低的指示灯亮,这是因为柴油机运转后停机时间过长,润滑油流净,起动时润滑油泵重新工作泵油,压力待一段时间(2~3 s)才能正常,所以润滑油压力低,指示灯亮。正确的办法是柴油机起动时,先用起动机带动柴油机运转数圈,不让柴油机着火,待润滑油压力表指针摆动,润滑油压力上升后,停止起动机运转。这样做的益处是让各摩擦部位得到润滑,停几分钟后再起动柴油机运行。冬季起动,应对润滑油加热,以便于起动和减小起动时的摩擦。

(4)在柴油机运行中应注意润滑油压力和温度的变化,如出现不正常情况,应立即停机检查并排除故障。

（5）定期更换润滑油和润滑油滤清器,按照说明书规定的行驶里程数更换润滑油。目前,大多数单位采用按期换油,在条件具备的地方,也可以采用按质换油。

（6）经常检查润滑油的质量,若发现润滑油变质应坚决更换。注意润滑油的消耗量,发现消耗量过大,应查明原因并排除故障。

（7）不要将不同品牌的润滑油混合使用,中途补充润滑油时一定要使用同一品牌的润滑油,这一点非常重要。

2）柴油机油气分离器的维护保养

在实际使用中,许多用户以为油气分离器不起什么作用,长期使用后,与之连接的橡胶管破裂或油气分离器本身开焊时,有的用户也不修复,认为没有修复的必要,而将其口堵死;有的干脆将其拿掉不用,或将其分离后的废气直接排入大气等。这样不利于柴油机的经济性及使用寿命,不利于减少柴油机的排放,也容易使柴油机本身表面不清洁,影响柴油机的外观及散热效果,应及时修复或更换新件。

3）离心式润滑油细滤器的清洗

先拆下滤清器盖,取出转子(转子喷嘴对准挡油板缺口方向时方可取出)。取出时应防止转子下面的推力轴承座圈被润滑油黏住带出丢失或经底座孔掉入油底壳内。打开转子盖,清洗转子盖内壁上的沉积物,洗净转子,疏通喷嘴。装配时,转子体与转子盖上的箭头标记要对准,以免破坏平衡。橡胶衬垫应装好,用手拧紧紧固螺母(不要过紧,否则转子不能正常工作),转子总成上端有弹簧和止推垫片(光面对着转子),下端有推力轴承和座圈,不得漏装或装错,以防止转子不能正常转动或异常损坏。

转子正常工作时,柴油机熄火 2 ~ 3 min 内,在柴油机罩旁应听见轻微的"嗡嗡"声;否则,应拆下检查并排除故障。

4）润滑油散热器的清洗

清洗时只需清除管内外积垢,但注意不能损伤焊接处,以免造成渗漏。

安装时,应使油封圈保持平衡和位置正确,老化的密封圈应换新件;否则会造成油水混合。保养时还要检查散热器芯有否脱焊、破损,必要时可进行焊补,或把个别堵死再继续使用。若铜管磨损较多,应更换整个散热器芯。

5）曲轴箱通风装置的检查与维修

（1）检查管路情况

①拆下曲轴箱通风装置的出气软管和回流软管并拆下有关部件(呼吸器或单向阀或油气分离器)。

②检查管路有无压扁、损坏、漏泄等情况,然后清洗干净,并用压缩空气吹净。

③按与拆卸时相反的顺序装回。

（2）定期清洗曲轴箱通风装置

柴油机一般运行 15 000 ~ 20 000 km 时,应对柴油机油气分离器、单向流量控制阀、通风管进行清洗,清除零件表面上的积炭、污物等,以确保各机件的技术性能处于良好的状态。

（3）加强对停运柴油机的封存保养

工程机械或汽车,一般停驶 30 天以上时,应进行停驶前的封存保养。封存前除应对曲轴箱通风装置各机件进行彻底的清洗外,还应对曲轴箱及燃烧室内的废气进行彻底的排除,并更换曲轴箱内的润滑油,加添的润滑油应无污染并适当地进行脱水处理。

特别提示:如果曲轴箱通风装置堵塞,也可能导致柴油机出现下排气大、烧润滑油、冒蓝烟等故障现象。

### 知识检测:

#### 一、选择题

1. 有的发动机粗滤器上装有滤芯更换指示器,在(　　)时,说明滤芯已堵塞需要更换新滤芯。
   A. 冷起动时指示灯点亮　　　　　　B. 热车状态下点亮
   C. 正常工作时不亮　　　　　　　　D. 任何情况下都亮

2. 发动机润滑系统一般采用(　　)方式润滑。
   A. 综合式　　　　　　　　　　　　B. 压力式
   C. 飞溅式　　　　　　　　　　　　D. 定期润滑

3. 发动机润滑系统中,润滑油的主要流向是(　　)。
   A. 润滑油集滤器—润滑油泵—粗滤器—细滤器—主油道—油底壳
   B. 润滑油集滤器—润滑油泵—粗滤器—主油道—油底壳
   C. 润滑油集滤器—润滑油泵—细滤器—主油道—油底壳
   D. 润滑油集滤器—粗滤器—润滑油泵—主油道—油底壳

4. 学生 a 说,润滑油泵中设置安全阀的目的是防止润滑油压力过高。学生 b 说,润滑油泵中设置安全阀的目的是防止润滑油泵工作突然停止。他们说法正确的是(　　)。
   A. 只有学生 a 正确　　　　　　　　B. 只有学生 b 正确
   C. 学生 a 和 b 都正确　　　　　　　D. 学生 a 和 b 都不正确

5. 学生 a 说,气温高应选用高黏度的润滑油。学生 b 说,气温高应选用高号的润滑油。
   A. 只有学生 a 正确　　　　　　　　B. 只有学生 b 正确
   C. 学生 a 和 b 都正确　　　　　　　D. 学生 a 和 b 都不正确

6. 在柴油机中润滑的主要作用是(　　)。
   A. 冷却作用　　　　　　　　　　　B. 清洁作用
   C. 密封作用　　　　　　　　　　　D. 减磨作用

7. 在柴油机废气涡轮增压器中的滚珠轴承的润滑方法是(　　)。
   A. 飞溅润滑　　　　　　　　　　　B. 压力润滑
   C. 定期润滑　　　　　　　　　　　D. 混合润滑

8. 配气机构的摇臂采用(　　)润滑方式。
   A. 飞溅　　　　　　　　　　　　　B. 压力
   C. 定期　　　　　　　　　　　　　D. 压力和飞溅

9. 下列不属于润滑系统构件的是(　　)
   A. 润滑油泵　　　　　　　　　　　B. 滤清器
   C. 节温器　　　　　　　　　　　　D. 散热器

10.发动机润滑系统集滤器一般安装在(　　　)。

  A.主油道         B.润滑油泵

  C.油底壳         D.分油道

11.发动机活塞、气缸壁和活塞销等的工作表面一般采用(　　　)润滑方式。

  A.重力          B.压力

  C.飞溅          D.燃烧

12.以下有关发动机润滑系统的表述(　　　)是正确的。

  A.润滑油泵由传动皮带驱动,将润滑油泵送至发动机的各个部分

  B.润滑油压力开关检测泵入发动机的润滑油速度

  C.润滑油滤清器包含一个旁通阀,可防止发动机润滑油因滤清器堵塞而停止流动

  D.润滑油滤油网安装在发动机润滑油循环通道的末端,以滤除润滑油中较大的杂质

## 二、判断题

1.细滤器能过滤掉很小的杂质和胶质,所以经过细滤器过滤的润滑油应直接流向机件的润滑表面。(　　　)

2.为保证可靠润滑,主油道中的润滑油压力越高越好。(　　　)

3.加注润滑油时,加入量越多,越有利于发动机的润滑。(　　　)

4.更换发动机润滑油时,应同时更换或清洗润滑油滤清器。(　　　)

5.发动机润滑系统中旁通阀的作用是在润滑油粗滤器堵塞时,开启使润滑油通过,以确保发动机各部分的正常润滑。(　　　)

6.润滑系统中润滑油压力随着温度的升高而降低。(　　　)

7.发动机润滑系统中润滑油尺的作用是检测润滑油的黏度。(　　　)

## 三、简答题

1.润滑系统主要由哪几部分组成? 发动机采用的润滑方式有哪几种?

2.简述润滑油的分类。

3.试列出6135型柴油机的润滑油路的润滑油流程。

# 任务二　润滑系统主要零部件的检修

**任务描述:**

  发动机工作中,出现润滑油压力低报警、润滑油泄漏等常见故障时,需对润滑系统的主要零部件进行检修。通过本任务学习,学会主要零部件的拆装方法及注意事项、正确使用常用工具、百分表、润滑油压力表等测量工具,检测润滑油泵、润滑油压力传感器、油底壳等零部件,填写检测记录表并判断其性能是否正常,确定修理方案。

![相关知识:]

## 一、润滑油泵

润滑油泵的作用是将一定压力和一定数量的润滑油供到润滑表面。发动机常用的润滑油泵有齿轮式和转子式两种。

### 1. 齿轮式润滑油泵的结构和工作原理

如图 4-2-1 所示,在润滑油泵体内装有一对外啮合齿轮,齿轮的端面由润滑油泵盖封闭,泵体、泵盖和齿轮的各个齿槽组成工作腔。当齿轮按图示方向旋转时,进油腔的容积由于轮齿逐渐脱离啮合而增大,腔内产生一定的真空,润滑油从油底壳经进油口被吸入进油腔,随后又被轮齿带到出油腔。出油腔的容积由于轮齿逐渐进入啮合而减小,使润滑油压力升高,润滑油经出油口被压入发动机机体上的润滑油道。在发动机工作时,润滑油泵齿轮不停地旋转,润滑油便连续不断地流入润滑油道,经过滤清之后被送到各润滑部位。当轮齿进入啮合时,封闭在轮齿径向间隙内的润滑油压力急剧升高,使齿轮受到很大的推力,并使润滑油泵轴衬套的磨损加剧。如能将径向间隙内的润滑油及时引出,油压自然降低。为此,特在泵盖上加工一道卸压槽,使轮齿径向间隙内被挤压的润滑油通过卸压槽流入出油腔。为了减小困油现象的发生,有的润滑油泵采用逐渐进行啮合的斜齿轮或加大齿轮与盖间的端隙来卸压。还有采用大齿型的齿轮,使同时啮合的齿数不多于一个。

齿轮式润滑油泵的典型结构如图 4-2-2 所示。整个油泵用两个螺钉安装在曲轴箱内第三道主轴承一侧,淹没在润滑油中。它由凸轮轴通过螺旋齿轮和传动轴带动工作。在润滑油泵壳体 4 上装有主动齿轮轴 1,主动齿轮轴上端通过连轴套 2 与润滑油泵传动轴连接,下端则用半圆键 6 与主动齿轮 5 装配在一起,端制有长槽和传动轴连接。从动齿轮 16 滑套在从动齿轮轴 15 上,从动齿轮轴压入泵体内。润滑油泵是通过活节传动轴驱动,螺旋齿轮旋转时产生轴向力,就不会造成泵壳端面的磨损。

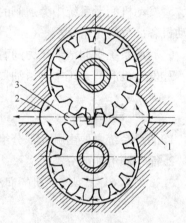

润滑油泵齿轮与泵体内壁的间隙,以及齿轮与油泵盖的间隙都很小,以保证润滑油泵可靠地工作。油泵盖与油泵壳体之间的纸质衬垫,既可对润滑油泵起密封作用,又可用来调整齿轮间隙。

**图 4-2-1  齿轮式润滑油泵工作原理图**
1—进油腔;2—出油腔;3—齿轮泵卸压槽

进油口 A 经进油管与集滤器相连,出油口 B 与机体上的主油道及润滑油滤清器相通,这是主要的一路;管接头 10 经油管与润滑油细滤器连接。润滑油泵盖 11 上装有限压阀组件 8 和 13,可与润滑油泵一起进行检验调整(油量、油压)。限压阀通过增减密封垫片 7 的厚度,以调整弹簧的预紧力,而维持主油道内的正常油压在使用中不能因润滑油压力过低而随意改变限压阀弹簧的预紧力,因为此时油压的降低不一定是弹簧张力的变化所造成的。

### 2. 转子式润滑油泵

转子式润滑油泵在柴油机上广泛应用。它的工作原理如图 4-2-3 所示。它主要由外转子

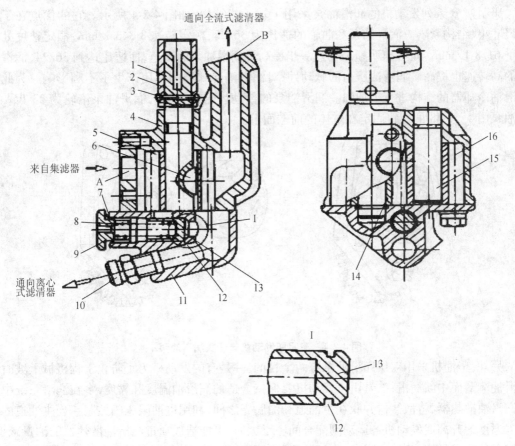

**图4-2-2 齿轮式润滑油泵**

1—主动轴;2—连轴套;3—铆钉;4—油泵壳体;5—主动齿轮;6—半圆键;7—密封垫片;8—限压弹簧;9—螺塞;10—管接头;11—润滑油泵盖;12—集垢槽;13—柱塞式限压阀;14—挡圈;15—从动轴;16—从动齿轮;A—进油口;B—出油口

4、内转子3、进油口1、出油口6、壳体5构成。内转子固定在润滑油泵传动轴上,有四个轮齿;外转子自由地安装在泵体内,有五个内齿。内外转子是不同心转动的,两者有一定的偏心距,但旋转方向相同。当内转子转动时带动外转子一起旋转。两个齿轮的偏心距和齿形轮廓保证了内、外转子无论转到何种位置,各齿之间总有接触点,于是内、外转子的轮齿间形成了四个工作腔。由于内、外转子之间的速比是1.25,所以外转子总是慢于内转子,形成了四个工作腔容积的变化。所以,当某一工作腔从进油口转过时,容积便逐渐增大,从而把润滑油从进油孔吸入。当该工作腔转到与出油口相通以后,腔内容积逐渐减小,油压因而升高,便从出油孔泵出。转子式润滑油泵结构紧凑,吸油真空度高,泵油量大,当泵的安装位置在机体外或吸油位置较高时,用转子式润滑油泵尤为合适。转子式润滑油泵由曲轴的正时齿轮通过中间齿轮驱动。

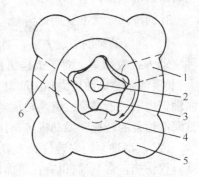

**图4-2-3 转子式润滑油泵**

1—进油口;2—转子轴;3—内转子;4—外转子;5—壳体;6—出油口

115

康明斯 B 系列发动机的润滑油泵采用了转子式结构,如图 4-2-4 所示。它的优点在于外形尺寸小、结构紧凑。润滑油泵和曲轴的速比为 36/28,额定转速 3 343 r/min,额定速度处供油量 61.8 L/min。现在康明斯公司进一步提高了润滑油泵的转速,使速比达到 36/24,润滑油泵的高转速也提高了润滑油压力的脉动性,对润滑油冷却器的使用产生了不利影响。为此对润滑油冷却器的结构进行了加强。润滑油泵的传动齿轮为 28 齿,润滑油泵惰轮为 23 齿。润滑油泵用 4 个 M8 的螺钉固定在缸体的前端面上。

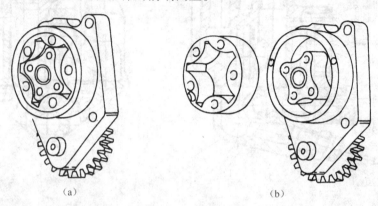

(a)                    (b)

**图 4-2-4　康明斯发动机转子式润滑油泵**

另外,柴油机采用双层润滑油泵有两个目的:一是有的发动机为了防止工程机械上坡时因润滑油泄漏而中断润滑;二是由于发动机要保持合适的润滑油温度和黏度,多在润滑系统中设置润滑油散热器,将散热器并联在主油道和油底壳之间,利用进油限压阀控制。当主油道的油压因温度的升高或发动机各运动副配合间隙增大时,可能造成通过润滑油散热器的油量减少,使润滑油难以得到合适的冷却。为了防止该现象的发生,采用双层油泵或两个结构完全相同的润滑油泵。主油泵的尺寸和泵油量较大,它满足主油道的供油;副油泵的尺寸和泵油量较小,专门供往润滑油散热器。在副油泵上还设有限压阀,以控制通往润滑油散热器的油压,防止润滑油散热器的管芯损坏。

**3. 润滑油泵需要说明的问题**

(1)润滑油泵的驱动方法。对于较轻负荷的柴油机,润滑油泵可以通过凸轮轴来驱动,这种驱动方式较简单。对于工程机械用柴油机,其机械负荷和热负荷较大,要求润滑强度也较大,润滑油泵的出油压力和出油量大或者说润滑油泵的驱动力较大。所以,润滑油泵可安装在曲轴箱内第一道或第二道主轴承盖处,由曲轴的正时齿轮直接或间接地驱动。这样也易于调整润滑油泵的转速和发动机转速比,以满足柴油机高强度润滑的需要。

(2)润滑油泵的安装位置。多数润滑油泵是淹没或半淹没在润滑油内,吸油高度较小,起动时很快能正常泵油;也有在机体以外安装的,例如,康明斯 NT855 型发动机的润滑油泵,它通过外接吸油管与油底壳内的集滤器相连来吸油。润滑油调压阀则装在润滑油滤清器上。这种外装润滑油泵拆装调整较为方便。但由于吸油管较长,其组装后需加满润滑油(引油);否则,在起动时可能会不泵油或者需要较长时间才能吸上油。

(3)限压阀的位置。润滑油泵必须在发动机各种转速下都能供给足够数量的润滑油,以维持足够的润滑油压力,保证发动机的润滑。润滑油泵的供油量与其转速有关,而润滑油泵的转速又与发动机转速成正比。因此,在设计润滑油泵时,都是使其在低速时有足够大的供油量。但是,在高速时润滑油泵的供油量明显偏大,润滑油压力也显著偏高。另外,在发动机冷起动时,润滑油黏度大,流动性差,润滑油压力也会大幅度升高。为了防止油压过高,在润滑油路中设置限压阀或溢流阀。一般限压阀装在润滑油泵或机体的主油道上。当限压阀安装在润滑油泵上时,如果油压达到规定值,限压阀开启,多余的润滑油返回润滑油泵进口。如果限压阀安装在主油道上,则当油压达到规定值时,多余的润滑油经过溢流阀流回油底壳。

## 二、润滑油滤清器

发动机工作时,金属磨屑、尘土、积炭等会不断地混入润滑油,同时,燃烧气体及空气对润滑油的氧化作用逐渐使润滑油颜色变黑并形成胶状物(俗称油泥)。这都会影响润滑性能,不仅会加速运动零件的磨损,而且油泥会堵塞油道,造成供油不足。在发动机润滑系统中都装有润滑油滤清器,将上述固体颗粒或胶质过滤掉,以保持润滑油的清洁,延长润滑油的使用期限,保证发动机正常工作。

1. 润滑油滤清器的分类

润滑油滤清器按其滤清方式的不同,可分为过滤式和离心式两种。按照滤清器的工作范围不同,可分为粗滤器和细滤器。过滤式滤清器又可按其滤芯结构的不同,分为金属网式、缝隙式、纸质滤芯式和复合式等。

润滑油滤清器按其与主油道的连接方式的不同,可分为全流式和分流式两种,如图 4-2-5

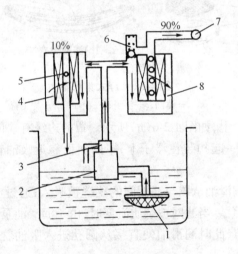

**图 4-2-5  润滑油滤清器**
1—集滤器;2—润滑油泵;3—限压阀;4—细滤器;5—量孔;6—旁通阀;
7—主油泵;8—粗滤器

所示。全流式滤清器是与润滑主油道串联在一起的,润滑油泵出油量都通过它,因此,要求这种滤清器的阻力不能太大,多为粗滤器。为了防止因粗滤器堵塞而断油,在粗滤器上装有旁通阀。分流式滤清器是与主油道并联在一起的,一般只有润滑油泵出油量的 10% ~30% 流过。在滤清器中设置节流量孔,借以限制其通过的油量。由于通过量少,允许有较大的阻力。这样,既能使润滑油较快地得到较彻底的滤清,又不至于造成堵塞后主油道断油。分流式滤清器多为细滤器,一般在细滤器上不安置旁通阀门,一旦堵塞后,润滑油泵的出油量全部转入主油道。有的细滤器上也加设旁通阀,以调节主油道的压力。

2. 滤清器的结构与工作原理

（1）集滤器。集滤器是具有金属网的滤清器,用来防止较大的机械杂质进入润滑油泵,通常安装在润滑油泵之前。集滤器可分为浮式和固定式(淹没式)两种。浮式集滤器能吸入油面较清洁的润滑油,但油面上的泡沫易被吸入。固定式集滤器淹没在油面以下,吸入的润滑油清洁程度较差,但可防止泡沫吸入,结构简单,故应用较多。

如图 4-2-6 所示为浮式集滤器的构造。浮子 3 是空心密封的,漂浮在润滑油的液面上。固定管 5 固装在润滑油泵上,吸油管 4 的一端与浮子 3 焊接,另一端与固定管 5 活动连接,以便浮子 3 能自由地随油液面升降。金属丝滤网 2 有一定弹性,中央有一圆孔,装配时在滤网弹

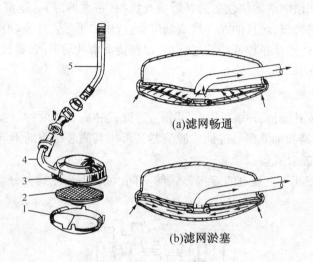

(a)滤网畅通

(b)滤网淤塞

**图 4-2-6　浮式集滤器**
1—罩;2—滤网;3—浮子;4—吸油管;5—固定管

力作用下,圆孔紧压在罩 1 上,如图 4-2-6(a)所示。罩的边缘有缺口,润滑油由此进入滤网内。罩用自身的凸爪连同滤网一起扣装在浮子上,罩的斜面靠近吸油管,以保证滤网的实际有效面积。

当润滑油泵工作时,润滑油从罩与滤网间的狭缝被吸入,通过滤网时较大的杂质被滤去,然后经吸油管进入润滑油泵。当滤网被杂质淤塞时,由于润滑油泵所形成的真空度,迫使滤网向上,使滤网的圆孔离开罩,此时润滑油便直接从圆孔进入吸油管,如图 4-2-6(b)所示,避免供油中断。

（2）粗滤器。粗滤器用来过滤润滑油中颗粒较大的杂质。由于它对润滑油流动的阻力小,一般是继润滑油泵之后串联在润滑系统油路中。传统的粗滤器滤芯多采用金属片或金属网式,近年来逐渐被纸质式滤芯所代替。

金属片缝隙式粗滤器的滤芯由薄钢片制成,滤片呈车轮状,隔片呈星状,它们间隔地套在滤芯轴上,润滑油从滤片间的缝隙中通过,将较大的杂质挡住。

纸质滤芯式滤清器结构如图 4-2-7 所示,滤芯分内外两层,外层滤芯是由波折的微孔纸组成,内层滤芯是用金属丝编成的滤网或冲压的多孔板,以加强滤纸。润滑油从外围经过滤芯的过滤后从中心流向主油道。波折的微孔纸过滤面积很大,既有较好的滤清能力,又有较大的通过能力。它的成本低,可定期更换。它既可作为全流式,也可作为分流式滤清器。

（3）复合式滤清器。如图 4-2-8 所示,把筒状网式粗滤芯 2 套在波折微孔细滤芯 3 外面,形成粗、细滤芯串联在一起的复合式滤清器。它串联在主油道上,两个滤芯各有自己的旁通阀。一旦滤芯堵塞时,各自打开,使润滑油绕过被堵塞的滤芯,直接流入主油道。这种滤芯器结构紧凑,工作可靠,纸芯可定期更换,成本较低。

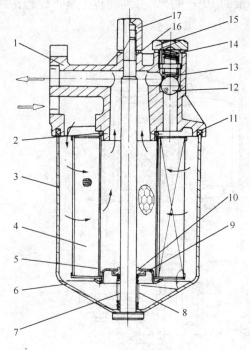

图 4-2-7　纸质滤芯式滤清器

1—滤清器座;2、6、10、11、14—密封圈;3—外壳;4—纸质滤芯;5—托板;7—拉杆;8—压紧弹簧;9—垫圈;12—球阀;13—旁通阀弹簧;15—阀座;16—垫片;17—压紧螺母

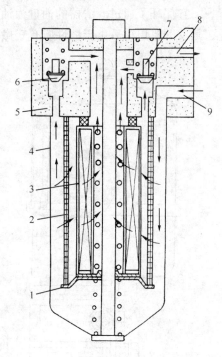

图 4-2-8　复合式滤清器

1—滤清器座;2—粗滤芯;3—细滤芯;4—外壳;5—机体;6—粗滤器旁通阀;7—细滤器旁通阀;8—出油道;9—进油道

（4）离心式细滤器。上述各种滤清器,按清除杂质的方法都是属于过滤式滤清器。这类滤清器不同程度地存在以下问题:滤清能力与通过能力的矛盾;通过能力随淤积物的增加而下降;定时更换滤芯而使维护费用增加。

为了解决上述问题而发展了一种靠离心力来分离杂质的滤清器,称为离心式滤清器。如图 4-2-9 所示,转子轴 3 固定在壳体 1 上,转子体 14 上压有三个衬套 13,并与转子体端盖连成一体,套在转子轴 3 上可以自由转动。压紧套 12 将转子盖 8 与转子体 14 紧固在一起后经动平衡检验。转子下面装有止推轴承 4,转子上面装有支撑座 9,并用弹簧 10 压紧以限制转子轴向窜动。弹簧的压紧力以及衬套 13 等零件的加工质量可保证转子转速达 10 000 r/min 左右。转子下端有两个水平安装的互成反向的喷嘴 5,滤清器盖 7 用压紧螺母 11 装在滤清器壳体上使转子密封。滤清器盖 7 与壳体具有高度的对中性,使转子达一定转速,以保证润滑油的滤清质量。

发动机工作时,从润滑油泵来的润滑油进入滤清器进油孔 B。当润滑油压力低于 100 kPa 时,进油限压阀 19 不开,润滑油不进入滤清器而全部流向主油道,以保证发动机可靠润滑。当润滑油压力超过 100 kPa 时,进油限压阀被顶开,润滑油沿外壳和转子轴的中心孔经出油孔 C

进入转子内腔的润滑油做高速旋转。在离心力作用下,润滑油中的杂质被甩向转子盖内壁并沉淀,清洁的润滑油由出油道 F 流向油底壳。

离心式滤清器滤清能力强,并且不需要滤芯。但它对胶质的滤清效果差,同时,制造和装配精度要求较高。喷嘴喷出润滑油没有压力,一般只能做分流式连接。转子上的喷嘴又是油的限量孔,它保证了通过滤清器的油量为油泵出油量的 10% ~ 15%。判别转子是否旋转正常的方法,是发动机熄火后由于惯性应有轻微的"嗡嗡"声;否则,应检查维护。

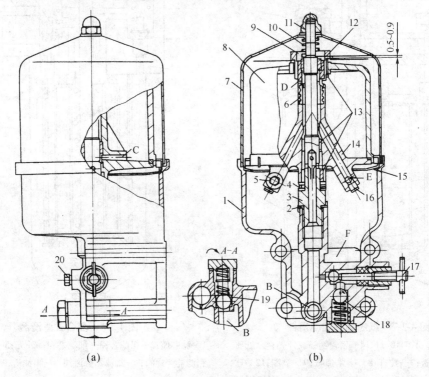

图 4-2-9　离心式滤清器

1—壳体;2—锁片;3—转子轴;4—止推轴承;5—喷嘴;6—转子套;7—滤清器盖;8—转子盖;9—支撑座;10—弹簧;11—压紧螺母;12—压紧套;13—衬套;14—转子体;15—挡板;16—螺塞;17—散热器开关;18、19—限压阀;20—管接头;A、B—滤清器进油口;C—出油孔;D—进油孔;E—通喷油器油道;F—滤清器出油道

## 三、润滑油散热器及冷却器

内燃机工作时润滑油的循环从机体上带走大量的热量,使润滑油温度升高,而且进入润滑油的热量随着内燃机的强化程度而增加。为了防止润滑油温度过高引起润滑油黏度下降影响润滑效果,对于功率较大的内燃机一般均设有润滑油散热装置,即润滑油散热器。润滑油散热器分为风冷和水冷两种。在工程机械上,内燃机负荷大,行驶速度低,采用风冷式润滑油散热器效果较差,因而多采用水冷式润滑油散热器。

1. 风冷式润滑油散热器

风冷式润滑油散热器一般是装在内燃机冷却水散热器的前面,利用风扇的风力,使润滑油冷却。其广泛用于运输车辆的内燃机上,但大气温度和车速的变化对散热效果影响较大。风冷式润滑油散热器的结构多为管片式(图 4-2-10),类似于一般冷却水散热器。

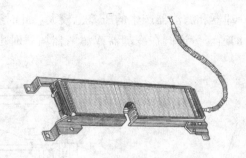

图4-2-10  风冷式润滑油散热器

### 2.水冷式润滑油散热器

水冷式润滑油散热器一般装在内燃机侧面,润滑油温度受气温影响较小,尤其是在起动暖车而润滑油温度较低时,可从冷却水中吸热以缩短暖车时间。但结构较为复杂,水与油的密封要求高。

如图4-2-11所示为135系列柴油机的水冷式润滑油散热器。装在外壳内的散热器芯子是一组带散热片的铜管;两端与散热器前后盖内的水室相通。工作时冷却水在管内流动,而润滑油则在管外受隔片限制而成曲折路线流动。

高温润滑油的热量通过水管上的散热片传给冷却水而被带走,达到了润滑油冷却的目的。

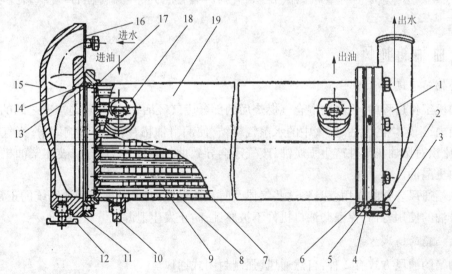

图4-2-11  水冷式润滑油散热器

1—散热器前盖;2—弹簧垫圈;3—螺钉;4、11、16—垫片;5—芯子凸缘;6—外壳凸缘;7—冷却管;8—隔片;9—散热片;10—方头螺塞;12—放水接头;13—封油圈;14—封油垫片;15—散热器后盖;17—芯子底板;18—接头;19—散热器外壳

### 3.润滑油冷却器的通道

在发动机正常工作时,高温的润滑油从油底壳经集滤器10吸入油泵11,油泵将润滑油送到冷却器3,冷却后再到滤清器5。过滤后的润滑油就流到主油道1分别润滑发动机的各个部件。

当发动机在冷态时,润滑油的温度也较低,黏度较大,润滑油泵产生的压力较高。另一方面,高黏度的润滑油通过冷却器和滤清器产生的压差也较大。此时旁通阀4和6将打开,润滑油将不经冷却而直接到主油道。旁通阀在冷却器或滤清器堵塞时也会打开以保护发动机,如图4-2-12所示。

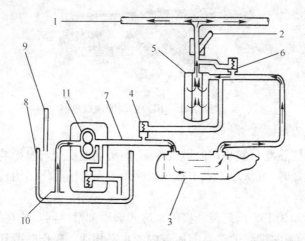

图4-2-12　润滑油冷却器的通道

1—气缸体的主油道;2—至增压器的油道;3—润滑油冷却器;4—润滑油冷却器的旁通阀;5—润滑油滤清器;6—滤清器旁通阀;7—至滤清器和冷却器的油道;8—油底壳;9—增压器回油;10—吸油集滤器;11—油泵

## 四、曲轴箱通风

1. 曲轴箱通风的作用

柴油机工作过程中,气缸内混合气燃烧后的部分废气经活塞、活塞环与缸壁之间的间隙窜入曲轴箱内,未燃烧的燃油、废气中的水蒸气凝结,使润滑油稀释,从而影响润滑;废气中的酸性物、硫化物对柴油机零件产生强腐蚀;废气还会导致曲轴箱内压力升高,破坏柴油机的密封导致柴油机漏油。

曲轴箱通风装置的作用就是将这些气体及时从曲轴箱内抽出,保证润滑系统的正常润滑,延长润滑油的使用寿命,保证柴油机机件不被腐蚀,防止发生泄漏。

2. 曲轴箱的通风方式

曲轴箱的通风方式有2种:自然通风、强制封闭式通风。

(1)自然通风

柴油机曲轴箱一般采用自然通风方式。它在曲轴箱连通的气阀室盖或润滑油加注口接出一根下垂的出气管,如图4-2-13所示,管口处切成斜口,切口的方向与车辆行驶的方向相反。由于车辆的前进和冷却系统风扇所造成的气流作用,使管内形成真空而将废气抽出,曲轴箱中的气体直接导入大气中去。这种通风方法称曲轴箱的自然通风。

(2)强制封闭式通风

汽油机一般使用强制封闭式通风装置,如图4-2-14所示。进入曲轴箱内的新鲜混合气和废气在进气管真空度作用下,经挺杆室、推杆孔进入气缸盖后罩盖内,再经小空气滤清器、管路、单向阀进气歧管,与化油器提供的新鲜混合气混合后,进入燃烧室参加再燃烧。新鲜空气经气缸盖前罩盖上的小空气滤清器进入曲轴箱。为了降低曲轴箱通风抽出的润滑油消耗,除在气缸盖后罩盖内装有挡油板外,在后罩盖上部还装有起油气分离作用的小滤清器,在管路中串联曲轴箱单向阀。

当发动机小负荷低速运转时,由于进气管真空度较大,单向阀克服弹簧力被吸住在阀座上,曲轴箱内的废气经单向阀上的小孔进入进气管。随着发动机转速增高,负荷加大,进气管真空度降低,弹簧将单向阀逐渐推开,通风量也逐渐加大。当发动机大负荷工作时,单向阀全开,通风量最大,从而可以更新曲轴箱内的气体。

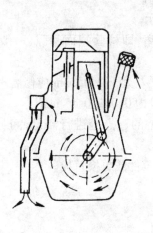

图4-2-13　自然通风

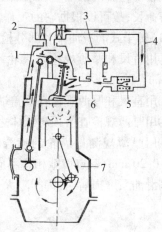

图4-2-14　强制封闭式通风

1—气缸盖后罩盖;2—空气滤清器;3—化油器;
4—通风管路;5—曲轴箱通风单向阀;6—进气歧
管;7—曲轴箱

# 任务实施:

## 一、任务要求

掌握润滑系统主要零部件的构造和装配连接关系;掌握润滑系统主要零部件的检修、拆装方法及注意事项;会拆装润滑系统的主要零部件;能按照要求,进行润滑油泵的检修工作;能按照要求,正确测量曲轴通风箱排气压力的大小。

## 二、仪器与工具

直尺、厚薄规、螺丝刀。

## 三、实施步骤

1. 润滑油滤清器的检修

(1)集滤器的检修。拆开油底壳,检查集滤器滤网,如果滤网堵塞,清洗滤网;如果滤网破损,则更换滤网。

(2)润滑油滤清器的检修。润滑油滤清器的常见故障有密封圈损坏,滤芯、滤网堵塞或破损。密封圈损坏,应更换。按照柴油机的使用维护说明书的要求定期清洗滤网或更换滤芯。

2.润滑油泵的检修

润滑油泵主要损坏形式是由零件的磨损所造成的泄漏,使泵油压力降低和泵油量减少。润滑油泵的端面间隙、齿顶间隙、齿轮啮合间隙以及轴与轴承间隙的增大,各处密封性和限压阀的调整都将影响泵油量和泵油压力。由于润滑油泵工作时,润滑条件好,零件磨损速度慢,使用寿命长,故可以根据它的工作性能确定是否需拆检和修理。

(1)转子式润滑油泵各部分检测方法如图4-2-15所示。

①用直尺和厚薄规检查齿轮端面到泵盖端面的距离,即检验端面间隙,一般为0.05~0.15 mm。

②用直尺和厚薄规检查泵盖端面的平面度,平面度误差大于0.05 mm应修磨平面。

③用厚薄规检查齿顶与泵体之间的间隙,间隙值一般为0.05~0.15 mm。

④用厚薄规测量齿轮的啮合间隙,同时在相邻120°的三点上进行测量,间隙值一般为0.05~0.20 mm,三点齿隙相差不应超过0.1 mm。

润滑油泵磨损后,各部间隙大于使用限度时,应更换零件或更换总成。

(a)检测内外转子间隙　　(b)检测外转子和壳体间隙　　(c)检测端面间隙

**图4-2-15 转子式润滑油泵的检测**

(2)试验方法。润滑油泵检修后,可通过以下一些试验方法检验其工作性能。

①简易试验法。将润滑油泵放入清洁的润滑油中,用螺丝刀转动润滑油泵轴,应有润滑油从出油孔中排出,如用拇指堵住出油孔,继续转动润滑油泵时,应感到有压力。

②试验台试验法。润滑油泵装复后,应在试验台上进行性能试验,以检查润滑油泵在规定的转速、油温、润滑油黏度条件下的泵油压力及泵油流量。常用润滑油泵的性能指标如表4-2-1所示。

润滑油泵压力的调整,可以通过增减限压阀螺塞下面的调整垫片或增减限压阀弹簧座处的垫片来调整。

表 4-2-1  常用发动机润滑油泵性能指标

| 性能 \ 机型 | 6120 | 4125 | 135 系列 | 160 系列 | NH220 – CL |
|---|---|---|---|---|---|
| 试验压力（r/min） | 2000 | 975 | 1875 | 1875 | — |
| 限压阀压力（kPa） | 500 | 650 – 700 | 600 | 300 | 550 |
| 润滑油泵流量（L/min） | 66.7 | 48 | 53.5 | 主泵 103<br>副泵 46 | — |

3. 油管和油道的检修

发动机的油管一般是橡胶管、无缝钢管、铜管,橡胶管容易老化,老化或开裂时必须更换。钢管和铜管漏油时,可拆下用焊接的方法将裂纹堵死,如裂纹较大,则更换。另外,注意油管的两端是否漏油,若漏油,则必须更换垫片。气缸体和气缸盖上的油道一般不会堵塞,除非使用很久,油泥堵塞油道,此时,可用压缩空气吹通或用钢丝疏通,再用吹烟的办法检查油道是否疏通。

4. 控制阀的检修

发动机润滑系统的单向阀一般装在滤清器和散热器的盖板上。单向阀的常见故障为单向阀弹簧弹力变小、阀芯运动不灵活。此时,应更换弹簧和阀芯。

5. 曲轴箱通风装置的检修

曲轴箱强制通风装置的常见故障是通风管损坏以及管路漏气。通风管损坏应更换,管路漏气时,一般是密封圈损坏,管路连接不牢等原因,应更换密封件,加固连接。

6. 润滑系统指示装置的检修

现代发动机润滑系统设置润滑油压力传感器、润滑油压力表、润滑油油温传感器、润滑油温度表、滤清效果指示器等。这些指示装置,对润滑系统的正常工作起着很重要的作用。如果指示装置失效,驾驶员就不能随时了解润滑系统的工作情况,轻者(如滤清效果指示装置失效)滤清器堵塞,未经滤清的润滑油从旁通阀不经过滤进入主油道,加速零件磨损,严重时(如压力检测装置失效)发动机在无润滑油压力情况下运行,造成烧瓦、抱轴等事故性损坏。因此,润滑系统的指示装置必须经常处于完好状态。如遇压力表、传感器、指示灯、报警装置等有故障时,须及时检修,必要时更换新件。

7. 润滑油散热器的维护与检修

发动机长期运转后,润滑油散热器内会沉积砂粒、尘土、磨屑等油泥状杂质。更换润滑油、清洗润滑系统时,必须对润滑油散热器进行认真清洗;否则不但会因散热器内的杂质污染润滑油,而且散热器内的杂质沉积过多会阻碍润滑油流过散热器而影响散热,使润滑油温度过高。润滑油散热器的常见损伤是油管接头漏油、散热管破裂等。油管接头漏油时,应仔细检查油管接头垫片,并更换新的铜垫或铝垫试验。一般的接头漏油,均可通过更换垫片解决。但是更换了平整无损的新垫片后仍然不能解决漏油的问题,则很可能是散热器上的油管接头平台不平或有划伤、刮伤等损伤。如遇此情况可用锉刀、刮刀或砂布等工具仔细修平,然后更换新铜垫或铝垫。散热管破裂漏油时,可用氧焊焊补,具体操作同水箱的修理。

## 知识检测：

### 一、选择题

1. 曲轴箱通风的目的主要是(        )。

    A.排出水和汽油

    B.排出漏入曲轴箱内的可燃混合气与废气

    C.冷却润滑油

    D.向曲轴箱供给氧气

2. 新装的发动机,若曲轴主轴承间隙偏小,将会导致润滑油压力(        )。

    A.过高                    B.过低

    C.略偏高                D.略偏低

3. 发动机曲轴主轴颈和连杆轴颈采用(        )。

    A.压力润滑             B.飞溅润滑

    C.润滑脂润滑          D.石墨润滑

4. 转子式润滑油泵工作时,内、外转子(        )

    A.同向同速旋转        B.同向不同速旋转

    C.反向同速旋转        D.反向不同速旋转

5. 润滑油压力传感器摔坏,会导致(        )。

    A.润滑油油道压力失调     B.压力表指示压力不准

    C.润滑油变质          D.润滑油消耗异常

6. 在柴油机废气涡轮增压器中的滚珠轴承的润滑方法是(        )。

    A.飞溅润滑             B.压力润滑

    C.定期润滑             D.混合润滑

7. 润滑油是(        )的简称。

    A.汽车齿轮油           B.汽车用润滑脂

    C.汽车液力传动油      D.发动机润滑油

8. 配气机构的摇臂采用(        )润滑方式。

    A.飞溅                   B.压力

    C.定期                   D.压力和飞溅

9. 曲轴箱通风不良会造成(        )。

    A.发动机怠速上升       B.润滑油压力过高

    C.润滑油消耗过多      D.发动机过冷

### 二、判断题

1. 曲轴箱的强制通风是靠进气管管口处的真空度,将曲轴箱内的气体排出的。(        )

2. 曲轴箱通风装置损坏,会导致润滑油变质。(        )

3. 离心式润滑油细滤器对润滑油的滤清是由于喷嘴对金属杂质产生过滤作用而实现的。

(        )

4.更换发动机润滑油时,应同时更换或清洗润滑油滤清器。( )

5.离心式润滑油细滤器,在发动机熄火后不应有转动声。( )

6.润滑油泵齿轮端面间隙如不符合规定,可通过增减泵盖垫片的方法进行调整。( )

7.发动机润滑油泵输出的润滑油须全部流经粗滤器,而后再有一部分流入细滤器。( )

8.涡轮增压器的涡轮轴径向和轴向间隙过大不会影响到润滑油的消耗量。( )

9.更换润滑油滤清器时,密封圈应抹上润滑油。( )

## 三、简答题

1.简述润滑油泵的安装位置。

2.简述集滤器的种类及安装位置。

3.简述润滑油冷却器的通道。

4.简述润滑油泵的工作原理。

5.简述曲轴箱通风的作用及种类。

# 任务三 润滑系统常见故障诊断

## 🕹️任务描述:

润滑油压力过低是发动机润滑系统常见故障之一。通过本任务的学习,能对此故障现象和故障原因进行分析,按照故障排除程序及时、准确地排除此故障,保证发动机长时间的正常运行。

## 🕹️相关知识:

柴油机特别是大负荷增压柴油机的机械负荷及热负荷较大,因此对其各工作系统提出了更高的要求。润滑系统的运转状况直接影响到柴油机的性能指标、工作可靠性和耐用性,如果相对滑动的配合表面不能充分有效地润滑,将加速零件磨损,降低机械效率,严重时会出现烧瓦、抱轴等恶性事故。润滑油消耗量过大、压力偏高或偏低、温度过高等故障是柴油机润滑系统最常发生的。准确分析故障原因,正确判断故障所在的位置并及时排除,加强日常维修保养,将能更好地使用柴油机,充分发挥其作用。常见的润滑系统主要故障及原因论述如下。

1.润滑油消耗量过大的故障原因分析

柴油机运转时,润滑油正常消耗量一般为 $0.5 \sim 3.59$ g/kW·h,为燃油消耗量的 $0.5\% \sim 1.5\%$。若超过额定消耗量的标准,则表明过量消耗。润滑油的消耗量一般随着柴油机转速、温度、运转模式及新旧程度的不同而不同。润滑油不正常耗损的原因主要有以下几点:

(1)曲轴箱气阻。在柴油机工作时,总会有一部分废气从气缸间隙窜入曲轴箱,严重时会使曲轴箱内的润滑油上窜到燃烧室和气阀室罩,甚至产生润滑油飞溅,导致润滑油消耗量增加。因此,使用中应保持通气孔畅通,负压阀片不变形、黏连或装错,通风管不能弯折;不能用木塞代替设有通气孔的加油旋塞。

(2)漏润滑油。曲轴前后油封损坏,油底壳出现裂纹,油底壳与机体结合面密封损坏以及正时齿轮室密封不良等都会使润滑油漏失,消耗量增加。

(3)吸入燃烧室的润滑油过多,造成活塞环过度磨损,活塞环边间隙与开口间隙过大,活塞环弹力太弱或卡死在环槽内,油环上的孔道堵塞,缸套因圆柱度与圆度的误差过大而造成密封不好,气阀杆与气阀导管配合间隙过大,油底壳油面过高,润滑油温度或压力过高,主轴承和连杆轴承间隙过大等都会使润滑油过多地进入燃烧室,排气管排出大量的蓝色浓烟,表明润滑油消耗量过大。

(4)使用的润滑油牌号不对,黏度不合适或者柴油机老化,造成润滑油消耗量过大。

2.润滑油中有水的故障原因分析

柴油机润滑油中有水的故障时有发生,其基本现象为:柴油机润滑油尺所反映的油量过多,柴油机润滑油的颜色变为乳白色,散热器内的冷却液过少。汽车行驶时无力,起动困难,打开润滑油加油口可看到有大量的水蒸气冒出。润滑油压力过低,柴油机冷却液温度过高。查看排气管有蓝白色的废气排出。以上的特征表明柴油机润滑油中有水。

润滑系统和冷却系统是柴油机的两个主要组成部分。它们有各自的作用,且油道和水道互不相通。柴油机工作时通过润滑系统的工作将润滑油不断地送往各零件的摩擦表面,以起到减小零件表面的磨损、带走零件表面的磨料、带走零件之间摩擦产生的热量、密封零件间的间隙减少气体的泄漏的作用,此外,还可以减缓零件冲击、降低工作噪声和减少零件表面受化学侵蚀。在润滑系统工作的同时,冷却液通过冷却系统的工作,将经过降温的并具有一定压力的冷却液通过水管输送到各零件的外部来吸收热量,使柴油机中在高温条件下工作的零部件得到冷却。一旦冷却系统的零件出现裂纹使冷却液渗入到润滑油里,从而造成柴油机出现润滑油有水的故障,最终会令其动力性能下降且不能正常使用。而造成柴油机润滑油中有水的故障主要有以下几个原因:

(1)由气缸盖与气缸垫引起

①气缸盖内部的水道产生裂纹。气缸盖在严寒的冬季冷却液将水道冻裂;在柴油机过热时添加冷水使气缸盖的水道所受热应力突变而产生裂纹或气缸盖在铸造时残余应力的影响以及气缸盖在生产中水道壁的厚度过薄、强度不足产生裂纹。以上原因的出现都会使冷却液经裂纹通过气阀和气缸进入到油底壳与润滑油混合,使润滑油变质,从而加剧零件的磨损。此外,在气缸盖顶部装有水道加工孔,水堵受锈蚀产生水孔或裂纹,会使冷却液通过气阀推杆孔而直接进入到油底壳中。

②气缸垫引起的润滑油中有水。气缸垫由于受到高温、高压燃气和有压力的润滑油、冷却液的作用产生烧损或冲坏,同时,气缸垫自身的弹性下降、气缸盖螺纹损坏或气缸盖翘曲变形,使气缸垫不能补偿气缸盖与气缸体接合面的平面度误差。以上的原因出现在气缸盖下平面与气缸体上平面之间所对应的相通的水套附近,该部位的水压较高,会导致冷却液冲破气缸垫的密封经过气缸进入到油底壳与润滑油混合。

(2)由气缸壁引起。气缸壁的工作表面直接与高温、高压燃气相接触,为了提高气缸壁的导热性,防止柴油机在高速、大负荷工作时过热,在制造气缸体时,各气缸之间形成几个空腔,它们互相连通构成水套。由于一般的冷却液中含有钙、镁和硫酸盐,容易在水套表面上沉积成水垢产生锈蚀,同时,当活塞在做高速往复运动时,气缸壁的工作表面要承受很大的压力,活塞环自身的弹力紧贴在气缸壁上,也会对气缸壁产生刮削的作用,使气缸壁变薄。此外,气缸体在铸造时残余应力的影响以及在生产中水套壁的厚度过薄、强度不足,都会导致气缸壁出现裂纹或水孔,使冷却液渗入到油底壳。

(3)由冷却系统引起。冷却系统的分水管、水套由于受到冷却液的锈蚀,令其产生裂纹或水孔,冷却液在水泵的作用下进入油底壳中与润滑油混合,从而使散热器里的冷却液过少,导致柴油机冷却液温度过高。

(4)由润滑系统引起。在润滑系统里的润滑油散热器装在冷却液管路中,一旦润滑油散热器的油管产生裂纹或密封垫损坏,冷却液就会进入润滑油里与之混合。

(5)加注的润滑油里有水分。由于润滑油里含有过多的水分,当柴油机运转时,在曲柄连杆机构的扰动及润滑油泵的作用下润滑油产生的流动性,使润滑油与水混合形成乳白色的物质。

3.润滑油压力偏低的故障原因分析

柴油机的正常润滑油工作压力应在 0.25~0.35 MPa 之间。其中新机或刚起动时会高一些,旧机或运转时间长压力就低一些。如果润滑油压力低于 0.2 MPa,说明问题严重,应立即停机检查,排除故障后方可重新使用;否则,将会造成烧瓦抱轴的恶性事故。引起润滑油压力偏低的原因有:

(1)润滑油泵泵出的油量不足引起压力偏低。润滑油泵经长期使用磨损后,齿轮或转子的径向及端面间隙增大,泵的出油量减少,从而造成润滑油压力下降。润滑油泵安装时应先灌满润滑油,以免泵内有空气而吸油不足。另外,润滑油泵与集滤器的连接处必须密封;否则,也会降低润滑油泵的出油量,导致油压偏低。

(2)润滑油滤清器堵塞引起压力偏低。当润滑油滤清器堵塞时,润滑油不能顺利通过,设在滤清器底座上的安全阀会被顶开,从而使润滑油不经过滤清器直接进入主油道。但若安全阀开启压力设置过高而不能及时打开时,润滑油泵内漏就会增加,减少了对主油道的供油量,润滑油压力也就随之下降。

(3)限压阀损坏引起压力偏低。为保持主油道内润滑油压力,系统一般都设有限压阀,若限压阀弹簧软化或调整不当,阀座与钢珠结合面因磨损或被杂质卡住而关闭不严,其回油量就会大幅度上升,主油道润滑油压力也随之下降。一般将回油阀开启压力调整在 0.35~0.48 MPa 之间(具体泄压压力随柴油机机型不同而不同)。

(4)润滑油散热器漏油或堵塞引起压力偏低。润滑油散热器漏油不但增加油耗,还会导致压力下降,应拆下散热器焊修并更换失效的润滑油后才可重新工作。若润滑油散热器或润滑油管路被杂质堵塞,也会因阻力增大而使润滑油流量减少、压力下降。此时应进行管路清洗并换油,以恢复正常的流通能力。

(5)曲轴与轴承间隙过大引起压力偏低。柴油机经长期使用后,曲轴与连杆轴承或曲轴与主轴承的配合间隙逐渐增大,无法形成油膜,不但会增加润滑油消耗量,更会引起润滑油压力下降。其间隙每增加 0.01 mm,润滑油压力便下降 0.01 MPa。因此,润滑油压力下降的情况,常常被作为判断曲轴与轴承磨损程度及柴油机是否应进行大修的主要标志。

(6)另外,如果润滑油牌号不对、黏度下降、乳化变质或润滑油压力传感器损坏、润滑油压力表失灵等都可能引起润滑油压力偏低。

**4.润滑油压力偏高的故障原因分析**

柴油机在冬季工作时,刚起动后常常会发现润滑油压力偏高,待预热一会儿后油压就会降至正常,如果油压表指针仍超过正常值,说明压力偏高,应停机检查调整。油压偏高的原因可从以下几个方面考虑:

(1)润滑油牌号不对。如冬季使用了夏季所使用的润滑油,这样不仅使柴油机起动困难,而且影响润滑系统的正常工作。因此,要根据不同季节合理选择润滑油牌号。

(2)油路不畅或堵塞。润滑油的循环遇到阻塞或不能流通,会导致油压偏高,影响机件的润滑,甚至会出现烧结现象,应及时清洗油路。

(3)限压阀和回油阀弹簧压力调整过大,使开启压力过高,这样不仅会增加润滑油的消耗,可能还会涨破油管。应按技术要求调整阀门的开启压力。

(4)主轴承或连杆轴承的间隙过小,使润滑油不易压入,应重新调整轴承间隙。

**5.柴油机润滑油中有柴油的原因分析**

柴油机润滑油中渗入柴油,会使润滑油油面升高。润滑油中混入柴油对柴油机的危害很大,柴油稀释了润滑油导致润滑油变稀,失去润滑和冷却作用。将导致柴油机产生过热和烧瓦等严重故障。导致柴油机润滑油中有柴油的主要原因有:

(1)喷油器额定压力高,而调定压力值偏低,会使喷油泵供油量过大,燃烧不完全,多余的柴油沿气缸壁流入油底壳;在校喷油泵时,个别柱塞调定油量过大,也会有多余的柴油进入油底壳。

(2)如果使用不合格的柴油,或柴油滤芯保养更换不及时,将导致喷油泵柱塞副严重磨损,使柴油渗入喷油泵的润滑油腔。由于喷油泵的润滑油腔与柴油润滑油道相通,柴油便循环到柴油机的油底壳,从而使润滑油油面升高。

(3)与喷油泵连体的输油泵损坏,内漏严重,也可使柴油进入喷油泵润滑油腔,进而随回流润滑油进入油底壳,导致润滑油油面升高。

(4)个别气缸出现拉缸故障而使该缸压缩压力过低,喷入气缸的燃油不燃烧,使柴油顺缸壁流入曲轴箱油底壳,导致润滑油油面升高。

(5)若柴油机温度过高,使润滑油变稀,将导致上窜至燃烧室内的润滑油增加,在喷油嘴处易形成积炭,使柴油机产生自燃或爆燃现象;如果喷油嘴偶件严重磨损或卡死,将造成雾化不良,产生滴油等故障,燃烧不完全的柴油会沿气缸壁流入油底壳中,从而使润滑油油面升高。

如果柴油机出现润滑油中有柴油、润滑油油面升高的故障时,必须立即查清原因,予以排除。这一点十分重要。

## 任务实施:

### 一、任务要求

掌握润滑油压力低的故障现象、故障原因;掌握润滑油压力低故障诊断与排除的流程和方法;能进行发动机润滑油压力低的故障诊断与排除工作。

## 二、仪器与工具

CAT3306 型直喷式柴油机、各种检测工具。

## 三、实施步骤

润滑油压力低故障排除

一台 CAT3306 型直喷式柴油机出现了润滑油压力过低故障,根据柴油机润滑系统的工作原理,结合现场工作实践,进行下述的一系列检查,整个过程实录如下。

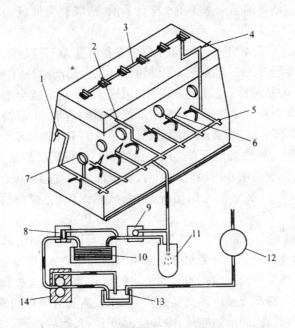

图 4-3-1

1—润滑油通道(通向怠速齿轮);2—润滑油通道(通向涡轮增压器和喷油泵);3—摇臂轴;4—润滑油通道(通向摇臂轴);5—润滑主油道;6—活塞冷却喷嘴;7—凸轮轴轴承座孔;8—润滑油冷却器旁通阀(恒温阀);9—润滑油滤清器旁通阀(安全阀);10—润滑油冷却器;11—润滑油滤清器;12—废气涡轮增压器;13—油底壳;14—润滑油泵

CAT3306 型直喷式柴油机的润滑系统(图 4-3-1)主要由油底壳、润滑油泵、润滑油滤清器、润滑油散热器、主油道、分油道、润滑油压力过低报警传感器、润滑油温过高报警传感器、限压阀和旁通阀等组成。润滑油压力过低主要进行下述检查。

(1)检查润滑油压力表。润滑油温度将影响润滑油压力,一般情况下,润滑油温度每升高 3 ℃,润滑油压力就会降低 0.007 MPa。检查润滑油压力表有无故障时,可以采用外接压力表的方式,起动柴油机,将润滑油温度保持为 99 ℃,然后检查外接润滑油压力表的压力,并参照表 4-3-1 确定润滑油压力是否真正过低。

表 4-3-1　柴油机润滑油压力参照表

| 测试转速(r/min) | 润滑油标号 | 最小允许压力(MPa) | 测试转速(r/min) | 润滑油标号 | 最小允许压力(MPa) |
|---|---|---|---|---|---|
| 1 500 或以上 | SAE10 | 0.140 | 600～800 | SAE10 | 0.040 |
| | SAE30 | 0.165 | | SAE30 | 0.050 |

(2)检查润滑油油位。检查油底壳中润滑油油面是否处于正常范围。如果润滑油油面过低,将造成润滑油泵吸空现象,使润滑油压力过低。

(3)检查外部各处有无漏油现象。柴油机外部(包括涡轮增压器润滑油管、曲轴前后油封、油底壳垫、呼吸器、润滑油感应塞等处)若有漏油,造成润滑油流失量较大,也可导致润滑油压力过低。

(4)检查润滑油滤芯有无堵塞。当润滑油滤清器堵塞而不能流通时,设在其底座上的旁通阀被打开,润滑油不经过滤芯直接进入主油道。如果旁通阀的开启压力设定过高,当润滑油滤清器被堵塞时就不能及时打开,润滑油泵压力就会上升,内漏就会增加,对主油道的供油量减小,润滑油压力就会下降。此时应保证润滑油滤清器的清洁;正确调整旁通阀的开启压力,及时更换或者修复损坏的元件或者配合面,恢复其正常的工作性能。

(5)检查润滑油压力传感器是否失灵或油道堵塞。如果润滑油压力传感器失灵或主油道至润滑油压力传感器的油道堵塞而油流不畅时,润滑油压力就会下降。可做如下检查:柴油机怠速运转,松开油管接头,观察油流的情况,判断故障部位,更换润滑油压力传感器或清洗油道。

(6)检查润滑油油质。若润滑油中混入其他液体,会因变质而引起黏度降低,从而导致润滑油压力降低。先检查润滑油中有无水分。如果润滑油中有水,润滑油会产生乳化现象而呈乳白色。一般应按下述 3 种情况检查润滑油中水的来源。首先,检查润滑油冷却器是否漏水。因为润滑油的冷却是由冷却液通过热交换方式完成的,热润滑油在润滑油冷却器的铜管外侧流动,冷却液在铜管内流动,润滑油冷却,冷却液温度升高,而后流回散热器,因而水完全有可能在润滑油冷却器处进入润滑油,导致润滑油乳化。其次,检查气缸垫是否破裂。因为气缸垫不仅起密封的作用,还要保证冷却液和润滑油在各自不同系统内循环的功能,如果气缸垫破裂或老化,也可在此处造成润滑油中进水。再次,检查缸体和缸套有无穴蚀情况。穴蚀的产生往往是由于不正确使用冷却液造成的,而且长时间才能形成,因而容易被忽视。强调一点:水分进入润滑油中常见于机器长时间停机不工作后,此时润滑油油面会升高。

再检查润滑油中有无柴油。从油底壳中取少量润滑油,滴在一张白纸上,观看油渍是否会渗入白纸,如渗入则证明润滑油中含柴油,因为柴油的渗透力大于润滑油。如果有柴油渗入润滑油中,润滑油油面会在机器长时间工作时持续升高。

最后检查润滑油黏度级别与机器所处的环境是否相适应(尤其在低温环境下更应引起注意)。使用不正确黏度级别的润滑油会造成起动困难,影响润滑油压力。

(7)检查润滑油冷却器。润滑油冷却器堵塞往往不易被发现,若润滑油冷却器部分被堵塞,会造成节流现象,导致进入主油道的润滑油量减少,冷却效果不好,此时会引起系统中的润滑油温度升高、润滑油黏度降低,也会造成润滑油压力低。

(8)检查润滑油泵。检查润滑油泵集滤器是否被堵塞、润滑油泵齿轮及壳体端面有无磨损、润滑油泵旁通阀是否正常。如果润滑油泵旁通阀弹簧变软,将造成润滑油在进入主油道之前泄漏。润滑油泵是整台柴油机的润滑动力源头,润滑油泵性能的好坏直接影响润滑油压力。

(9)检查活塞冷却喷孔或冷却喷嘴。一旦冷却喷孔或冷却喷嘴堵塞,活塞无法得到及时冷却,可造成拉缸。如果喷嘴脱落,活塞同样不能得到冷却,大量主油道的润滑油将直接泄入油底壳,从而造成润滑油压力降低。

(10)柴油机温度过高。如果柴油机冷却系统水垢过多、散热不良、长时间超负荷作业或者喷油泵的供油时间过迟等都会使柴油机过热,加速润滑油的老化、变质、变稀,从各配合间隙中泄漏,压力降低。应清除水垢、调整供油时间、让柴油机在额定负荷以内工作。

(11)主轴承与连杆轴承等的配合间隙增大。柴油机长期使用后主轴承与连杆轴承的配合间隙逐渐增大,泄漏增加,润滑油压力便下降。此配合间隙每增加 0.01 mm,压力就下降 0.01 MPa。此时,可修磨曲轴,选配新的连杆轴承和主轴承,恢复其配合间隙。

(12)集滤器堵塞。在正常情况下,润滑油压力在大油门时应比小油门时高,但有时也会出现反常的情况。若油液过脏、过黏,就容易堵塞集滤器。当柴油机小油门低速运转时,由于润滑油泵吸油量不大,主油道尚能建立起一定的压力,因而油压正常;但当加大油门高速运转时,润滑油泵的吸油量会因集滤器阻力过大而明显地减少,于是因主油道供油不足,润滑油压力表的指示值反而下降。应清洗集滤器,更换润滑油。

(13)限压阀设定压力过低。在润滑系统中,润滑油泵泵送的润滑油在到达柴油机各润滑部件之前,必须保证适当的压力。如果限压阀设定压力过低、调压弹簧变软或者密封面泄漏,都会造成设定压力过低。此时应调整限压阀使压力恢复正常。

(14)润滑油牌号不合适。不同的柴油机需要添加不同牌号的润滑油,同一型号的柴油机在不同的季节也应选用不同牌号的润滑油。如果选用的润滑油不合适或选用了劣质润滑油,柴油机运转时就会因黏度过低而加大泄漏,压力降低。应正确、合理地选用润滑油,适应不同的机型或季节。

通过以上分析,我们带上润滑油压力表和油质分析仪赶到工地,用油质分析仪检测润滑油的质量,发现润滑油的黏度、污染的程度都符合要求。接上润滑油压力表,在低速和高速时分别测量润滑油压力,发现润滑油压力低于 0.15 MPa。正常情况下,润滑油压力低速时应为 0.15 MPa,高速时应为 0.6 MPa,这样就可以知道润滑油压力偏低,不能达到正常压力。按照从简到繁、由外及里的原则,检查润滑油滤清器座上的旁通阀,拆开后发现钢球与阀座配合面之间密封不严,造成润滑油的泄漏,压力降低。通过研磨密封面,恢复其密封性能,调整压力达到标准值,润滑油压力报警灯熄灭,说明润滑油压力恢复正常,故障排除。

通过排除这个故障,说明出现机械故障并不可怕,只要了解系统工作原理,仔细分析,就一定能排除故障,但不要盲目拆卸;否则,就会事倍功半,甚至损坏正常工作的元件。

## 知识检测:

### 一、选 择 题

1. 润滑油压力传感器摔坏,会导致(    )。
   A. 润滑油油道压力失调          B. 压力表指示压力不准
   C. 润滑油变质                D. 润滑油消耗异常

2. 润滑油从发动机曲轴后油封处向外泄漏,甲说:可能是油封有故障;乙说：可能是曲轴箱强制通风系统不工作所致。谁说的对？(    )
   A. 只有甲对                  B. 只有乙对
   C. 甲和乙都对                D. 甲和乙都不对

3. 曲轴箱通风管堵塞将导致(    )。
   A. 烧润滑油                  B. 废气超标
   C. 油耗增加                  D. 曲轴箱压力增加

### 二、判 断 题

1. 润滑油的更换时间仅仅由行驶里程决定。(    )
2. 一般情况下,发动机润滑油液位不会降低,所以如果降低就说明漏油。(    )

### 三、简 答 题

1. 叙述齿轮式润滑油泵和转子式润滑油泵的工作原理,说明各有什么特点？润滑油泵的常见损伤有哪些？怎样检验？如何修理？
2. 叙述油管和油道的检修方法。
3. 叙述曲轴箱通风装置的检修方法。
4. 润滑油散热器易出现哪些损伤？出现损伤后如何进行修理？

# 项目五
## 冷却系统的检修

**项目描述：**

冷却系统的检修是工程机械发动机构造与维修工作领域的关键工作任务，是技术服务人员和维修人员必须掌握的一项基本技能。

冷却系统的检修主要内容包括：冷却系统的功用、组成、工作过程；冷却系统的维护知识与工作；冷却系统主要零部件的构造特点、装配连接关系、检修、装配方法；冷却系统常见故障现象、原因分析及排除过程。本项目采用理实一体化教学模式，按照完成工作任务的实际工作步骤，通过实物讲解、演示、实训，使学生能正确地进行冷却系统的日常维护和定期维护工作，能正确拆装和检修冷却系统的主要零部件，通过常见故障现象和原因的分析，能正确排除冷却系统润滑油压力过低的常见故障，增强工程机械发动机技术服务人员和维修员的岗位就业能力。

# 任务一　冷却系统的维护

## 任务描述:

冷却系统的维护是发动机维护中最基本的维护任务。如果不能规范、按期进行本系统的维护,发动机将会出现异常情况。所以,做好冷却系统的维护工作是保证发动机正常运行的必要条件。通过本任务的学习,学会用滤芯扳手、直尺、常用工具等规范、准确地进行冷却系统冷却液的更换、冷却风扇皮带预紧度的检查与调整、冷却系统内部系统的清洗等维护工作,保证发动机正常运行,并填写任务报告书。

## 相关知识:

### 一、冷却系统的组成与功用

#### 1. 冷却系统的功用

冷却系统的功用是使发动机在所有工况下都能保持在适当的温度范围内。在发动机工作期间,气缸内燃烧温度可达 1 800 ~ 2 500 ℃。直接与高温气体接触的机件(如气缸体、气缸盖、气阀等)若不及时冷却,则其中运动机件将可能因受热、膨胀过大而破坏正常间隙,或因润滑油在高温下失效而卡死;各机件也可能因高温而导致其机械性能下降甚至损坏。所以,为保证发动机正常工作,必须对其进行冷却。

但冷却会消耗一部分有用的热量,因此冷却必须适度。如果发动机冷却过度,会导致气缸壁温度过低,燃油蒸发不良,燃烧品质变坏;混合气与冷气缸壁接触使其中原已汽化的燃油又凝结并流到曲轴箱中,使磨损加剧;发动机零件因润滑油黏度增大而加速磨损。这些都会导致发动机功率下降,经济性变坏,使用寿命降低。

#### 2. 分类

根据冷却介质的不同,内燃机的冷却方式有水冷和风冷两种形式。以空气为介质的冷却系统称为风冷系统,以冷却液为冷却介质的系统称为水冷系统。工程机械和车用内燃机普遍使用的是水冷系统。

### 二、风冷却系统的组成

风冷却是在气缸体和气缸盖上制有许多散热片,以增大散热面积,利用机械前进中的空气流或特设的风扇鼓动空气,吹过散热片,将热量带走,如图 5-1-1 所示。风冷却系统一般由风扇、导流罩、散热片、分流板组成。风冷却系统的特点是结构简单,不易损坏,无须特殊维护。但在多缸发动机上,会使各缸的冷却不均匀,并且在冬季时起动困难,燃油和润滑油耗量也较大,因此,在现代工程机械发动机上采用较少。

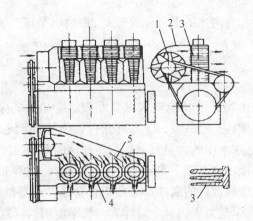

**图 5-1-1　风冷却系统示意图**

1—风扇；2—导流罩；3—散热片；4—分流板；5—气缸导流罩

## 三、水冷却系统的组成

工程机械的冷却系统为强制循环水冷却系统，即利用水泵提高冷却液的压力，强制冷却液在发动机中循环流动。水冷却系统特点是冷却均匀可靠、使发动机结构紧凑、制造成本低、工作噪声和热应力小等，因而得到广泛应用。工程机械发动机水冷却系统主要由散热器、水泵、风扇、风扇离合器、节温器、水套、百叶窗等组成，如图 5-1-2 所示。此外，为便于驾驶员及时掌握水冷却系统的工作情况，还设有水温表或水温警告灯等指示装置。在一些工程机械上安装的暖风装置，是利用冷却液带出的热量来达到取暖的目的。为提高燃油汽化程度，还可利用冷却液的热量对进入进气管道内的混合气进行预热。

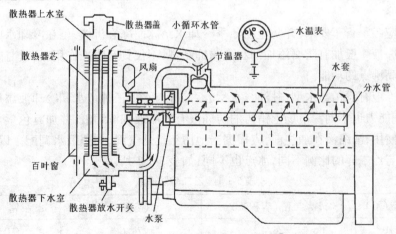

**图 5-1-2　水冷却系统示意图**

发动机工作时，由曲轴通过皮带轮带动水泵转动，由水泵将冷却液压入机体水套，吸收机体热量后，再流经散热器，将热量传给散热片使之被流经散热器的空气带走，经过冷却后的冷却液再次被水泵吸入后压进机体水套。如此反复循环，保持发动机在最适宜的温度下工作。此时，冷却液经过散热器，循环路线较长，称为大循环。

为使发动机在低温时减少热量损失，缩短暖机时间，水冷却系统中安装有冷却强度调节装置：节温器、百叶窗（挡风帘）和风扇离合器等。当水温较低时，节温器关闭，冷却液不经散热器,直接从旁通管进入水泵,此时水的循环路线较短,称为小循环。当节温器处于半开启状态时,大小循环同时存在。

## 四、冷却液

现代发动机冷却液是由保护液和冷却水混合而成。冷却系统保护液能对发动机提供防腐、防气蚀、防冻的高效保护,它主要由乙二醇和防腐剂、色素等组成。乙二醇的作用是降低水的凝固点,起防冻作用。它在水中的含量直接影响冷却液的凝固温度。

冷却系统的部件与水接触在高温下容易发生电化学腐蚀,使零部件的寿命降低,冷却液中加入防腐剂可保护发动机金属部件的腐蚀。某些铝合金零件更易被腐蚀,冷却液中加入的防腐剂对此也能起保护作用,但是对于铝合金缸体发动机不能用铁制缸体发动机一样的冷却液,必须用特别的防腐剂。

冷却液中加入色素纯粹是为了区别,不同牌号或不同公司的冷却液的配方都不一样,采用不同的颜色可避免混淆。

### 1. 冷却水

冷却水最好使用软水,即含盐类矿物质少的水,如雨水、雪水或自来水等。含有盐类矿物质的硬水,如泉水、井水、海水等必须经过软化后才能使用;否则水套易产生水垢,影响冷却效果,造成发动机过热。

硬水软化的方法是:在 1 L 水中加入 0.5 ~ 1.5 g 纯碱(碳酸钠)或 0.5 ~ 0.8 g 烧碱(氢氧化钠),或加入 30 ~ 50 mL 浓度为 10% 的红矾(重铬酸钠)溶液即可,也可以将硬水煮沸冷却后再使用。

### 2. 防冻液

为了适应冬季行车要求,并防止在冬季冷却水结冰而冻裂机体,可在冷却水中加入适量的防冻液。防冻液一般加有防腐添加剂和泡沫抑制剂,不仅具有防冻作用,还具有防腐、防氧化、防结垢和提高沸点的功能。

一般防冻液有酒精与水型、甘油与水型、乙二醇与水型三种。水和冷却液添加剂选配的比例不同,防冻能力也不同。市场上销售的防冻液有成品液和浓缩液,并加有色素予以识别。成品液可直接使用,浓缩液在加注前,应根据当地历年最低气温,加蒸馏水调配。以乙二醇为例,冷却液中水与乙二醇的比例不同,冰点也不同,如表 5-1-1 所示。

表 5-1-1　乙二醇防冻液

| 冰　点(℃) | 乙二醇(容积%) | 水(容积%) | 密　度 |
|---|---|---|---|
| -10 | 26.4 | 73.6 | 1.034 0 |
| -20 | 36.4 | 63.6 | 1.050 6 |
| -30 | 45.6 | 54.4 | 1.062 7 |
| -40 | 52.6 | 47.4 | 1.071 3 |
| -50 | 58.0 | 42.0 | 1.078 0 |
| -60 | 63.1 | 36.9 | 1.083 3 |

现代许多工程机械采用了永久封闭式水冷却系统,即增加了一个膨胀水箱(补偿水箱)。发动机工作时,冷却液蒸发进入膨胀水箱,冷却后流回散热器,这样可减少冷却液的损失。

一般发动机1~2年均不用补充冷却液。

防冻防锈液的使用方法:

(1)入冬时,必须检查加在冷却系统内的防冻防锈液浓度,确保发动机能在较低的气温状态下正常运行。

(2)冷却液内只准加入同种冷却液添加剂。放出的冷却液不宜再使用,应妥善处理。

(3)防冻防锈液更换周期为2年。更换缸盖、缸垫、散热器等也必须更换冷却液。

其他注意事项:

(1)每日维护和首次起动前要检查冷却液液面和泄漏情况。

(2)避免在冷却液低于60 ℃或高于100 ℃情况下持续运转发动机,若在发动机运转时发生上述情况应尽快查找原因,予以排除。

## 五、柴油机水冷却系统的使用维修要点

柴油机冷却系统技术状态恶化主要表现在冷却系统内结水垢使容积变小,水的循环阻力加大,同时水垢导热能力变差,以致散热效果下降,机体温度偏高,加速水垢的形成。

柴油机冷却系统技术状态恶化易造成润滑油氧化,使活塞环、气缸壁、气阀等零件产生积炭,引起磨损加剧。因此,在水冷却系统的使用中必须注意下列几点。

(1)尽量使用软水作冷却液

河水、泉水、井水都属硬水,含有多种矿物质,在冷却液温度升高后会沉淀出来,易在水冷却系统中形成水垢,故不可直接使用。如确要使用这类水时,应将水烧开、沉淀,取上层水使用。在冷却液不足时,可以使用清洁无杂质的蒸馏水和纯净水。

(2)保持适当的冷却液液面

经常检查冷却液液面,当冷却液液面低于进水口以下8 mm左右时,应及时予以补足。

(3)掌握正确的加冷却液和放冷却液操作方法

柴油机过热缺冷却液时,不可立即添加冷却液,应卸去负荷,待冷却液温度下降后在运转状态下以细流慢加。

如遇柴油机工作时断水,切不可立即加冷却液,以免造成零件由于冷热不均产生应力和裂纹或咬死的事故。此时应在柴油机停机后,待机体温度下降到自然温度时方可加冷却液。

寒冷天气不应在冷却液温度很高时放冷却液,以防因温差太大而损坏机体,须等冷却液温度下降至40 ℃后再放冷却液,而且应打开散热器盖,转动曲轴,使水泵等处的冷却液完全放尽。

(4)保持柴油机的正常温度

柴油机起动后,预热到60 ℃以上才可开始工作(冷却液温度至少在40 ℃以上柴油机才可开始带负载运行)。正常工作后冷却液温度应保持在80~90 ℃范围,最高不得超过98 ℃。

(5)检查风扇传动带张紧度

经常检查风扇传动带的张紧状况,用29.4~49 N的力按在传动带中部,传送带挠度为10~12 mm为适宜。如果过紧或过松,都需要进行相应的调整。

(6)检查水泵漏冷却液情况

观察水泵盖下泄水孔漏冷却液情况,停车 3 min 内漏冷却液应不超过 6 滴,过多时应更换水封。

(7)检查散热器、节温器等的状况

散热器、节温器等部件如果出现异常情况,如散热器芯子堵塞、节温器损坏等都会直接影响柴油机的散热效率,导致柴油机过热运行,因此,经常对这两个部件进行检查是非常必要的。

## 任务实施:

### 一、任务要求

掌握发动机水冷却系统的组成、功用及原理。熟悉发动机水冷却系统各部件的工作条件、材料、结构、安装位置及相互连接关系。掌握发动机水冷却系统的维护方法及注意事项。掌握清洗水冷却系统内部、更换防冻液和更换防腐蚀滤芯的方法、步骤和注意事项;掌握风扇皮带张力的检查方法和判断标准;会对发动机水冷却液进行选取及更换。会清洗冷却系统内部;会检查和调整冷却风扇皮带张紧度;能更换防腐蚀滤芯。

### 二、仪器与工具

扳手。

### 三、实施步骤

发动机在使用过程中,冷却系统会因零件的腐蚀、磨损和积垢等原因,影响发动机的冷却效果,表现为发动机过冷或过热,这都将影响发动机的正常工作。因此在使用过程中,要注意对水冷却系统进行维护,以保证水冷却系统正常工作。

1. 冷却液液面高度检查

在正常使用过程中,每月至少检查一次冷却液液面高度。如果气候炎热,检查次数应更多一些。封闭的水冷却系统只有在过热、渗漏时冷却液才会损耗。

膨胀水箱内一般有自动液位报警装置,当液面过低时,位于仪表板中的冷却液温度、液面警告灯会连续闪烁。

当液面低于"LOW"线时,应及时添加冷却液,液面应位于"LOW"和"FULL"线之间。

2. 风扇皮带松紧度的检查与调整

工程机械在使用过程中,若风扇皮带紧度过大,将增加动力损失,增加发电机和水泵轴承的负荷,使轴承磨损加剧,同时也导致皮带的早期损坏;若风扇皮带紧度过小,则会使皮带打滑,造成发动机过热,同时影响发电机发电。当出现电流表不显示充电、发动机温度过高等现象,应首先检查皮带松紧度。检查方法:用大拇指按压(约 98 N)皮带中部皮带应下凹 15 ~ 20 mm。如果不符合要求,应松开调整螺母,改变发电机位置加以调整,如图 5-1-3 所示。

3. 水垢的清洗

为保证发动机在正常温度下工作,应定期清洗冷却系统中的水垢。

旧车清洗时先将冷却液放净,然后加入配有水垢清洗液的溶液,工作一个班次后放出清洗液,再换用清水让发动机运行一个班次后放出,至清洁无浑浊即可。

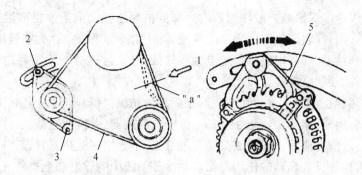

图 5-1-3　水泵皮带的检查与调整

1—外力为 98 N；2—调整螺栓；3—固定螺栓；4—皮带；5—发电机总成

维修过程清洗时应先拆除节温器,将水从正常水循环相反的方向压入(即从出水管压入),到流出的水清洁时为止。当水垢严重积聚、沉淀或有固着在金属表面上的硫酸钙、碳酸钙等物质时,可加入水垢清洗液使其溶解,然后再用清水清洗。

**4. 柴油机冷却系统清洗要点**

柴油机冷却系统经过长时间的使用,加用普通水或质量不高的冷却液,会在冷却系统(散热器、缸体的水套)中产生大量的水垢、铁锈和泥沙,使冷却效率降低。因此,使用普通水的冷却系统,每 6 个月应清洗一次。冷却系统使用其他冷却液的柴油机,应在更换冷却液或大修柴油机时,彻底清洗一次冷却系统。

冷却系统的免拆卸清洗要点有如下内容。

(1)冷却系统的免拆卸保养。随着柴油机保养技术的发展,出现多种冷却系统免解体养护用品,可以在冷却系统保养维护中选择使用。免拆卸养护用品主要有:

①散热器强力清洗剂。散热器强力清洗剂能够清除散热器、气缸盖和气缸体水套中的污物、水垢和锈蚀,能够除去冷却系统中积存的油脂和胶质层,具有安全有效的清洗能力。清洗后有效地提高了散热器的散热效果,恢复冷却系统的冷却功能,有效地解决了柴油机水套和散热器中由于水垢过多而引起的柴油机散热不好、柴油机过热和散热器开锅等行车故障,恢复了柴油机的动力性和汽车的行驶能力。使用强力清洗剂清洗后的冷却系统,不破坏系统 pH 值的平衡,并且对散热器、软管、密封垫和铝制气缸盖等无腐蚀作用。

使用强力清洗剂,一般应每半年清洗一次,清洗时起动柴油机至正常温度后熄火,按每瓶装 355 mL 兑 5～20 L 冷却液的比例加入散热器中。起动柴油机,在正常温度下运行 20～30 min,节温器应保持在最高工作点的全开位置,保证冷却液大循环,清洗散热器。清洗完毕后,柴油机熄火,放掉冷却清洗剂,并用清水冲洗冷却系统,直到放出的水无锈迹和水垢为止。重新加入冷却液或水,冷却系统即可重新正常工作。为了保护散热器,抑制系统锈蚀,增强冷却性能,可以向散热器中加入散热器防锈蚀保护剂;为了防止冷却系统渗漏,可以向散热器中加入永久性散热器止漏剂。

②散热器防锈蚀保护剂。散热器防锈蚀保护剂能够保护冷却系统,防止散热器、暖风散热器、缸体和缸盖水套、水泵等部位的点蚀和气蚀。防锈保护剂中添加的特殊的缓冲成分能够中和酸性物质,从而防止系统中各部件的酸化腐蚀,起到保护散热器的作用。防锈保护剂能防止沉积物的产生,保持冷却液 pH 值的平衡,可以改善冷却液的品质,增强冷却液的散热效果,对冷却系统中的软管和金属件无腐蚀作用。

③散热器超级冷却保护剂。散热器超级冷却保护剂能够增强柴油机高温时的冷却效果，能够防止散热器开锅，抑制散热器中泡沫的生成，防止水冷却系统中存有空气果。能够防止水冷却系统中生锈和结垢，抑制铝制部件的点蚀和气蚀，延长散热器的使用寿命，对水冷却系统中的软管和金属件无腐蚀作用。

④永久性散热器止漏剂。永久性散热器止漏剂由精制的纤维质、固化剂、防锈防腐剂、缓冲剂和防泡沫成分组成，能够快速止住冷却系统中的散热器、暖风散热器、缸体和缸盖水套、水泵、水封等部位的渗漏和泄漏。止漏成分为超细纤维，不会堵塞散热器管道，并且具有防锈、防腐作用，可以极大地延长散热器的使用寿命。对冷却系统中的软管和金属件无腐蚀作用，但可能对冷却液滤清器造成堵塞，影响冷却液滤清器的正常使用。因此，对于安装有冷却液滤清器的冷却系统而言，止漏剂的使用一定要慎重。

(2)柴油机缸套和散热器水垢的清除方法

①一般情况下的清洗要求。清洗水冷却系统时，应先拆卸节温器，并将气缸盖上出水弯头的旁通孔堵塞。冲洗水流的方向和柴油机工作时冷却液的循环方向相反，直到冲洗干净为止。

②严重水垢的清洗方法。为了确保柴油机水冷却系统的散热效果，使柴油机正常工作，增加柴油机的使用寿命，应及时清除柴油机散热器内的水垢。具体清洗方法是：

将配制好的清洗液倒入散热器中，起动柴油机中速($n = 1\,500$ r/min 左右)运行 10 min 后熄火，停机 10～12 h 后，再重新起动柴油机，中速运转 10 min 后停机，放出清洗液。然后加入清洁的冷却液并起动柴油机，中速运行自行清洁。如此反复 2～3 次，即可将冷却系统水垢彻底清除干净。

**5.柴油机水冷却系统的冬季保护**

(1)冬季应对冷却液及时进行检查。不要自行配制冷却液，同时，可以对其外观进行检查，如发现冷却液变稠、变浊、变质、变味、发泡以及量少等情况，应该及时检测维修。因为冷却液一旦失效，在冬季气温过低时，非常容易冻坏散热器和柴油机。

(2)加注冷却液前一定要对柴油机冷却系统进行一次认真、彻底的清洗，并应选择质量好、腐蚀性低的冷却液，避免出现因冷却液质量差而腐蚀机件的现象。

(3)柴油机冬季使用时，主要是要防止出现过冷运行。因此，柴油机冬季使用过程中，不允许拆掉节温器，更不允许堵住小循环回水孔直接进行大循环。

(4)柴油机冬季使用时，一定要使用冷却液并注意冷却系统的防冻保护。

**6.柴油机水冷却系统的夏季养护**

夏季作业中，柴油机容易产生温度过高的现象，导致机件热膨胀而引起气缸充气不足、功率下降。因此，冷却系统技术状态的好坏直接影响柴油机的工作，加强对冷却系统的养护尤为必要。柴油机夏季使用时需注意以下三点：

(1)经常清洗冷却系统。冷却系统易结水垢影响散热，应按要求及时清洗，一般而言，柴油机每工作 6 个月或 1\,000 h，就需要对冷却系统进行一次清洗。夏季使用时应缩短清洗时间或根据冷却状态随时清洗，并注意补充冷却液，确保柴油机冷却系统的正常工作。

(2)经常检查节温器。柴油机夏季使用时，节温器的技术状况对柴油机温度的影响很大，一定要经常检查节温器的工作状况，避免总是小循环导致柴油机的过热运行。

(3)时刻注意风扇转速。冷却风扇的转速直接影响柴油机的散热效果，夏季运行时一定要时刻注意这个问题。如果风扇是由传动带驱动的,则注意风扇传动带的质量状况和张紧状况;如果风扇是硅油离合器方式驱动,则注意该离合器的技术状况,确保冷却系统处于最佳工作状态。

## 知识检测:

### 一、选 择 题

1.工程机械在工作中,发动机突然过热,冷却水沸腾,此时应(　　)。
　　A.立即使发动机熄火,加适量冷却水
　　B.使发动机继续怠速运转 5 min,之后熄火加冷却水
　　C.将机械停于阴凉处,使其自然降温
　　D.脱挡滑行,使其降温
2.冷却系统中提高冷却液沸点的装置是(　　)。
　　A.水箱盖　　　　　　　　B.散热器
　　C.水套　　　　　　　　　D.水泵
3.加注冷却水时,最好选择(　　)。
　　A.井水　　　　　　　　　B.泉水
　　C.雨雪水　　　　　　　　D.蒸馏水
4.发动机冷却系统中锈蚀物和水垢积存的后果是(　　)。
　　A.发动机温升慢　　　　　B.热容量减少
　　C.发动机过热　　　　　　D.发动机怠速不稳
5.小循环中流经节温器的冷却水将流向(　　)。
　　A.散热器　　　　　　　　B.气缸体
　　C.水泵　　　　　　　　　D.补偿水桶
6.水冷却系统中,冷却水的大小循环路线由(　　)控制。
　　A.风扇　　　　　　　　　B.百叶窗
　　C.节温器　　　　　　　　D.分水管
7.冰点是对(　　)的技术要求。
　　A.润滑脂　　　　　　　　B.发动机润滑油
　　C.发动机冷却液　　　　　D.齿轮油

### 二、多 选 题

1.冷却液添加剂的作用是(　　)。
　　A.防腐　　　　　　　　　B.防垢
　　C.减小冷却系统压力　　　D.降低冷却介质沸点
　　E.降低冷却介质冰点
2.按冷却介质不同,发动机冷却方式有(　　)。

A. 风冷　　　　　　　　　　B. 油冷

C. 水冷　　　　　　　　　　D. 气冷

E. 其他

3. 散热器芯的构造型式有(　　)等。

A. 管带式　　　　　　　　　B. 管片式

C. 扁管式　　　　　　　　　D. 横流式

E. 竖流式

4. 发动机冷却系统中,冷却强度调节方式有(　　)

A. 改变通过散热器的空气量　　B. 改变散热器的制造材料

C. 改变散热器的风扇位置　　　D. 改变通过散热器的冷却液量

E. 改变通过散热器的空气流动速度

5. 冷却系统水泵常见的故障有(　　)。

A. 堵塞　　　　　　　　　　B. 漏水

C. 轴承松旷　　　　　　　　D. 泵水量不足

E. 水泵轴锈死

## 三、判断题

1. 膨胀水箱的主要作用是储存冷却液。(　　)

2. 柴油发动机冷却液缺少时,可以只加水而不加冷却液添加剂。(　　)

3. 防冻液可降低冷却水的冰点和沸点。(　　)

4. 发动机在怠速或低速下冷却液进行小循环。(　　)

5. 拆卸的水泵垫圈如果没有损坏可以再次使用。(　　)

## 四、简答题

1. 水冷却系统由哪些主要部件组成? 各起什么作用? 其工作原理如何?

2. 分别写出冷却系统的大、小循环路线。

3. 防冻液的作用及使用方法有哪些?

# 任务二　冷却系统主要零部件的检修

🕹️**任务描述:**

发动机工作中,出现冷却液泄漏、冷却液水温过高等常见故障时,需对冷却系统的主要零部件进行检修。通过本任务学习,学会主要零部件的拆装方法及注意事项、正确使用常用工具、百分表、水温表等测量工具,检测水泵、散热器、节温器等零部件,填写检测记录表并判断其性能是否正常,确定修理方案。

![图标]相关知识：

## 一、散热器

散热器统称水箱,安装在发动机前的车架上。作用是将冷却液在水套内吸收的热量传给外界空气,从而保证发动机工作在适宜的温度范围内。其工作原理是:由水泵驱动已冷却的水通过缸盖高温处进行热交换,然后由缸盖出口进入散热器的上水室,再流经散热器芯,与由风扇吹过的高速、温度较低的气流进行热交换,冷却后的水流入下水室,再由下水室出口吸入水泵进口,从而完成一次散热循环。

1.散热器的构造

普通散热器由上、下水室,散热器芯,散热器盖和框架组成,如图5-2-1所示。

上水室顶部有加水口和散热器盖,上、下水室分别用软管与缸盖出水管、水泵相连;下水室设有放水开关。

为了增大散热面积和传热速度,散热器芯由许多铜或铝制冷却管和散热片组成,常用形式有管片式和管带式,如图5-2-2所示。管片式散热器芯由冷却管和散热片构成,冷却管是焊在上、下水室之间的直管,其断面为扁圆形,散热面积大,且万一冷却水结冰膨胀时,扁形管可借其横断面变形而避免破裂。在冷却管的外表面焊有散热片以增强散热能力,同时还增大了散热器的刚度和强度。这种散热器芯散热面积大,结构强度和刚度较好,耐压高,但制造工艺较复杂,成本高;管带式散热器芯采用波纹状的散热带和冷却管相间排列。在散热带上有类似百叶窗的缝孔,有利于提高散热能力。这种散热器芯散热能力强,制造工艺简单,成本低,质量小,但结构刚度较差。

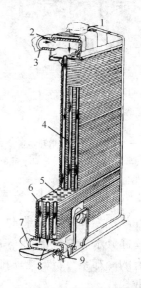

图5-2-1　散热器结构

1—散热器盖;2—上水室;3—散热器进水管;4—散热器芯;5—冷却管;6—散热片;7—散热器出水管;8—下水室;9—放水开关

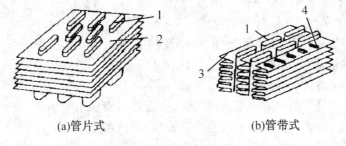

(a)管片式　　　　　(b)管带式

图5-2-2　散热器芯结构

1—冷却管;2—散热片;3—散热带;4—缝孔

2.散热器盖

散热器盖的作用是密封水冷却系统并调节系统的工作压力。散热器盖装有真空压力阀,如图5-2-3所示。在一般情况下,压力阀和真空阀在各自的弹簧作用下处于关闭状态。当系统水温升高,压力增大到一定值时,压力阀开启,使一部分水蒸气排出,经溢流阀进入膨胀水箱,以防止由于压力过大而导致散热器破裂;当发动机停机后,冷却液的温度下降,系统中产生的真空达到一定值时,真空阀开启,补偿水箱内的冷却液流回散热器,防止水管和储水室被大气压瘪。

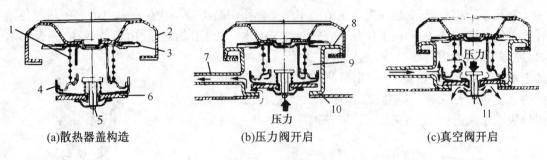

(a)散热器盖构造      (b)压力阀开启      (c)真空阀开启

图 5-2-3　散热器盖

1—压力阀弹簧;2—散热器盖;3—上密封衬垫;4—压力阀;5—真空阀;6—下密封衬垫;7—溢流管;8—加冷却液口上密封面;9—加冷却液口;10—加冷却液口下密封面;11—真空阀

## 二、冷却液补偿装置

在闭式冷却系统中,散热器盖上的阀门虽然能调节冷却系统内的压力,但在调节过程中会放掉一部分水蒸气,这样水箱中的水会逐渐减少,同时导致防冻液浓度升高而腐蚀发动机部件。有的冷却系统将散热器排汽管连通到膨胀水箱的底部,管子插入水中,以便蒸汽冷凝后再吸回散热器。

膨胀水箱避免了冷却液的耗损,保持冷却系统内的水位不变。膨胀水箱多用透明材料制成,位置略高于散热器水平面。这样可以不打开散热器盖检查液面,如图5-2-4 所示。膨胀水箱内冷却液不能注满,加注冷却液时必须在"LOW"和"FULL"线之间。

在闭式冷却系统中,水蒸气混在水中无法分离。散热器盖的阀门虽然能调节冷却系统的压力,但在调节过程中会放掉部分水蒸气,冷却时又会吸进一部分空气。冷却系统中的空气、蒸汽和水一起循环,会使冷却能力下降,水泵的泵水量降低,并造成冷却系统内压力不稳定和冷却水的不断消耗。为此,在水套和散热器的上部,容易积存空气和蒸汽的地方用水套出气管、旁通管与膨胀水箱相连,使空气和蒸汽不再放出而引导到膨胀水箱内。在这里,蒸汽会冷凝为水,后又可通过补充水管进入水箱,使水泵进水口处保持较高的水压,增大了泵水量。而积存在膨胀水箱液面以上的空气,得到了冷却,不再受热膨胀,因而变成了冷却系统内压力上升的缓冲器和膨胀空间,使压力保持稳定状态。所以膨胀水箱解决了水气分离和防止冷却液消耗问题。

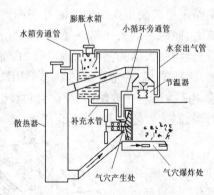

图 5-2-4　膨胀水箱示意图

## 三、水泵

水泵一般安装在发动机前端,由曲轴通过皮带轮驱动,其功用是对冷却液加压使其在冷却系统中循环流动。

1. 构造

工程机械发动机广泛采用离心式水泵,其基本结构由泵体、泵盖、叶轮、水泵轴、轴承、水封等组成,如图 5-2-5 所示为 EQ6100-1 型发动机所采用的离心式水泵典型结构。

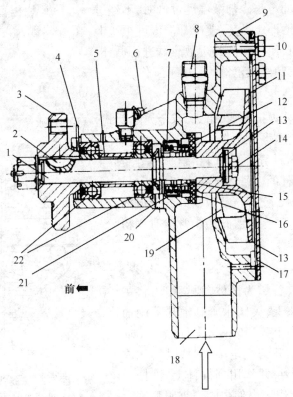

**图 5-2-5 离心式水泵**

1—泵轴;2—半圆键;3—凸缘盘;4—轴承卡环;5—隔离套;6—润滑脂嘴;7—水封环;8—管接头;9—泵体;
10—螺栓;11—叶轮;12—夹布胶水密封垫圈;13—垫圈;14—螺栓;15—水封皮碗;16—弹簧;17—泵盖;
18—进水口;19—水泵内腔;20—泄水孔;21—水封座圈;22—球轴承

泵体由铸铁铸成,上有进水口,用螺钉固定在发动机前部。泵体与泵盖之间有衬垫。泵盖有的是单独制造,有的是制在正时齿轮盖上,水泵的出水道铸在泵盖上。泵轴前端装有皮带盘,后端装有水封和叶轮,叶轮与轴是过盈配合。为了防止水沿轴向前渗漏,在叶轮中央装有自紧式水封,由密封垫、皮碗和弹簧组成。

水泵壳体上的泄水孔位于水封之前。一旦有冷却液漏过水封,可从泄水孔泄出,以防止冷却液进入轴承而破坏轴承的润滑。如果发动机停机后仍有冷却液泄漏,则表示水封已经损坏。

2. 水泵的工作原理

如图 5-2-6 所示,发动机工作时,通过皮带传动使泵轴转动,水泵中的冷却液被叶轮带动一起旋转,并在自身的离心力作用下,向叶轮的边缘甩出,同时产生一定的压力,然后经泵盖上的出水口压送到发动机水套内,同时叶轮中心部分压力降低,散热器中的冷却液便从进水口被吸入叶轮中心处。

## 四、冷却强度调节装置

冷却强度调节装置是节温器,根据发动机负荷大小和水温的高低自动改变冷却液的循环流动路线,以达到调节冷却系统的冷却强度的目的。当冷却液温度过低时,不经过散热器,只在水套内循环,即小循环,使冷却液温度很快上升;当冷却液温度过高时,使冷却液经过散热器进行循环,冷却液温度下降,保持发动机在正常的温度下工作。

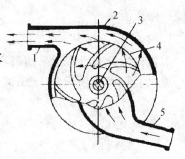

**图 5-2-6  水泵工作原理**
1—出水管;2—水泵壳体;3—水泵轴;4—叶轮;5—进水管

### 1. 节温器构造

节温器因构造不同分为折叠式、蜡式、双金属热偶式,现代发动机多用蜡式节温器。蜡式节温器由支架、推杆、石蜡、合成橡胶管、弹簧、外壳、主阀门和副阀门等组成,如图 5-2-7 所示。推杆的上端固定在支架中心,另一端插入橡胶管中心孔中,胶管与节温器外壳形成的腔体内装有石蜡。为提高导热性,石蜡中常掺有铜粉或铝粉。

### 2. 工作原理

当冷却液温度低时,石蜡为固体,弹簧弹力将主阀门推向上方,压在阀座上,关闭水套到散热器的通道,而副阀门随着主阀门上移,离开阀座打开小循环通路;当冷却液的温度上升到规定温度时,蜡熔化成液体,体积膨胀,产生压力,并作用到推杆上,推杆固定在支架上不能动,其反作用力使主阀门克服弹簧力向下移动,打开水套与散热器的通道,冷却液进行大循环,而副阀门也下移关闭小循环通道,如图 5-2-8 所示。

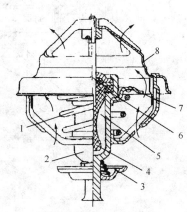

**图 5-2-7  蜡式节温器构造**
1—弹簧;2—节温器外壳;3—副阀门;4—胶管;5—石蜡;6—推杆;7—主阀门;8—支架

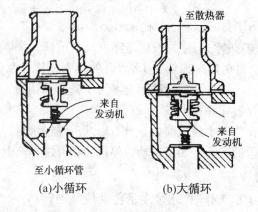

(a)小循环            (b)大循环

**图 5-2-8  蜡式节温器工作情况**

蜡式节温器阀门的开闭完全由石蜡的体积变化来控制,作用力大,不受冷却系统内压力变化影响,阀门的开闭完全依靠温度而定。工作可靠,结构简单,坚固耐用,制造方便,故被广泛采用。

## 五、风扇及风扇控制装置

### 1. 风扇

风扇有机械风扇和电动风扇。一般装在水泵皮带盘前端,散热器后端。其功用是将空气吸进散热器并吹向发动机外壳,降低散热器中冷却液的温度,同时使发动机外壳及附件得到适当冷却。为了减小风扇旋转时因共振而引起的噪声,提高风扇转速,可以采取将风扇叶片制成不等间隔和不同曲率弧度等措施。传统风扇一般采用钢板冲压而制成;现代发动机风扇通常采用合成树脂材料制成,以减小噪声。

### 2. 风扇控制装置

风扇控制装置可以根据发动机温度控制风扇的转速,以调节冷却系统的冷却强度,主要采用各种风扇离合器。

(1)硅油式风扇离合器的结构与工作原理

①结构。硅油式风扇离合器是一种以硅油为扭矩传递介质的,利用散热器后面的气流温度,自动控制硅油液力的传动离合器,如图5-2-9所示。

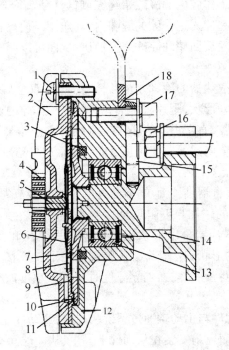

**图5-2-9  硅油式风扇离合器**

1—螺钉;2—前盖;3—密封毛毡圈;4—双金属感温器;5—阀片轴;6—漏油孔;7—阀片;8—主动板;9—进油孔;10—从动板;11—回油孔;12—壳体;13—轴承;14—主动轴;15—锁止板;16—螺栓;17—内六角螺钉;18—风扇

前盖、壳体和从动板用螺钉组装为一体,通过轴承安装在主动轴上。为了加强对硅油的冷却,在前盖上铸有散热片。主动轴随水泵轴一起转动,风扇安装在壳体上。从动板与前盖之间的空腔为储油腔(油面低于轴中心线),从动板与壳体之间的空腔为工作腔。主动板固接在主动轴上,它处在工作腔内,它与壳体及从动板之间均有一定的间隙。从动板上有进油孔,若偏转阀片,则进油孔即可打开。阀片的偏转靠螺圈状的双金属感温器控制,并受从动板上定位凸台的限制。双金属感温器外端固定在前盖上,内端卡在阀片轴的槽内。从动板外缘有一回油孔,中心有漏油孔,其直径大于阀片轴孔的直径,以防止静态时从阀片轴孔泄漏硅油。

②工作原理。发动机在小负荷下工作时,流经散热器的冷却液的温度不高,即流经散热器的气流温度也不高,因而双金属感温器接触的空气温度也较低,此时进油孔被阀片关闭,硅油不能从储油腔流入工作腔,工作腔内无油,离合器处于分离状态。主动轴与水泵轴一起转动,风扇随离合器壳体在主动轴上空转打滑,转速很低,风扇流量很小。

当发动机负荷增加,散热器中冷却液温度升高时,流经散热器的气流温度也随之升高,当气流温度达到 60~65 ℃ 时,感温器受热变形而带动阀片轴和阀片转动,进油孔打开。当吹向感温器的气流温度超过 65 ℃ 时,进油孔完全打开,硅油在离心力的作用下,从储油腔进入工作腔,主动板利用硅油的黏性即可带动壳体和风扇转动。此时风扇离合器处于接合状态,风扇转速迅速升高,风扇的扇风量增大,冷却强度增大。在风扇离合器接合期间,硅油在壳体内不断地循环。由于主动板的转速比从动板高。因此,在离心力作用下从主动板甩向工作腔外缘的油液压力比储油腔外缘的油压力高,硅油从工作腔经回油孔流回储油腔,而储油腔又经进油孔及时地向工作腔补充油液,工作腔内的缝隙始终充满硅油使离合器处于结合状态。在从动板的回油孔旁,有一个刮油凸起伸入工作腔的缝隙内,其作用是使离合器转动时回油孔一侧的硅油压力增高,使硅油从工作腔流回储油腔的速度加快,从而可以缩短风扇离合器回到分离状态的时间。

发动机负荷下降,流经散热器的冷却水温度降低,吹向双金属感温器的气流温度低于 35 ℃ 时,双金属感温器恢复原来形状,阀片将进油孔关闭。工作腔内剩余的油液在离心力的作用下,继续从回油孔流向储油腔,直至甩空为止。这时风扇离合器又回到分离状态,风扇缓慢转动。为了防止温度过低,双金属感温器使阀片反向转动而打开进油孔,在从动板上加工出一个凸台,对阀片进行反向定位,这个凸台即定位凸台。

③特点。硅油式风扇离合器结构简单、效果好并具有明显节省燃油的优点,应用广泛。

(2)机械式风扇离合器的结构与工作原理

①结构。机械式风扇离合器是以形状记忆合金作为温控和驱动元件的,如图 5-2-10 所示。兼起温控和压紧作用的形状记忆合金螺旋弹簧是用形状记忆合金材料制成的,这种合金具有形状记忆效应和超弹性特性。它在临界温度时具有大幅度改变形状的特点,是温控元件的理想材料。

机械式风扇离合器主动件与主动轴通过滑键相连接,从动件安装在滚动轴承外圈上,滚动轴承内圈安装在主动轴上,而风扇安装在从动件上。主、从动件间有摩擦片。

②工作原理。当发动机负荷较小,若风扇离合器接触的环境气温低于 (50±3) ℃ 时,形状记忆合金螺旋弹簧保持原来形状,风扇离合器处于分离状态。当发动机负荷逐渐增加,使风扇离合器周围的气温超过 (50±3) ℃ 时,弹簧开始伸长,使风扇离合器逐渐接合,风扇转速也随之增加。当气温上升到 60 ℃ 时,弹簧伸长完毕,风扇离合器完全接合,使得风扇转速与主动轴转速相同。当气温逐渐下降到 54 ℃ 左右时,风扇离合器开始分离,风扇转速降低。气温下降到 40 ℃ 时离合器完全分离,此时风扇只是由于摩擦力矩驱动而低速旋转。

③特点。与硅油式风扇离合器相比,机械式风扇离合器功率损失小,温控灵敏度高,且结构简单,工作可靠,维修也较方便。

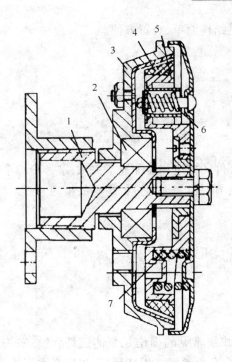

图 5-2-10　机械式风扇离合器

1—主动轴;2—滚动轴承;3—从动件;4—摩擦片;5—主动件;6—回位弹簧;7—形状记忆合金螺旋弹簧

（3）电动风扇的结构与工作情况

①结构。许多发动机的水冷却系统采用电动风扇,风扇由电动机带动,电动机由蓄电池直接供电,与发动机转速无关。

电动风扇(如图 5-2-11 所示)是由电动机、风扇、继电器和冷却液温度开关组成的。继电器和冷却液温度开关组成控制回路,控制电动风扇的工作。

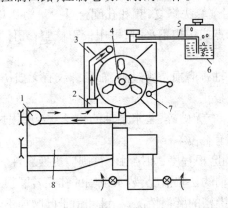

图 5-2-11　电动风扇

1—水泵;2—节温器;3—散热器;4—电动机和风扇;5—软管;6—膨胀水箱;7—温控开关;8—发动机

②工作情况。电动机转速由冷却液温度开关自动控制。当冷却液温度为 92 ℃时,冷却液温度开关接通风扇电动机的 1 挡,风扇以低速 1 挡转动。当冷却液温度高到 98 ℃时,冷却液温度开关接通风扇电动机 2 挡,风扇以较高的 2 挡转速转动。若冷却液温度降到 92 ~ 98 ℃时,风扇电动机恢复 1 挡转速。当冷却液温度降到 84 ℃时,冷却液温度开关切断电源,风扇停

止转动。电动风扇的优点是结构简单,布置方便。

## 任务实施:

### 一、任务要求

熟悉冷却系统主要零部件的构造和装配连接关系;掌握冷却系统主要零部件的拆装、检修方法和注意事项;能对水泵、节温器和水箱进行正确的检测。

### 二、仪器与工具

套筒、扳手、螺丝刀、铜锤、压力机。

### 三、实施步骤

1. 水泵的检修

(1)水泵常见的损伤。水泵常见的损伤是泵体破裂、叶轮破裂、水封变形或老化损坏、泵轴或轴承磨损、带轮凸缘配合孔松动等。损伤后,将出现吸水不佳、压力不足、循环不良、漏水、发动机过热等故障。

(2)水泵检修的方法与注意事项:

①检查水泵体有无裂缝和破裂,螺孔螺纹有无损坏,前后轴承孔是否磨损过限,与止推垫圈的接触面有无擦痕和磨损不平,分离平面有无挠曲变形。

水泵体破裂可以用生铁焊条氧焊修理;螺孔螺纹损坏可扩孔后再攻丝或焊补后再钻孔攻丝;轴承松旷超过规定(轴向间隙不超过 0.30 mm,径向间隙不超过 0.15 mm)时应更换;轴承孔磨损超过 0.03 mm 时,可用镶套法修复,套和孔配合过盈量为 0.025 ~ 0.050 mm;止推垫圈接触平面有擦痕,垫圈座有麻点或沟槽不平时,可用铰刀修整;壳体与盖连接平面如挠曲变形超过 0.05 mm,应予以修平。

②检查水泵轴有无弯曲,轴颈磨损是否过限,轴端螺纹有无损伤。水泵轴的弯曲一般应在 0.05 mm 以内;否则予以冷压校正。

③检查水泵叶轮上的叶片有无破碎,装水泵轴的孔径是否磨损过限。叶轮叶片破裂,可堆焊修复,孔径磨损过限可以镶套修复。

④ 检查水封、胶木垫圈的磨损程度,如接触不良则应更换新件。

⑤ 检查皮带轮毂与水泵轴的松旷情况,装水泵轴的孔径若磨损过限,可镶套修理。

⑥ 检查水泵轴及皮带轮键槽的磨损情况,如键和销子已磨损不适用时,应更换新件。

(3)水泵的装合方法如下:

①将密封弹簧、水封皮碗、胶木垫圈装于叶轮孔内,再装上水封锁环。

②用压力机或铜锤轻轻将水泵轴压入或敲入水泵叶轮。

③装上后轴承锁环和后滚珠轴承。

④ 装进轴承隔管、前滚珠轴承及前轴承锁环。将风扇皮带轮装在水泵轴上,垫上垫圈,紧固螺母。测试水泵叶轮,叶轮转动应灵活。

⑤ 装上水泵盖及衬垫,用螺栓紧固,向弯颈油嘴注入润滑脂。

(4)水泵装合后的检验。泵壳应无碰击感觉,最后在水泵试验台上进行检验。

当水泵轴以 1 000 r/min 的转速运转时,每分钟的排水量不低于规定的数值;在 10 min 的试验过程中,应无任何碰击声响和漏水现象。

2. 散热器的检修

(1)散热器常见的损伤。散热器常见的损伤:散热器积聚水垢、铁锈等杂质,形成堵塞;芯部冷却管与上下水室焊接部位松脱、冷却管破裂、上下水室出现腐蚀斑点、小孔或裂缝而造成漏水等。

(2)散热器检修

①散热器的检查。渗漏是散热器最常见的损伤,检查渗漏可用压力试验法。检查前将冷却液注满散热器,如图 5-2-12 所示。安装散热器测试器,再施以规定压力,观察散热器各部位和接头有无渗漏。

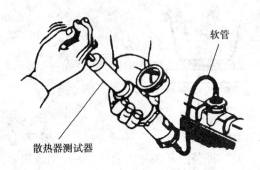

图 5-2-12　散热器渗漏检查

散热器堵塞检查,通常采用新旧散热器水容量对比来判定,如水容量减少说明已堵塞。

②散热器修理。散热器渗漏,如果裂纹较小(0.3 mm 以下)的,可用堵漏剂进行堵漏修补;如果渗漏部位裂纹较大,可用焊修法修补或更换新件。

3. 节温器的检修

节温器失灵时,主阀门可能处于常闭状态,冷却液只进行小循环;主、副阀门同时处于开启状态,冷却液不能完全进行小循环或大循环,这都将引起冷却系统工作失常。

检查节温器时,将它置于水容器中,然后逐步将水加热,提高水温,观察主阀门开启时的温度和开启升程,开启温度和升程都必须符合要求;否则予以更换。

4. 风扇的检修

风扇叶片如出现变形、弯曲、破损应及时更换;连接风扇的铆钉如有松动,应该重铆。

5. 风扇离合器的检修

(1)硅油风扇离合器冷状态的检查。机械在过夜之后,硅油风扇离合器的前隔板与后隔板之间会残留有黏度很高的硅油,这时在未起动发动机前,用手拨动风扇会感觉到有阻力。将发动机起动,使其在冷状态下中速运转 1～2 min,以便工作室内的硅油返回储油室。在发动机停止转动以后,用手拨动风扇应感到比较轻松。

(2)硅油风扇离合器热状态的检查。将发动机起动,在冷却液温度接近 90～95 ℃时,仔细观察风扇转速的变化。当风扇转速迅速提高,以至达到全速时,将发动机熄火,用手拨动风扇,感到有阻力为正常。

(3)离合器和双金属弹簧的检查。检查离合器有无漏油现象,检查双金属弹簧是否良好,必要时更换离合器总成。

6.电动风扇的检修

(1)检查冷却液温度感应器。将感应器置于水容器中加温,如图 5-2-13 所示,当冷却液温度达到 95 ℃时,感应器应将电路接通;否则应更换。

(2)检查风扇电动机。检查电枢线圈、磁场线圈有无断路、短路及搭铁。把风扇电动机的正极与蓄电池的正极相连,把风扇电动机的负极与蓄电池的负极相连,如图 5-2-14 所示。如风扇电动机旋转,表明工作正常;否则应更换风扇电动机。

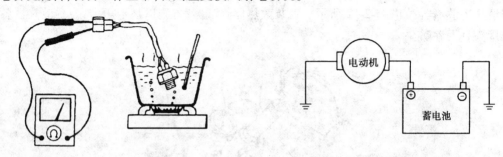

图 5-2-13　冷却液温度感应器检查　　　　图 5-2-14　风扇电动机检查

(3)检查冷却液温度开关。将温控开关放入水中,使万用表显示为电阻挡,将两个表笔分别接在温控开关的接线端和外壳上,改变水的温度,观察万用表指针的变化。当水温达到 92 ℃左右时,温控开关开始导通,万用表指针指示接通。当冷却水温开始下降时,温控开关仍然导通,冷却水温降至 87 ℃时,万用表指针应指示断开。

### 知识检测:

#### 一、选择题

1.使冷却水在散热器和水套之间进行循环的水泵旋转部件叫作(　　　)。

　　A.叶轮　　　　　　　　　　　B.风扇

　　C.壳体　　　　　　　　　　　D.水封

2.节温器中使阀门开闭的部件是(　　　)。

　　A.阀座　　　　　　　　　　　B.石蜡感应体

　　C.支架　　　　　　　　　　　D.弹簧

3.如果节温器阀门打不开,发动机将会出现(　　　)的现象。

　　A.温升慢　　　　　　　　　　B.过热

　　C.不能起动　　　　　　　　　D.怠速不稳定

4.采用自动补偿封闭式散热器结构的目的,是为了(　　　)。

　　A.降低冷却液损耗

B. 提高冷却液沸点

C. 防止冷却液温度过高,蒸汽从蒸汽引入管喷出伤人

D. 加强散热

5. 蜡式节温器中的石蜡泄漏时,会使(　　　)

  A. 水流只能进行大循环　　　　　　　　B. 水流只能进行小循环

  C. 大、小循环都不能进行　　　　　　　　D. 大、小循环都能进行

6. 小循环中流经节温器的冷却水将流向(　　　)。

  A. 散热器　　　　　　　　　　　　　　　B. 气缸体

  C. 水泵　　　　　　　　　　　　　　　　D. 补偿水桶

7. 硅油风扇离合器转速的变化是依据(　　　)。

  A. 冷却水温度　　　　　　　　　　　　　B. 发动机润滑油温度

  C. 散热器后面的气流温度　　　　　　　　D. 继电器控制

8. 硅油式风扇离合器的感温元件是(　　　)。

  A. 硅油　　　　　　　　　　　　　　　　B. 电子开关

  C. 离合器壳体　　　　　　　　　　　　　D. 盘状双金属片

9. 节温器通过改变流经散热器的(　　　)来调节发动机的冷却强度。

  A. 冷却水的流量　　　　　　　　　　　　B. 冷却水的流速

  C. 冷却水的流向　　　　　　　　　　　　D. 冷却水的温度

10. 百叶窗是通过改变(　　　)来调节发动机的冷却强度。

  A. 流经散热器的空气的流量　　　　　　　B. 流经散热器的空气的流速

  C. 流经散热器的空气的流向　　　　　　　D. 流经散热器的空气的温度

## 二、判断题

1. 风扇皮带松会导致发动机过冷。(　　　)

2. 风扇在工作时,风是朝向散热器吹的,以利散热器散热。(　　　)

3. 为了保证风扇、水泵的转速,要求风扇带越紧越好。(　　　)

4. 发动机过热会使充气效率降低。(　　　)

5. 发动机过热会使发动机早燃和爆燃的倾向减小。(　　　)

6. 节温器性能检查可采用就车检查和拆下用热水加热检查两种方法。(　　　)

7. 对冷却系统密封性进行检查时,在冷却系统中注满水,用专用手动压力测试器和散热器水箱密封连接,用手推测试器,使测试器压力表指示 0. 10 MPa,保持不动,在 5 min 内压力慢慢地下降,表示系统密封良好;下降速度很快表示有泄漏的情况。(　　　)

8. 当散热器盖或散热器摸上去比较热时,绝不可将散热器盖拆下。(　　　)

## 三、简答题

1. 指出散热器的位置,介绍其结构和工作原理。

2. 叙述冷却液补偿装置的位置及作用。

3. 描述节温器的构造及工作原理。

# 任务三　冷却系统常见故障诊断

## 任务描述：

掌握发动机水温过高的故障现象、故障原因；掌握发动机水温过高故障诊断与排除的流程和方法；理解发动机水温过高的应急处理方法；能够正确规范地使用排除发动机水温过高所用到的仪表、仪器和工具；能参照发动机维修手册，规范、准确地完成发动机水温高故障诊断与排除工作。

## 相关知识：

柴油机工作中，缸内气体燃烧温度可高达 2 000 ℃，如果此时冷却系统出现故障而没能及时排除，就有可能因受热膨胀而破坏零件的正常间隙，使润滑失效，造成零件卡死或损坏，从而导致力学强度降低，使柴油机不能正常运转。

## 一、冷却液温度过高

### 1.故障现象

冷却液温度过高，冷却液温度表指针经常指在 100 ℃以上，且伴随有散热器"开锅"现象。

### 2.故障原因

(1)冷却系统中冷却液量不足。柴油机起动前散热器内没有加足冷却液，或冷却系统漏水、水泵供水量不足，或水道、散热管被水垢及污物堵塞等原因，均会造成冷却液不足。

(2)水泵失去泵水作用。在天气寒冷时，没有将水泵内少量存留的冷却液放净，一夜之间即可能使水泵体内的叶轮与内壁之间的水结冰膨胀，致使叶轮不能转动。柴油机起动运转后，水道内无冷却液循环，使机体温度很快升高，散热器"开锅"。另外，固定叶轮的销钉折断或松脱，水泵轴转动，两叶轮不动，水泵就停止泵水，冷却液不循环，导致冷却液温度过高。

(3)风扇传动带故障。风扇传动带打滑、断脱，或是风扇中的叶片被碰扭曲。在此情况下，水泵的转速降低，引起冷却系统冷却液温度过高。

(4)节温器失灵。如节温器破裂失灵，当冷却液温度高于 76 ℃时，阀门不能开启或开启高度不够，致使冷却液不能通过散热器进行大循环而导致冷却液温度过高。

(5)供油时间过晚。供油过迟，柴油燃烧不完全，造成柴油机过热，缸盖底面温度升高，导致冷却液温度过高。

(6)气缸与活塞配合间隙过小。气缸套与活塞配合间隙过小，活塞环切口间隙过小及活塞连杆组安装不正，气缸套润滑不良，均会造成活塞与气缸套摩损加剧，使工作温度升高，导致冷却液温度过高。

(7)气缸垫冲坏和缸套等部件裂纹。气缸垫冲坏或是缸套、缸盖等部件有裂纹都可能导致燃气直接加热冷却液而造成柴油机冷却液温度高的现象。

(8)对于闭式循环的冷却系统而言，如果系统中的气体在加注冷却液时没有排除干净，导致冷却液不足,也可能造成柴油机冷却液温度过高的故障现象。

3. 检查判断

(1)检查冷却液。柴油机起动前检查冷却液是否足够,检查水管、散热管是否堵塞。

(2)检查水泵。用手紧握缸盖连接散热器的出水管,由怠速到高速,如感到水流量加大,说明水泵正常;否则,说明水泵泵水压力不足,应进行拆检。如果销钉折断或松脱,水泵轴转动而叶轮不动,水泵就停止泵水,此时应更换水泵叶轮销钉;若水泵叶轮装反,水泵也不能泵水。

(3)检查风扇传动带。如传动带太松应进行调整;如果传动带磨损过大或折断,应及时更换;若有两根传动带,只有其中一根损坏,必须换上两根新传动带,不可一旧一新地搭配使用;否则,会使新传动带的使用寿命大大缩短。

(4)检查节温器。装有节温器的柴油机,若散热器上水室进水管处有大股水流出,说明节温阀关闭不严或损坏;若冷却液温度大大超过 76 ℃时,上水室进水管无水流出或无大股水流出,说明节温器损坏或作用减弱。

(5)检查供油提前角是否正常。

(6)检查缸套与活塞配合间隙。检查活塞环端隙是否过小,气缸套润滑油是否足够,若不符合要求,需更换有关零部件。

(7)仔细观察柴油机冷却液温度过高时是否有大量气体喷出,冷却液是否变色,柴油机的声音是否异常,冷却液中是否存在油花等现象。如有这些现象,即可初步判断存在有气缸垫冲坏或裂纹隐患。

(8)打开冷气系统排气阀、放水阀或补液箱观察冷却液的容量。

## 二、冷却液温度过低

1. 故障现象

在严寒的冬季,燃烧室的工作温度低、燃烧不良、油耗增大、起动困难,使柴油机功率下降。

2. 故障原因

(1)保温不良。柴油机保温不良,特别是在小负荷、高转速的情况下运转,会产生冷却液温度过低的现象。

(2)水道水垢过厚。水垢既不容易散热,也不容易导热。柴油机长期工作,水道内形成的水垢过厚,就阻碍了柴油机受热机件的热量传给冷却液,从而使冷却液温度过低,机件过热。

(3)节温器损坏。如果节温器损坏,不能自动调节冷却液的循环方式,冬季使用时可能将引起冷却液温度过低。

3. 检查判断

(1)在冬季,应检查柴油机保温是否良好。若保温不良,应在散热器外罩一层保温套。

(2)定期拆检水道,看水垢是否过厚。水垢过厚就要用清洗液清洗。平时冷却系统中应加入软水,如雪水、雨水、河水等,不宜直接加入硬水,如井水、泉水等。若不得已使用硬水,最好把水煮开,或每千克水中加入 0.5～1.59 g 纯碱沉淀后再使用。

(3)定时检查节温器,将节温器放入开水中检查,如果主阀门不能自动打开,说明节温器失灵,应及时更换。

### 三、冷却系统漏水

**1. 故障现象**

冷却液日消耗量较大,停车后可明显看到有冷却液滴落地面。

**2. 故障原因**

(1)散热器漏水。长时间使用,因锈蚀或其他原因可能引起散热器漏水。

(2)水泵衬垫损坏或封水圈扭曲变形、损坏或螺钉松动长时间工作,使封水圈逐渐磨损,导致密封不严而漏水,安装封水圈时扭曲变形也会引起漏水。

(3)气缸盖、气缸套、机体产生裂纹。在冬季起动困难时,有的操作者先将柴油机起动,再加入冷却液,引起机件的突然收缩而破裂。柴油机缺水或在过热的情况下突然添加冷水,因温差过大,容易引起气缸盖、机体急剧冷缩而破裂。气缸盖螺栓未按规定的顺序(或拧紧力矩)拧紧,出现松紧不一的现象,引起气缸盖的变形,在过热的情况下,容易产生裂纹。

(4)橡胶水管破裂或水管接头卡箍不紧,这是漏水的常见原因。

(5)气缸套下部的封水圈密封不良。橡胶封水圈的弹性不足或硬化、装配不良、锈蚀、扭曲变形等原因,均会引起密封不良而漏水。

(6)散热器内部管芯破裂或脱焊,也可能造成漏水。

**3. 检查判断**

通常采用寻找冷却液泄漏处的方法进行检查判断,以找出漏水根源。

(1)散热器漏水。发现散热器漏水,可拆下散热器,用橡皮塞把散热器的进水口和出水口堵死,再将整个散热器放到水中,用打气筒从散热器的放水管向散热器内打气,冒出气泡的地方就是漏水处,用划针或带色的铅笔做记号,然后取出散热器擦干,进行焊补。

(2)水泵漏水。如果是水泵处漏水,应检查封水圈是否扭曲变形,若扭曲变形要更换;若是螺钉松动,应及时拧紧。

(3)气缸体、气缸套、机体产生裂纹。如出现这种情况,可拆下气缸盖寻找裂纹,若在受力不大或工作温度较低的部位产生裂纹,可用涂覆塑料黏接剂的方法修复,也可将红丹漆涂在裂纹周围,再覆上铁板或紫铜板,用螺钉固定的方法修复。在受力不大,但工作温度较高的部位出现裂纹时,可用覆板法、栽丝法修复。对受力大的部位,可用生铁焊条冷焊的方法修复后修平。

(4)橡胶水管破裂。橡胶水管破裂应及时修复或更换新件,要经常检查水管接头卡箍是否卡紧,以防漏水。

(5)气缸套下部封水圈密封不良。如果是封水圈扭曲变形,应及时更换,装上后,在封水圈周围涂漆。

### 四、冷却系统水垢沉积过多

**1. 故障现象**

水道堵塞,可使冷却液循环量减少,导致冷却液温度过高,机体温度升高。

**2. 故障原因**

冷却系统水垢沉积原因大致有二:一是柴油机长时间运转,没有定期清洗冷却系统;二是冷却系统经常加注河水、井水及混浊的池塘水等硬水。

3.检查判断

检查时可直接打开散热器,看冷却系统内水垢的沉积量。若水垢沉积过多,应及时清除。清除水垢的方法较多,常用的方法是在柴油机停机后,趁热车把冷却液放掉。

## 任务实施:

### 柴油机过热运行故障诊断

(1)如果柴油机为正常负荷时,冷却液温度正常;当大负荷、工作时间过长时,冷却液温度明显过高,则表明柴油机过热是因柴油机长时间的大负荷工作所引起的,应注意让柴油机适当降低负荷。

(2)如果柴油机常在工作粗暴的条件下作业,也将引起柴油机过热,应查明柴油机工作粗暴的原因,并有针对性地排除。

(3)如果柴油机工作时无力,响声发闷,冷却液温度高,排气管温度异常高,说明柴油机过热多数是因喷油提前角过小所引起的,应按柴油供给系统所介绍的方法,对喷油时间进行调整。

(4)观察散热器通风情况。若散热器前的百叶窗未打开,或散热器积垢过多,多数是引起柴油机过热的原因所在,应进行处理。

(5)观察冷却系统冷却液是否充足,如果外观有漏水现象,表明柴油机过热是因漏水所引起的,应排除漏水;若无漏水现象,可打开散热器加水盖,观察冷却液的充足程度,若冷却液严重不足,多数是因长时间没有补充冷却液而引起柴油机过热的,应予以补充。

(6)检查风扇传动带松紧度。在柴油机停止工作时,用手拨动风扇叶,若能拨动风扇滑转,说明风扇传动带过松是引起散热不良的原因,应予以调整。通过调整传动带张紧装置,如发电机或专门的张紧轮,使传动带增加预紧力。其检验标准是:在发电机和风扇带轮之间用大拇指以 $29 \sim 49$ N 的力按下传动带,挠度为 $10 \sim 20$ mm 为宜。

(7)检查散热器水垢。从散热器的加水口处观察散热器内的水垢。如果确有水垢,说明水垢是引起散热不良使柴油机过热的原因所在,应予以清除。清除方法:往冷却液中投放一定量的除垢剂,使柴油机累计运转24 h 后更换冷却液,若冷却效果有好转,应按同样的方法再进行几次即可(但易腐蚀橡胶件)。

(8)检查节温器。在柴油机起动后注意温度上升情况。若冷却液温度(或油温)上升速度较快,则说明节温器损坏使柴油机过热,应更换节温器。

(9)如果以上检查均属正常,说明柴油机过热是燃烧室内积炭过多所引起,应解体查明原因,并清除积炭。

(10)如果冬季柴油机工作时冷却液温度突然升高,多数是由于散热器下水室的冷却液冻结所致,应予以加热解决。

(11)如果柴油机的润滑油温度升高很快,且润滑油变得很稀,像水一样,这说明润滑油的质量不好,必须予以更换。

(12)对于风冷柴油机,润滑油散热器前面还有一个节温器,此节温器如果损坏,也会导致柴油机过热运行。对于某些润滑油冷却的柴油机(如道依茨 F4L1011F 柴油机),润滑油首先进入缸套外壁和缸盖冷却这些部位,然后再通过节温器进入润滑油滤清器或润滑油散热器。对于这种结构的机型,节温器的作用更为明显。如果它存在问题,柴油机一定会过热运行。

(13)很多柴油机都在排气系统加装了一套排气制动装置,借助于柴油机排气道堵死后的运行阻力,为车辆提供辅助制动。排气制动装置一般都是使用气缸控制制动阀的关闭和开启,如果气缸损坏或联轴器脱落,都可能使制动阀总是处于关闭状态或半开半闭状态,这将严重影响柴油机排气的通畅性,导致柴油机过热运行。出现此类故障时,柴油机只要带负荷运行,就会明显过热且动力不足、冒黑烟。另外,如果排气消声器堵塞,其现象与排气制动装置关闭一样。

(14)柴油机出现下列情况时,也可能出现过热运行:

①闭式冷却系统中存在空气,属于冷却液不足范围。

②缸套或缸盖存在微小裂纹或沙眼。如果柴油机的缸套或缸盖存在微小裂纹或沙眼,可能在柴油机大负荷作业时出现冷却系统过热现象,这是因为燃气窜入冷却液并加热所致。因为裂纹或沙眼很小,冷态时不会出现漏水或漏气现象,但当负荷加大后,柴油机整体温度升高,在强大的膨胀压力下,燃气就会通过微小裂纹或沙眼进入水腔而加热冷却液,严重时可导致冷却液"开锅",柴油机出现过热故障现象。出现此类故障时,柴油机冷却系统散热器可能冒气泡并有燃烧气体的味道。

## 知识检测:

### 一、选择题

1. 当冷却系统使用膨胀水箱时( )。

   A. 从散热器盖溢出的冷却液进入膨胀箱

   B. 当发动机冷却时,冷却液被吸回散热器

   C. 可向膨胀箱添加冷却液

   D. 上述所有。

2. 下列( )不会引起冷却系统过热。

   A. 冷却系统管路中有水垢　　　　　　　B. 电机风扇不转

   C. 水泵不工作　　　　　　　　　　　　D. 鼓风机不转

3. 柴油发动机过冷可能导致的危害是( )。

   A. 降低充气效率　　　　　　　　　　　B. 早燃和爆燃倾向加大

   C. 零件机械性能降低　　　　　　　　　D. 可燃混合气形成条件变差

4. 发动机在低温条件下使用,应选用( )。

   A. 黏度高的润滑油、冰点高的冷却液

   B. 黏度低的润滑油、冰点高的冷却液

   C. 黏度高的润滑油、冰点低的冷却液

   D. 黏度低的润滑油、冰点低的冷却液

## 二、判断题

1. 发动机过热会使充气效率降低。(　　　)
2. 发动机过热会使发动机早燃和爆燃的倾向减小。(　　　)
3. 为防止发动机过热,要求其工作温度越低越好。(　　)

## 三、简答题

1. 简述风扇的工作原理及调整方法。
2. 冷却系统常见的故障有哪些? 其主要原因是什么?
3. 水冷却系统中各主要部件的检修内容和方法怎样?
4. 散热器的常见损伤有哪些? 怎样检验? 如何修理?

# 项目六
## 发动机燃油系统的检修

**项目描述:**

  燃油供给系统的检修是工程机械发动机构造与维修工作领域的关键工作任务,是技术服务人员和维修人员必须掌握的一项基本技能。

  燃油供给系统的检修主要内容包括:燃油供给系统的功用、组成、工作过程;燃油供给系统的维护知识与工作;燃油供给系统主要零部件的构造特点、装配连接关系、检修、装配方法;燃油供给系统常见故障现象、原因分析及排除过程。本项目采用理实一体化教学模式,按照完成工作任务的实际工作步骤,通过实物讲解、演示、实训,使学生能正确地进行燃油供给系统的日常维护和定期维护工作,能正确拆装和检修燃油供给系统的主要零部件,通过常见故障现象和原因的分析,能正确排除发动机起动困难的常见故障,增强工程机械发动机技术服务人员和维修员的岗位就业能力。

# 任务一 燃油系统的维护

## 任务描述：

燃油供给系统的维护是发动机维护中最为频繁的维护任务。如果不能规范、按期进行本系统的维护，发动机运行将会出现异常情况。所以，做好燃油供给系统工作是保证发动机正常运行的必要条件。通过本任务的学习，学会用滤芯扳手、常用工具等规范、准确进行柴油滤清器的更换、燃油箱和油水分离器的放水、使用手动输油泵给低压油路排气等维护工作，保证发动机正常运行，并填写任务报告书。

## 相关知识：

### 一、概述

柴油机与汽油机相比，具有燃油经济性好、功率范围广、工作可靠性强、排气污染小等优点。但柴油机也存在体积大、噪声大、工作粗暴等缺点。目前，电子技术在柴油机上的应用，极大地促进了柴油机的发展，即柴油机的燃油喷射系统从机械控制式转向电子控制式，极大地改善了柴油机的技术性能。现代柴油机已成为一种排放清洁、节省能源的动力，从而得到广泛的应用。由于柴油黏度大，不易蒸发，也决定了其组成、结构和工作原理等与汽油机有很大的区别。本章将介绍机械式燃油喷射装置，电控喷射装置将在项目七中讲解。

### 二、柴油及其使用性能

柴油和汽油一样都是石油制品。柴油分为轻柴油和重柴油。轻柴油用于高速柴油机，重柴油用于中、低速柴油机。工程机械和车用柴油机均为高速柴油机，所以使用轻柴油。

为了保证高速柴油机正常、高效地工作，轻柴油应具有良好的发火性、蒸发性、低温流动性和适当的黏度等诸多的使用性能。

1. 发火性

发火性指柴油的自燃能力，用十六烷值来表示。柴油的十六烷值大，自燃点低，燃烧性能良好，蒸发性差，凝点高。柴油机所用柴油的十六烷值应不低于 40～50，但过高的十六烷值对柴油机来说也不适宜，当十六烷值高于 65 时，易裂化以至排气冒黑烟，反而增加柴油的消耗。

2. 蒸发性

蒸发性指柴油蒸发汽化的能力，用馏程和闪点来表示。

（1）馏程。一般是用 300 ℃ 的馏出量来评定柴油的蒸发性。300 ℃ 馏出量的百分数越大，说明轻质馏分越多，蒸发性好。

喷入柴油机燃烧室中的燃油是在汽化蒸发以后着火燃烧的。从燃油喷入燃烧室到开始燃烧的这段过程中,燃油的蒸发速度和蒸发量与燃油的蒸发性有很大的关系,而蒸发速度对柴油机混合气形成速度影响很大。馏分组成过重的燃油不易完全蒸发,不能及时形成均匀的工作混合气,而且部分燃油在高温下发生热分解,形成难于燃烧的炭粒。结果,发动机排气温度提高,热损失增加,积炭严重,排气带烟,加剧机械磨损,降低发动机的燃油经济性和工作可靠性。但馏分过轻,发火性差,蒸发量大,当火焰出现的时候,所有已喷出的馏分都几乎瞬时参加燃烧,导致压力升高率增大,柴油机工作粗暴。因此,柴油馏分过轻、过重都是不适宜的。

（2）闪点。闪点是石油产品在一定试验条件下加热后燃油蒸气与周围空气形成的混合气,当接近火焰时,开始发出闪火的最低温度。

闪点是表示柴油蒸发性和安全性的指标。闪点低的柴油,蒸发性好。柴油规定控制其闪点不能过低,以防止轻质馏分过多,会造成柴油机工作粗暴。

### 3. 低温流动性

低温流动性是指柴油冷却到开始失去流动性的温度,用凝点来表示。凝点过高,造成低温中断供油,使柴油机无法工作。我国柴油的牌号是根据凝点编排的,凝点的高低是选用柴油的主要依据。在寒冷的地区和季节使用柴油机时应特别注意柴油的牌号。

### 4. 黏度

黏度是评定柴油稀稠度的一项指标,油的黏度是随温度的变化而改变的。温度升高时,其黏度变小;反之,其黏度增大。

柴油的黏度与流动性、雾化性、燃烧性和润滑性有很大的关系。柴油的黏度过大,雾化性就不好,燃烧不完全,排气冒黑烟,使耗油量增大。但柴油的黏度过小又会造成喷油设备中精密偶件润滑不足,漏油增加,以及柴油喷射在燃烧室中的贯穿深度下降,从而降低发动机的功率。故柴油黏度应适中。

综上所述,柴油机应选用十六烷值较高、蒸发性较好、凝点和黏度合适、不含水分和机械杂质的柴油。

## 三、柴油机燃油供给系统的功用与组成

柴油机燃油供给系统是柴油机的重要组成部分,其主要功用是:根据柴油机不同工况的要求,定时、定量、定压地将雾化良好的柴油按一定的喷油规律喷入燃烧室,使其与空气迅速混合并燃烧,做功后将燃烧废气排出气缸。

柴油机燃油供给系统由燃油供给装置、空气供给装置、混合气形成装置和废气排出装置四部分组成。根据结构特点的不同,柴油机燃油供给装置又可分为柱塞式喷油泵燃油供给装置、分配式喷油泵燃油供给装置和PT燃油系统等。图6-1-1为采用柱塞式喷油泵的柴油机燃油供给系统。

### 1. 燃油供给装置

燃油供给装置主要功用是完成柴油的储存、滤清和输送工作,并将柴油以一定压力和喷油质量定时、定量地喷入燃烧室。该装置由油箱1、输油泵4、低压油管2、柴油滤清器3、喷油泵5、高压油管7、喷油器10及回油管6、11等组成。燃油供给装置可分为低压油路和高压油路两部分,低压油路主要包括油箱1、输油泵4、柴油滤清器3和低压油管2等,高压油路主要包括喷油泵5、喷油器10和高压油管7等。

**2.空气供给装置**

空气供给装置主要功用是供给发动机清洁的空气。该装置由空气滤清器13、进气管12及进气道等组成。为增加进气量,提高经济性,许多柴油发动机装有进气增压装置。

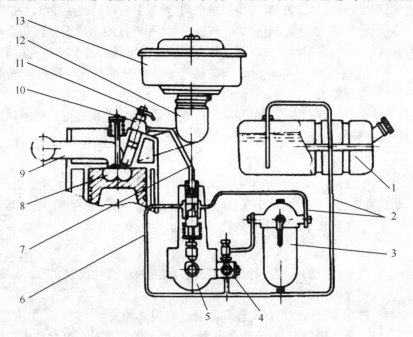

**图6-1-1　柴油机燃油供给系统**

1—油箱;2—低压油管;3—柴油滤清器;4—输油泵;5—喷油泵;6—喷油泵回油管;7—高压油管;8—燃烧室;9—排气管;10—喷油器;11—喷油器回油管;12—进气管;13—空气滤清器

**3.混合气形成装置**

混合气形成装置主要功用是使柴油与空气混合形成混合气,该装置由燃烧室8组成。

**4.废气排出装置**

废气排出装置主要功用是将燃烧废气排出气缸,该装置由气缸盖内的排气道、排气管及排气消声器等组成。

柴油机工作时,输油泵4将柴油从油箱1内吸出,经柴油滤清器3滤清后,经低压油管2送入喷油泵5,喷油泵5将柴油压力提高,按不同工况所需的柴油量经高压油管7输送给喷油器10,喷油器10将柴油以雾状喷入燃烧室8,与高温空气混合后自行着火燃烧。输油泵4提供的多余部分柴油经喷油泵回油管6流回油箱,喷油器多余的少量柴油经喷油器回油管11流回油箱。

## 四、可燃混合气的形成与燃烧

在内燃机的工作过程中,燃烧过程是影响内燃机性能的主要过程。它是将燃油的化学能转变为热能的过程。

由于柴油机使用的是馏分较重的柴油,使柴油机的燃烧过程与汽油机的燃烧过程有显著的区别。柴油相对汽油来说黏度大、蒸发性差,不可能在气缸外部与空气混合形成混合气,柴油机是在压缩冲程接近终了时才把柴油喷入气缸。喷入气缸的柴油,由于受到空气的阻力,燃油被击碎成大小不同的油滴,分布在燃烧室空间;油滴在高温的空气中,开始吸收热量,温度很快上升,从油滴表面开始蒸发,柴油分子即向高温空气中扩散,经过一段时间以后,在油滴的外围便形成一层柴油蒸气和空气的混合气。接近油滴表面的混合气浓度高,离开油滴表面越远,混合气浓度就越稀。由于在压缩终了时才喷油,使得柴油机的混合气形成时间很短,因而造成混合气成分在燃烧室各处是很不均匀的(汽油机的混合气形成时间很长,可以认为形成的混合气是比较均匀的),而且由于不可能一下子把所有柴油都喷入气缸。故随着柴油不断喷入,气缸内的混合气成分也是不断变化的。在混合气浓度高的地方,柴油因缺氧燃烧迟缓,甚至燃烧不完全而引起排气冒黑烟,而混合气浓度稀的地方空气却得不到充分利用。所以,柴油机的混合气形成与燃烧是决定柴油机动力性和经济性的关键。

**1. 可燃混合气的形成**

在燃烧室内,现代柴油机形成良好混合气的方法通常有三种。

(1)空间雾化混合。以喷油器的机械喷雾为主,将柴油喷入燃烧室的空间,初步形成雾状混合物,待柴油吸热蒸发后进而形成气态混合气。

(2)油膜蒸发混合。将大部分柴油先喷射到燃烧室壁面上,在空气旋转运动作用下形成一层薄而均匀的油膜,少部分柴油喷向空间先行着火,然后燃烧室壁上的油膜受热蒸发与旋转的空气混合形成混合气并燃烧。在这种混合气形成方式中,空气运动起主要作用。

(3)复合式。空间雾化和油膜蒸发两种方式兼用的混合方法,只是多少、主次各有不同。目前,多数柴油机仍以空间雾化混合为主,仅球形燃烧室以油膜蒸发混合为主。

**2. 可燃混合气的燃烧**

为了便于说明可燃混合气的燃烧规律,按燃烧过程中的某些特征,划分为备燃期、速燃期、缓燃期、后燃期四个不同的阶段,如图 6-1-2 所示。

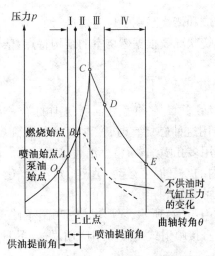

**图 6-1-2 燃烧过程中气缸压力与曲轴转角的关系**

I—备燃期;II—速燃期;III—缓燃期;IV—后燃期

(1)备燃期。从喷油始点 A 到燃烧始点 B 之间的曲轴转角称为备燃期,也叫预燃期、滞燃期或着火落后期。在这一时期内,主要完成着火前燃油雾化、加热、蒸发以及和空气相混合工作。历时时间为 0.000 3 ~ 0.000 7 s。时间虽很短,但却对整个燃烧过程影响很大。

（2）速燃期。从燃油开始着火到迅速燃烧出现最高压力时为止的这段时期称为速燃期，即 $B$、$C$ 两点间的夹角。这一阶段由于火源迅速形成，燃烧速度迅速加快，放热速率在这一阶段终了时达到最大值，造成气缸内压力和温度急剧上升，会对柴油机的受力构件产生冲击性的气体压力负荷，并伴随有尖锐的敲击声，亦即柴油机工作粗暴。工作粗暴的柴油机受力件易于损坏，寿命短。因此，需要尽量避免柴油机工作粗暴。

速燃期中的燃烧主要取决于备燃期内喷入燃烧室中燃油的数量及其物理化学准备进展情况。如果备燃期长，而且在此期间内喷入的燃油量很多，又都做好了燃烧的充分准备，则一旦某处发火，火焰即迅速向各处传播，燃烧速率很高。于是压力升高率增加，柴油机势必工作粗暴。因此，虽然很难直接控制速燃期中的燃烧速率，但是可以间接通过减少在备燃期内的喷油量来施加影响。由此可见，控制备燃期是影响柴油机燃烧过程的一个重要手段。

（3）缓燃期。缓燃期是从最高压力开始到出现最高温度的阶段，即点 $C$ 到点 $D$ 之间的曲轴转角。在此阶段，开始时燃烧很快，后来由于燃烧室内氧气减少，废气增多，燃烧条件变得不利，所以使后期燃烧越来越慢；某些燃油是在高温缺氧的条件下进行燃烧的，可能会燃烧不完全，产生炭烟随废气排出，影响燃油的经济性和排气净化问题。但燃气温度却能继续升高到 1 973 ~ 2 273 K。这一时期是边喷边燃阶段，在点 $D$ 以前喷油结束。

（4）后燃期。从缓燃期终点 $D$ 起到燃油基本烧完时的点 $E$ 止称为后燃期，也称补燃期。从缓燃期终点起，燃烧是在逐渐恶化的条件下于膨胀过程中缓慢进行的。在此期间，压力和温度均降低。后燃期内，由于活塞下行，燃油燃烧所放出的热量不能有效地利用，损失增加，排温也增高，使发动机过热，导致动力性、经济性降低。所以，应尽可能减少这种后期燃烧。其办法是提高喷雾品质，并选用合适的喷油规律，改善混合气的形成等。

## 五、燃烧室

由于柴油机混合气的形成和燃烧是在燃烧室内进行的，所以，燃烧室结构形式直接影响到所形成的混合气的品质和燃烧状况。根据燃烧室的结构特点，柴油机燃烧室可分为两大类：统一式燃烧室和分隔式燃烧室。

### 1. 统一式燃烧室

统一式燃烧室是由凹形活塞顶与气缸盖底面所包围的单一内腔，几乎全部容积都在活塞顶面上，如图 6-1-3 所示。采用这种燃烧室时，燃油直接喷射到燃烧室中，故又称直接喷射式燃烧室。这种燃烧室一般配用多孔喷油器，将燃油直接喷射到燃烧室中，借喷出油束的形状和燃烧室形状的吻合，以及室内的空气涡流运动，迅速形成混合气。其结构形式有多种，目前，常用的有 ω 形、球形和 U 形燃烧室等。

（1）ω 形燃烧室。如图 6-1-3（a）所示，ω 形燃烧室由平的气缸盖底面和剖面轮廓呈 ω 形的活塞顶部包围形成。它是直接喷射式燃烧室中应用最广、品种最多的一种。如国产 135 系列柴油机就是这种形式。

这种燃烧室混合气的形成以空间混合为主，一方面要求有一定的喷雾质量，同时也利用空气涡流的作用。因此，喷油压力较高，一般为 17 ~ 22 MPa，并采用多孔喷雾，使油束形状与燃烧室形状大致吻合。ω 形燃烧室由于结构紧凑、热损失小，故热效率高、经济性好，起动性能好。但由于在备燃期形成的可燃混合气较多，导致发动机粗暴、噪声大。因此，这种燃烧室的压缩比比较低，一般为 15 ~ 18。

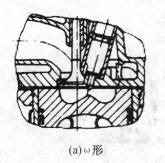
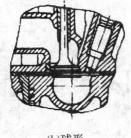
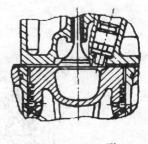

(a)ω形　　　　　　　(b)球形　　　　　　　(c)U形

图 6-1-3　统一式燃烧室

（2）球形燃烧室。如图 6-1-3（b）所示,球形燃烧室由气缸盖底平面和活塞顶上的球形凹坑构成。国产 6120Q 型柴油机采用此燃烧室。

这种燃烧室混合气的形成以油膜蒸发为主,对空气涡流的要求较高。因此,为了在气缸内组织气流运动,以利于混合气的形成与燃烧,在气缸盖内布置有螺旋进气道,使空气进入气缸后做有规则的涡流运动。这种燃烧室采用两孔（或单孔）喷油器在高压下将燃油顺气流和接近于燃烧室的切线方向喷入室内,燃油的绝大部分附于燃烧室壁上,形成比较均匀的油膜,只有极少量燃油喷散在空间形成火源,起点燃作用。室壁上的油膜吸热蒸发,并被高速涡流卷走,进一步混合燃烧,形成燃气涡流。随着燃烧的进行,产生大量热能,辐射在油膜上,使油膜加速蒸发,又不断地被涡流卷走。这样逐层蒸发并燃烧,燃烧室内的温度及空气流速越来越高,可以保证燃油以越来越快的速度蒸发并均匀混合,使燃烧过程加速进行到最终。

由此可知,在球形燃烧室中,混合气的形成主要是靠油膜逐层蒸发来完成的,混合气形成速度开始时较慢,所以,在备燃期内形成并积聚的混合气量很少,燃烧初期压力升高较慢,故发动机工作比较柔和。在燃烧后期,由于混合气形成速度越来越快,不会使燃烧拖延,从而保证了柴油机有较高的动力性和经济性。

必须指出:球形燃烧室要求燃油喷射具有一定的能量,喷射时尽量不分散。因此,必须具有较高的喷油压力（约为 17 MPa）,并须配用长形孔式喷油器,孔径为 0.3～0.5 mm,同时在冷起动时,燃烧室壁面温度低,在空间形成混合气的数量很少,使柴油机的冷起动性能较差。

（3）U 形燃烧室。如图 6-1-3（c）所示,U 形燃烧室由气缸盖底平面和活塞顶部成 U 形的凹部构成。它是球形燃烧室的变形,同样利用高速空气涡流（采用螺旋进气道和切向进气道相结合的扭切进气道）把燃油均匀分布在燃烧室壁面形成油膜,然后蒸发形成混合气。配备1～2个喷孔的喷油器,喷油压力为 12 MPa 左右。

U 形燃烧室的特点:低速或起动时,涡流强度弱,甩到燃烧室壁面上的油量少,直接喷到燃烧室空间的油量多,以空间雾化混合燃烧为主,这样就改善了冷起动性能和低速时的混合气质量。随着发动机转速的升高,涡流强度提高,甩到燃烧室壁面上的油量增多,主要通过油膜蒸发混合燃烧。因此,这种燃烧室具有以上两种燃烧室的优点,故又称为复合式燃烧室。

2.分隔式燃烧室

分隔式燃烧室是把燃烧室的容积分隔成两个部分,两者中间由通道连接。根据通道结构的不同及形成涡流的差别,分隔式燃烧室又可分为涡流室式燃烧室及预燃室式燃烧室两种,如图 6-1-4 所示。

（1）涡流室式燃烧室。如图 6-1-4（a）所示,燃烧室由两部分组成:一部分位于活塞顶与气

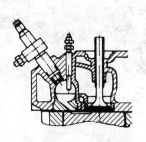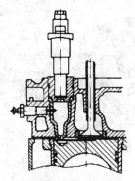

(a)涡流室式燃烧室　　　　(b)预燃室式燃烧室

图 6-1-4　分隔式燃烧室

缸盖上平面之间,燃烧过程主要在这里进行,称为主燃烧室;另一部分位于气缸盖体内,称为涡流室。涡流室常做成球形或圆柱形,其容积占燃烧室总容积的 50% ~80%。连接涡流室与主燃烧室的一个或几个通道与涡流室相连,使空气在压缩行程从气缸被挤入涡流室时产生有规则旋转的涡流运动,喷入涡流室的燃油靠这种强烈的涡流与空气迅速地完成混合,部分燃油即在涡流室内燃烧,压力和温度急剧升高,燃烧气体沿切向通道喷入主燃烧室,与主燃烧室的空气再进一步混合燃烧。在这种燃烧室中,压缩涡流强度与柴油机的转速成正比,转速越高,混合气形成越快,两者相互适应,这就是涡流式柴油机能适应高速运转(转速可达 5 000 r/min)的原因。这种燃烧室对喷雾品质要求较低,可采用喷油压力较低(12 ~14 MPa)的轴针式喷油器。

（2）预燃室式燃烧室。如图 6-1-4(b)所示,这种燃烧室由位于气缸盖上的预燃室与活塞顶部的主燃烧室两部分组成,预燃室容积为燃烧室总容积的 25% ~40%。预燃室与主燃烧室之间用一个或几个小直径的通道相连,使空气在压缩行程从气缸进入预燃室产生无规则的紊流运动。当活塞临近上止点时,由单孔喷油器将燃油喷入预燃室,通常喷向预燃室喉部,正好迎着压缩冲程进入的空气。燃油依靠空气紊流的扰动与空气初步混合,形成品质不高的混合气。开始燃烧后,预燃室内气压急剧升高,未燃烧的大部分燃油连同燃烧产物通过小孔径的通道高速喷入主燃烧室。这时由于小孔径通道的节流作用,在主燃烧室中再次产生涡流,促使燃油进一步雾化并与空气均匀地混合而达到完全燃烧。由于预燃室与主燃烧室之间的通道窄小,产生的节流作用较大。因此,使得主燃烧室内压力升高较缓和,活塞上所受的负荷较小,发动机工作较柔和,但气体能量损失较大,发动机的燃油经济性较差。

另外,分隔式燃烧室由于散热面积大,流动损失大,故燃油消耗率较高,起动性较差。

3. 气流运动

为了使可燃混合气分布得更均匀,最有效的措施是使空气运动,多采用两种方法:

（1）进气涡流。利用切向进气道或螺旋进气道,可以在进气冲程中使空气绕气缸轴线旋转运动,一直持续到燃烧膨胀过程中,如图 6-1-5 所示。

（2）挤压涡流。利用活塞顶部的特殊形状,使空气在压缩过程中和膨胀冲程中产生强烈的旋转运动,如图 6-1-6 所示。

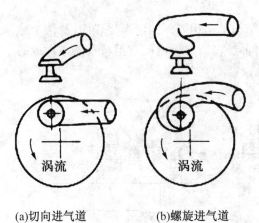

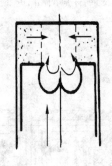

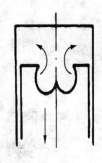

(a)切向进气道　　　　(b)螺旋进气道　　　　　(a)挤压流动　　　　(b)膨胀流动

　　　图6-1-5　进气涡流　　　　　　　　　　　图6-1-6　进气涡流

## 六、柱塞式喷油泵燃油供给装置的构造与维修

柱塞式喷油泵燃油供给装置由燃油箱、输油泵、低压油管、柴油滤清器、柱塞式喷油泵、高压油管、喷油器及回油管等组成,如图6-1-7所示。

## 七、柴油滤清器构造与维修

为了保证柴油喷射系统的使用寿命,就要求所用的柴油不含机械杂质和水分,因为这些杂质对燃油系统精密偶件和微小孔径产生磨损或堵塞作用,造成柴油机各缸供油不均,功率下降,耗油率增加。因此,柴油的滤清对保证喷油泵和喷油器的可靠工作及提高它们的使用寿命有重要的作用。

如图6-1-7所示为一种纸质滤芯柴油滤清器。它由壳体5、滤清器盖4及纸质滤芯6等组成。纸质滤芯里面是一个多孔的薄钢板圆筒,外面套上折叠的特制滤纸,两端用盖板胶合密封,装在滤清器盖4与底部的弹簧座之间,并用橡胶圈密封。滤清器盖上的进油口与输油泵相通。

输油泵泵出的柴油通过油管接头3进入滤清器壳体5内,透过滤芯6进入滤芯的内腔,再经出油管接头向喷油泵输出。在此过程中,柴油中的机械杂质、尘土被滤芯滤去,水分和较大的杂质沉淀在壳体底部。

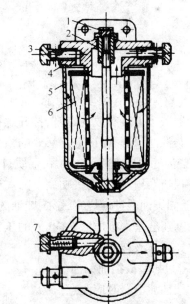

图6-1-7　135 系列柴油机单级柴油滤清器
1—放气螺钉;2—拉杆螺母;3—油管接头;4—滤清器盖;
5—壳体;6—纸质滤芯;7—溢流阀

每工作 100 h( 或运行 3 000 km)后,应拆下拉杆螺母 2 和纸质滤芯 6,清除沉积在壳体内的杂质和水分,必要时更换滤芯。

当油压大于溢流阀7的开启压力(0.1 ~ 0.15 MPa)时,溢流阀打开,多余的柴油流回油箱,从而保证管路内油压维持在一定的限度内。

如图 6-1-8 所示为两级柴油滤清器,它是由两个结构基本相同的滤清器串联而成,两个滤清器盖制成一体。柴油经过第一级纸质滤芯过滤后,再经过第二级由航空毛毡及绸布做成的滤芯过滤。柴油流动路线如图 6-1-8 中箭头所示。

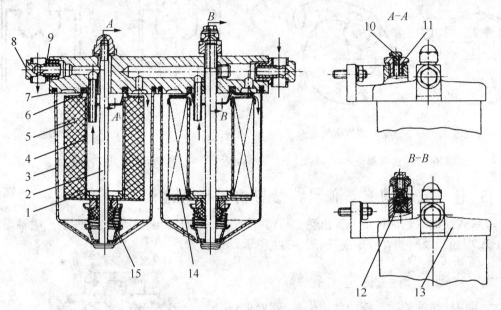

图 6-1-8 两级柴油滤清器

1—绸滤布;2—紧固螺杆;3—外壳;4—滤筒;5—毛毡;6—毛毡密封圈;7—橡胶密封圈;8—油管接头;9—衬垫;
10—放气螺钉;11—螺塞;12—溢流阀;13—滤清器盖;14—纸滤芯;15—滤芯衬垫

滤清器盖子上装有放气螺钉,拧开螺钉,抽动手动输油泵,可以排除滤清器内的空气。

对于柴油滤清器,应该进行必要的检查与维护,以防其损坏与失效。

(1)柴油滤清器内污泥、积垢、杂质过多,引起供油不足,喷油泵的柱塞、出油阀和喷油器等偶件将很快磨损,使发动机功率下降。严重时还会使供油中断,突然熄火停车。外壳内的水分过多,随同柴油混进燃烧室,影响柴油的燃烧。滤芯被残留物质堵塞,影响过滤效果,另外,纸芯被堵塞还会增大纸质滤芯内、外的压力差,使滤芯容易破裂,而一旦破裂,柴油滤清器就会完全失效。壳体破裂而漏油等。

(2)密封衬垫破损而漏油。

维护柴油滤清器时应注意:

①柴油滤清器必须定期认真清洗和检查。

②在维护柴油滤清器以后,通常要利用输油泵的手动输油泵,在低压管内输油和排除空气。排除时,拧松柴油滤清器的放气螺塞,用手动输油泵不停地泵油,促使柴油滤清器出油端螺塞处涌出含气泡的柴油,直到气泡逐渐减少至消失,柴油继续涌出为止,并立即拧紧螺塞。

③检查限压阀,球阀应在导孔内移动灵活,球阀弹簧不应有变形或损坏。

④排除沉淀物的方法:先关闭油箱开关,松开柴油滤清器上的放气螺钉,然后拧下柴油滤清器底部放污螺塞,放出沉淀物后,将螺塞装复并拧紧。打开油箱开关,用手动输油泵泵油排气,待气泡排除干净后拧紧放气螺钉。

⑤拆洗柴油滤清器的方法:拆开清洗时,若是纸质滤芯,则应更换;若是毛毡及绸布的滤芯,应先在干净汽油中浸洗,然后将毛毡及绸布套分别在汽油中清洗,最后用压缩空气吹干毛毡再组合装配。

## 八、输油泵构造与维修

输油泵的功用是保证足够数量的柴油输送到喷油泵,它不仅要克服管路及柴油滤清器的阻力,还要维持一定的供油压力。其输油量为柴油机全负荷需求量的 3~4 倍。

输油泵有活塞式、滑片式和齿轮式几种。滑片式和齿轮式输油泵分别用于分配泵和 PT泵,它们将在后面加以介绍。由于活塞式输油泵使用可靠,目前,已被广泛应用于发动机中。

1.活塞式输油泵的结构和工作过程

活塞式输油泵结构如图 6-1-9 所示。活塞式输油泵主要由泵体、活塞、进油阀、出油阀和手动输油泵等组成。它安装在喷油泵的一侧,由喷油泵凸轮轴上的偏心轮驱动。

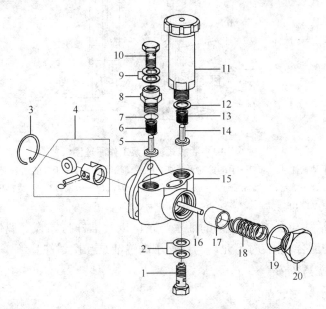

**图 6-1-9　活塞式输油泵结构**

1—进油空心螺栓;2、9、19—垫圈;3—弹簧挡圈;4—挺柱总成;5—出油阀;6、13、18—弹簧;7、12—O 形密封圈;8—管接头;10—出油空心螺栓;11—手动输油泵;14—进油阀;15—泵体;16—推杆;17—活塞;20—螺塞

输油泵的工作原理如图 6-1-10 所示。滚轮弹簧 10 使滚轮 8 紧靠在喷油泵凸轮轴 7 的偏心轮上。活塞弹簧 15 则使活塞 12 通过推杆 11 紧靠在滚轮架 9 上。喷油泵凸轮轴转动时,活塞 12 即随之做往复运动。当活塞 12 被活塞弹簧 15 推动上移时,活塞 12 下方泵腔容积增大,产生真空,进油阀 1 打开,柴油便从进油口被吸入下泵腔。与此同时,活塞 12 上方的泵腔容积减小,油压增高,出油阀 14 关闭,上泵腔中的柴油从回油道 6 被压出输油泵流往柴油滤清器。当活塞 12 被偏心轮和顶杆推动下移时,下泵腔的油压升高,进油阀 1 关闭,出油阀 14 开启,同时上泵腔中产生真空度。柴油自下泵腔通过出油阀 14 经通道流入上泵腔。

当喷油泵所需油量减少或柴油滤清器阻力过大,而使得输油泵出油口和上泵腔压力升高时,活塞弹簧 15 伸长到一定程度,其弹力正好与上泵腔油压相平衡,不能上行,活塞 12 即停留在某一位置,不能回到上止点,即活塞12的有效行程减小,输油泵的供油量也就减少。喷油泵所需要的油量愈少,输油泵供油压力愈高,活塞12有效行程愈小。这样,就实现了输油量和供油压力的自动调节。

当柴油机低压油路中有空气时,应先将柴油滤清器和喷油泵的放气螺钉拧开,再将手动输油泵拉杆5旋开,上下往复抽动手动输油泵活塞2。活塞2上行时,将柴油从进油口经进油阀1吸入手动输油泵泵腔,活塞2下行时,进油阀1关闭,柴油自手动输油泵泵腔经输油泵下腔和出油阀14流到喷油泵,并充满柴油滤清器和喷油泵低压腔,将柴油滤清器和喷油泵中的空气驱除干净。然后拧紧放气螺钉,旋紧手动输油泵拉杆5,再起动发动机。

有少量柴油自泵上腔渗入推杆11与其导管之间的间隙内,再经回油道6流回进油口,供润滑用。

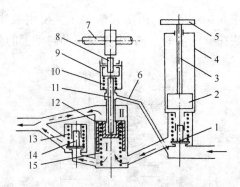

**图 6-1-10 活塞式输油泵工作原理图**

1—进油阀;2—手动输油泵活塞;3—手动输油泵泵杆;4—手动输油泵体;5—手动输油泵拉杆;6—回油道;7—喷油泵凸轮轴;8—滚轮;9—滚轮架;10—滚轮弹簧;11—推杆;12—活塞;13—弹簧;14—出油阀;15—活塞弹簧;Ⅰ—下泵腔;Ⅱ—上泵腔

手动输油泵的活塞与泵体、输油泵的活塞与泵体以及推杆与导管等偶件都经过选配和研磨,达到较高精度的配合,拆装时不允许与任何别的输油泵互换零件。

**2.活塞式输油泵的检修**

活塞式输油泵失效形式如下:

(1)供油能力降低。活塞与泵体孔的磨损使配合间隙增大,造成前后油腔的柴油通过其间隙互相窜通;阀门的磨损使阀门的单向性变差。

(2)推杆与导向孔的磨损。输油泵的推杆与导向孔的配合很精密,但长期工作后,此间隙会因磨损而增大,使活塞后腔的压力油通过间隙流向喷油泵的凸轮室。柴油外溢不仅造成浪费,而且将冲稀润滑凸轮轴的润滑油,降低润滑油使用寿命,增加凸轮轴等零件的磨损。

输油泵解体后,应按下述方法清洗检查输油泵:

(1)用手指压下推杆,应将活塞完全压进;松开手动输油泵手柄,手柄应完全弹出;否则,应拆检活塞、推杆。

(2)检查进、出油阀。进、出油阀若密封不严,可将阀与阀座进行研磨;若有损坏,应更换新件;更换新阀后,新阀与阀座也应进行研磨。

(3)检查泵体有无裂纹。

(4)检查各弹簧。若弹簧有变形或折断,应更换新弹簧。

输油泵装复后,应进行性能试验。

(1)活塞式输油泵密封性的检查。旋紧手动输油泵的手柄,堵住出油口,将其浸入清洁的柴油中,如图6-1-11所示。进油口通入150～200 kPa的压缩空气,在泵体与推杆之间的缝隙处有直径很小的气泡,将气泡用量筒收集,1 min不超过50 mL,且气泡直径不超过1 mm,说明输油泵密封良好;否则,应检修或更换输油泵。

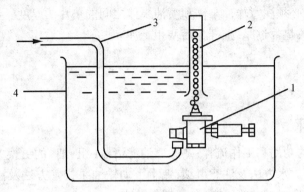

图6-1-11　输油泵密封性检查
1—输油泵;2—玻璃量杯;3—压缩空气软管;4—容器

(2)活塞式输油泵工作性能的检查如图6-1-12所示。将输油泵安装到喷油泵上,在进油口和出油口上分别接一直径为8～10 mm、长为2 m的软管,进油口软管的另一端放入距输油泵1 m以下装满柴油的油箱内,出油口软管的另一端插入一个比输油泵高1 m的量筒内,进行以下检验。

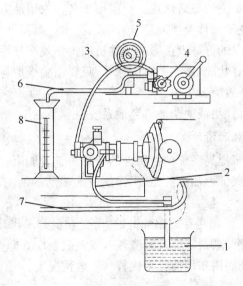

图6-1-12　活塞式输油泵性能的检验
1—油箱;2—进油口软管;3—出油口软管;4—调压阀;5—压力表;6—回油管;7—塑料软管;8—量杯

①吸油能力。驱动输油泵工作,转速为100 r/min时,如果在40 s以内能吸进并泵出油,说明输油泵工作正常;如果需要120 s以上才能吸进并泵出油,应检修输油泵。

②供油压力。将压力表装在输油泵出口一侧,然后使输油泵以600 r/min的速度运转,观察出油压力值,正常压力值应为160 kPa,如果出油压力低于120 kPa,应检修输油泵。

③供油量。让喷油泵以规定转速运转,并用调压阀将输油压力调到规定值,检验其输油量,若输油量不符合规定标准,应检修输油泵。

④ 手动输油泵性能。停止发动机运转,将手泵柄拧出,以 60 ~ 100 次/分钟的速度压动手柄,观察是否能在 25 次前吸进和泵出油,如果在泵动 60 次仍不能吸进和泵出油,应检修手动输油泵。

输油泵安装时,必须注意输油泵体和喷油泵体之间的垫片的厚度。垫片过薄,输油泵推杆行程小,泵油量减少;垫片过厚,推杆与活塞相干涉。

## 任务实施:

### 一、任务要求

掌握燃油系统的功用和工作流程;熟悉燃油滤清器(粗、细)的更换方法及注意事项;熟悉燃油箱、油水分离器放水方法及注意事项;熟悉手动输油泵排气方法及注意事项;会对柴油滤清器进行正确更换;会对燃油箱、油水分离器的放水。

### 二、仪器与工具

刷子、清洗工具、清洗液等。

### 三、实施步骤

柴油发动机以其热效率高的显著优点广泛应用于各种农用动力。柴油机燃油系统包括喷油泵、喷油器和调速器等主要部件及柴油箱、输油泵、油水分离器、柴油滤清器和高及低压油管等辅助装置。燃油系统状况的好坏直接影响柴油机的工作效率和性能。

保持燃油系统处于良好状况,重在平时的保养,只要正确维护与保养、及时检查与调整,就能提前消除故障隐患,降低故障发生率。

下面结合使用中实际情况,谈谈柴油机燃油系统保养要点。

1. 保持柴油机燃油系统的清洁

燃油系统干净、清洁,可提高系统精密偶件的使用寿命,防止油路堵塞,降低故障发生率。预防油路故障最关键的是保证燃油清洁,除了保证所加燃油的清洁、加油工具的清洁之外,还需要注意以下几个方面。

(1)定期清洗燃油箱。油箱是存放燃油的地方,受农机的工作环境和油品质量的影响,油箱加油口的滤网难免会有沉淀颗粒,应及时清理。发现破损应立即更换;此外,油箱盖要盖好,丢失后应立即补上,不可长期用布块捆扎来代替。一般情况下,一个月至少对油箱做一次清洗工作。

(2)定期清洗滤清器。柴油滤清器是过滤柴油、保证其清洁的重要部件,随着使用时间的延长,它的过滤能力就会下降,通常采用刷洗法、反吹法进行清洗,必要时可按期对其进行更换。

(3)定期清洗零部件。燃油系统中的喷油泵和喷油器是关键部件,在检修时一定要保证它们的清洁。喷油器的清洁最好由专业的调泵人员来进行,清洗喷油泵时,在注意装配质量的同时,也要保证场地、工具、用油的干净,防止二次污染。

2. 柴油机燃油系统油路部分的保养

(1)低压油路。低压油路的作用在于供给喷油泵足够的低压燃油,保证喷油泵工作的连续性。低压油路的保养主要是防止系统出现"气阻"。若低压油路密封不严,或油箱内油面过低或油箱内油量较少,同时车辆倾斜停放和行驶,空气会趁机进入油路;若气温高,燃油蒸发,也会在低压油路形成气阻,造成发动机工作不稳、自动熄火或发动机不能起动。在平时保养过程中,应经常检查低压油路中油管、油管接头及密封垫片,破损、不平、有沟痕及毛刺时要及时更换;另外,油管所经路线不得与带有棱角的机件、机体接触,以免磨损渗漏,更不要随意扳动油管改变其路线,以免凹压、折断。

(2)高压油路。高压油路指从喷油泵中的柱塞腔至喷油器的一段油路。在配备柱塞泵的供给系统中,高压油路一般不会有空气渗入;若有漏点存在,会导致燃油的泄漏,想办法堵住漏点即可。但高压油路中必须使用标准的高压油管,而且高压油管的长度及管径都必须经过测算来选定,当某缸高压油管损坏时,必须采用该机上的标准油管来更换。在平时保养中重点放在喷油泵的保养,首先,要使用合格的干净柴油。如果柴油的烷值不符合要求,就会造成发动机运转无力、排烟量大、故障增多。其次,喷油泵内润滑油的数量和质量符合要求,每次起动柴油机前都应检查喷油泵内润滑油的数量和质量情况。如果润滑油因混入水或柴油而变质,会造成柱塞及出油阀偶件的腐蚀或锈蚀。再次,应定期检查调整供油提前角及各缸供油间隔角,因为使用过程中供油提前角及各缸供油间隔角会发生变换,使柴油燃烧不良,柴油机的动力性和经济性变差,同时,起动困难,运转不稳,出现过热及异常等。最后,还应定期检查凸轮轴间隙、定期检查调整各缸供油量、定期检查出油阀偶件密封情况和相关键槽及固定螺栓的磨损情况,及时维修或更换已磨损的部件。

3. 燃油系统附件的日常保养

(1)手动输油泵。在燃油系统中,手动输油泵非常重要。它的主要作用是:排除油路系统中的空气。当更换燃油滤芯、清洗燃油油箱、喷油泵专业保养后,首先都要对油路系统进行排空,然后才能顺利起动发动机。如果手动输油泵抽油装置密封不严,可能影响柴油机的正常运转。另外,柴油机低压油路不来油或来油不畅,可通过手动输油泵来初步判断故障部位及原因。因此,应经常检查手动输油泵的性能和清洁状况,保证手动输油泵正常工作。

(2)输油泵。输油泵的作用是保证柴油在低压油路内循环,并供应足够数量及一定压力的燃油给喷油泵。在使用中,输油泵接头内粗滤网芯子极易因棉絮等脏物而堵塞,要经常检查清洗,滤网损坏必须及时修补或更换;手动输油泵用后必须压回,将按钮旋紧,防止手动输油泵和胶圈或者球阀与阀座因压不紧而导致进气或漏油;发现喷油泵底壳柴油过多时,要及时检查输油泵活塞与泵体、挺杆与挺杆套间隙是否过大,过大要及时处理,防止柴油泄漏,造成喷油泵及调速器内机件润滑不良。

## 知识检测：

### 一、选择题

1. 中冷器的作用是对（　　）。
   - A. 涡轮增压机进行冷却
   - B. 涡轮轴承进行冷却
   - C. 增压后的进气进行冷却
   - D. 排出的废气进行冷却

2. 柱塞式喷油泵柱塞的下行完成（　　）过程。
   - A. 进油
   - B. 压油
   - C. 回油
   - D. 无法判断

3. 柴油机的混合气是在（　　）内形成的。
   - A. 进气管
   - B. 化油器
   - C. 燃烧室
   - D. 喷油器

4. 下面（　　）总成将柴油从油箱中吸出。
   - A. 喷油泵
   - B. 输油泵
   - C. 喷油器
   - D. 调速器

5. 孔式喷油器的喷油压力比轴针式喷油器的喷油压力（　　）。
   - A. 大
   - B. 小
   - C. 不一定
   - D. 相同

6. 在柴油机中,改变喷油泵柱塞与柱塞套的相对角位置,则可改变喷油泵的（　　）。
   - A. 供油时刻
   - B. 供油压力
   - C. 供油量
   - D. 喷油锥角

7. 柴油机工作时,将柴油变为高压油的部件是（　　）。
   - A. 柴油滤清器
   - B. 输油泵
   - C. 喷油泵
   - D. 喷油器

8. 柴油混合气的形成相当大一部分是与燃烧（　　）进行的。
   - A. 超前
   - B. 滞后
   - C. 异步
   - D. 同步

9. 柴油机燃烧过程中,气缸内温度达最高时在（　　）。
   - A. 备燃期
   - B. 速燃期
   - C. 缓燃期
   - D. 后燃期

### 二、判断题

1. 供油提前角过大会使柴油发动机的工作粗暴。（　　）
2. 在工程用车上往往采用两级式调速器。（　　）
3. 混合气过稀不会导致发动机过热。（　　）
4. 同一发动机上,各喷油器之间针阀是可以互换的。（　　）
5. 所谓柱塞偶件是指喷油器中的针阀与针阀体。（　　）

### 三、简答题

1. 柴油的性能指标有哪些？对柴油机的影响有哪些？
2. 叙述柴油的牌号及选用原则。
3. 叙述柴油机燃油系统的功用。
4. 叙述柴油机混合气形成特点及方法。
5. 叙述可燃混合气的燃烧过程及对发动机工作的影响。
6. 叙述认知各种统一式燃烧室的特点。
7. 叙述燃烧室的气流运动。

# 任务二　喷油泵的检修

## 任务描述：

发动机工作中，出现起动马达正常，排气不冒烟，发动机不能起动时，需对喷油泵进行检修。通过本任务学习，学会喷油泵的拆装方法及注意事项、正确使用常用检测仪器，对喷油泵进行检测、调试与校正，填写检测记录表并判断其性能是否正常，确定修理方案，使其恢复正常使用性能。

## 相关知识：

### 柱塞式喷油泵构造与检修

喷油泵的功用是根据柴油机的不同工况，定时、定量地将燃油通过喷油器喷入各个气缸。它是柴油机燃油供给系统中最重要的组成部分，性能和状态的好坏对柴油机的工作有着十分重要的影响，因此，人们常称它是柴油机的心脏。

喷油泵一般固定在柴油机机体一侧，由柴油机曲轴通过齿轮驱动，曲轴转两周，喷油泵的凸轮轴转一周。喷油泵的齿轮轴和凸轮轴用联轴节连接，调速器安装在喷油泵凸轮轴的另一端。

1. 柱塞式喷油泵的构造与工作原理

柱塞式喷油泵由分泵、油量调节机构、传动机构和泵体四大部分组成。

(1)分泵。柱塞式喷油泵利用柱塞在柱塞套内的往复运动进行进油和压油，每一对柱塞与柱塞套只向一个气缸供油，通常称之为分泵。分泵的数目与缸数相同，装在同一泵体内。

分泵的结构如图6-2-1所示：主要由柱塞偶件(柱塞7和柱塞套6)、柱塞弹簧8、弹簧座9、出油阀偶件(出油阀3和出油阀座4)、出油阀弹簧2等组成。柱塞7的圆柱表面上铣有直线形(或螺旋形)斜槽，斜槽与柱塞顶面有轴向孔道相通。柱塞套6上有径向圆孔与喷油泵体上的低压油腔相通，为防止柱塞套转动，用定位螺钉18固定。柱塞弹簧8通过弹簧座9将柱塞7

推向下方,使滚轮 12 保持与凸轮轴上凸轮 11 的接触。

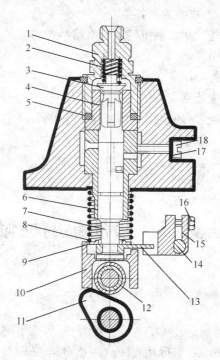

图 6-2-1　喷油泵分泵的结构

1—出油阀压紧座;2—出油阀弹簧;3—出油阀;4—出油阀座;5—压紧垫片;6—柱塞套;7—柱塞;8—柱塞弹簧;9—弹簧座;10—滚轮架;11—凸轮;12—滚轮;13—调节臂;14—供油拉杆;15—调节叉;16—夹紧螺钉;17—垫片;18—定位螺钉

分泵的工作过程可分为进油、压油和回油过程,如图 6-2-2 所示。

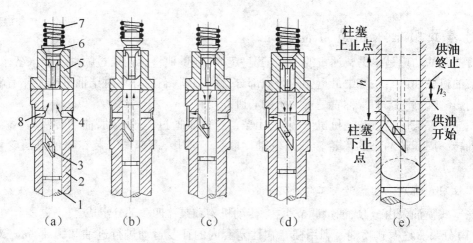

图 6-2-2　柱塞式喷油泵泵油原理

1—柱塞;2—柱塞套;3—斜槽;4、8—油孔;5—出油座;6—出油阀;7—出油阀弹簧

①进油过程[图 6-2-2(a)]。当柱塞 1 向下移动时,泵腔的容积增大,燃油自低压油腔经柱塞套 2 上的油孔 4、8 被吸入并充满泵腔。

②压油过程[图6-2-2(b)]。柱塞自最下位置向上移,在柱塞上部的圆柱面将两个油孔完全封闭之前,会有一部分燃油被挤回低压油腔。此后柱塞继续上升,泵腔内的燃油压力迅速增高,当此压力增高到足以克服出油阀弹簧7的作用力时,出油阀6开始上升。当出油阀6的圆柱形环带离开出油阀座5时,高压燃油便从泵腔通过高压油管流向喷油器。当燃油压力超过喷油器的喷油压力时,喷油器开始向气缸内喷油。

③回油过程。当柱塞继续上移至图6-2-2(c)所示位置时,斜槽3同油孔8开始接通,于是泵腔内的油压迅速下降,出油阀6在出油阀弹簧7的作用下迅速回位,喷油泵停止供油。此后柱塞继续上升,直到最高位置为止,但不再泵油。

由上述工作过程可知,柱塞从最低位置移到最高位置时,柱塞所移动的距离称为柱塞的全行程h。全行程的大小取决于凸轮的升程,当凸轮选定后,h是不变的。柱塞的全行程可分为预行程、减压行程、有效行程和剩余行程四个阶段,如图6-2-3所示。

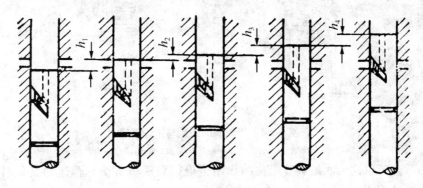

**图6-2-3　柱塞的各种行程**
$h_1$—预行程;$h_2$—减压行程;$h_3$—有效行程;$h_4$—剩余行程

a.预行程。柱塞从最低位置上升到其上端面将进油孔完全关闭时所移动的距离称为预行程,它是根据发动机对供油提前角的要求所决定的。

b.减压行程。从预行程结束到出油阀开启(圆柱形环带开始离开出油阀阀座)时柱塞所上升的距离。

c.有效行程。从出油阀开启到柱塞斜槽同油孔开始接通时柱塞上行的距离叫有效行程。

d.剩余行程。从有效行程结束到柱塞到达最高位置为止,它所上升的距离。由图可见,分泵只是在有效行程中才供油。因此,当需要改变喷油泵对发动机的供油量时,就必须改变柱塞的有效行程。改变柱塞有效行程的方法是转动柱塞,使柱塞的斜槽与柱塞套上的回油孔在相对位置上发生变化。例如,把柱塞按图6-2-2(e)中的箭头方向旋转一个角度,柱塞的有效行程就增加。如果朝相反方向转动柱塞,有效行程就减小。这样便可改变柱塞的循环供油量。当柱塞转到如图6-2-2(d)所示的位置时,柱塞在任何高度位置上都不能完全关闭油孔,因而有效行程为零,即喷油泵处于不泵油状态,这也是柴油机熄火的方法。

图6-2-1中的柱塞7与柱塞套6是喷油泵中的精密偶件,用优质合金钢制造,并通过精密加工和选配,严格控制其配合间隙(0.001 5～0.002 5 mm):间隙过大,漏油严重;间隙过小,柱塞偶件润滑困难。

出油阀和出油阀座也是喷油泵中的精密偶件,两者的配合间隙为0.001 mm。其结构与工作原理如图6-2-4所示。出油阀2的上部呈圆锥形,与出油阀座5相应的锥面配合。锥面下有一个短的圆柱面3,称为减压环带。其作用是当出油阀落下时,减压环带一进入出油阀座孔中,泵腔出口便被切断,于是燃油停止进入高压油管;再继续下降,直到锥面贴合密封,同时出油阀本身所让出的容积使高压管路的压力迅速降低,喷油就可以立即停止。如果没有减压环带,则在出油阀与出油阀座的锥面贴合后,高压管路中仍存在着很高的压力,使喷油器发生滴漏现象。出油阀的下部和出油阀座5内孔做滑动配合,为出油阀2的上下运动导向。为了留出燃油通路,下部还开有纵切槽4,形成十字形断面。

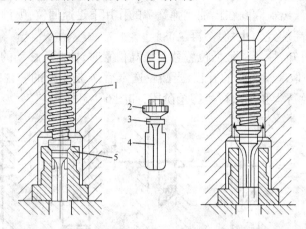

图6-2-4 出油阀的结构与工作原理

1—出油阀弹簧;2—出油阀;3—减压环带;4—纵切槽;5—出油阀座

(2)油量调节机构。油量调节机构的作用是根据柴油机负荷和转速的变化,转动分泵柱塞来改变喷油泵的供油量,并保证各缸的供油量一致。

油量调节机构有下面几种基本形式:

①拨叉式油量调节机构,如图6-2-5所示。由供油拉杆1、调节叉2和调节臂3等零件组成。在柱塞4的下端压装着调节臂3,调节臂的圆形端头插在调节叉2的凹槽内,调节叉2用螺钉6固定在供油拉杆1上,供油拉杆1支撑在泵体的衬套中,其轴向位置由驾驶员或调速器控制。若移动供油拉杆,调节叉2就带动调节臂3及柱塞4相对柱塞套转动,从而改变了柱塞1的有效行程,调节了供油量。当各气缸供油量不等时,可以松开固定螺钉改变调节叉2在供油拉杆1上的位置来调整。这种调节机构结构简单,制造方便,易于修理。

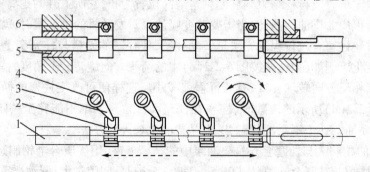

图6-2-5 拨叉式油量调节机构

1—供油拉杆;2—调节叉;3—调节臂;4—柱塞;5—衬套;6—螺钉

②齿杆式油量调节机构,如图6-2-6所示。由套筒2、可调齿圈3、供油齿杆4等零件组成。

柱塞 1 下端的榫舌嵌入套筒 2 相应的切槽中,套筒 2 套在柱塞套 5 上,在套筒 2 上部套装一个可调齿圈 3 并用紧固螺钉 6 锁紧,可调齿圈 3 和供油齿杆 4 相啮合,供油齿杆 4 的轴向位置由驾驶员或调速器控制。移动供油齿杆 4,可调齿圈 3 连同套筒 2 带动柱塞 1 相对于固定不动的柱塞套 5 转动,这样就改变了柱塞的有效行程,实现了供油量的调节。各气缸供油均匀性可通过改变可调齿圈 3 与套筒 2 的相对角位置来调整。即松开可调齿圈 3,使套筒 2 与柱塞 1 一起相对于可调齿圈 3 转过调整需要的角度,再将可调齿圈 3 锁紧在套筒 2 上。齿杆式油量调节机构的特点是传动平稳,但制造成本高。

③钢球式油量调节机构,如图 6-2-7 所示。由钢球 1、调节拉杆 2、调节套筒 3 等零件组成。柱塞 4 下端的条状凸块伸入调节套筒 3 的缺口中,调节套筒 3 套在柱塞套上。在调节套筒 3 的上部嵌装有一个小钢球 1,在调节拉杆 2 上有相应的凹槽,工作时槽口便与调节套筒 3 上的钢球 1 相啮合。当移动调节拉杆 2 时,槽口就通过钢球 1 带动调节套筒 3 和柱塞 4 一起转动,从而调节油量的大小(注意:这种油量调节机构是通过转动柱塞套来实现供油量一致性的调整)。

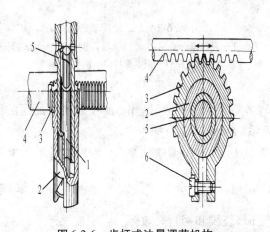

图 6-2-6 齿杆式油量调节机构

1—柱塞;2—套筒;3—可调齿圈;4—供油齿杆;5—柱塞套;
6—紧固螺钉

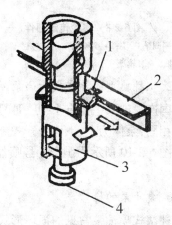

图 6-2-7 钢球式油量调节机构

1—钢球;2—调节拉杆;3—调节套筒;
4—柱塞

(3)传动机构。传动机构由喷油泵凸轮轴和滚轮传动部件组成。凸轮轴的两端支撑在圆锥滚子轴承上,一端装有联轴节和喷油提前角自动调节器;另一端与调速器相连。滚轮传动部件受凸轮的驱动,做往复直线运动,并推动柱塞上行进行供油。

滚轮传动部件(一)如图 6-2-8 所示。带有滚轮衬套 3 的滚轮 2 松套在滚轮轴 4 上,滚轮轴 4 支撑在滚轮架 5 的座孔中。调整垫块 1 安装在滚轮架 5 的座孔中。通过调整垫块 1 的厚度(即改变滚轮传动部件的高度)可调整单个分泵的供油提前角,保证多缸发动机供油提前角的一致性。

注意:滚轮传动部件在喷油泵泵体内只能上、下运动,不能转动;否则就会和凸轮相互卡死而造成损坏。因此,对滚轮传动部件要有导向装置,如图 6-2-9 导向块 4 所示。

滚轮传动部件(二)如图 6-2-9 所示,它的特点是在滚轮架 6 的上端装有调整螺钉 8(代替调整垫块)。通过调整螺钉 8 的旋出高度,保证各分泵供油提前角的一致性(注意:调整合适后应及时锁紧)。

（4）泵体。泵体是喷油泵的基础零件，所有的零件通过它组合在一起构成喷油泵整体。有组合式和整体式之分：组合式由上体和下体两部分组成；整体式不仅大大增强了泵体的刚性（避免泵体的变形引起柱塞套的歪斜和偶件间隙的变化，加速磨损），还改善了密封性。

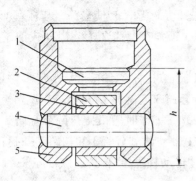

图 6-2-8　滚轮传动部件（一）

1—调整垫块；2—滚轮；3—滚轮衬套；4—滚轮轴；5—滚轮架

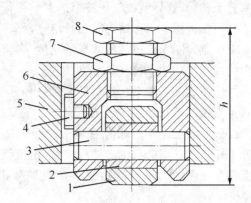

图 6-2-9　滚轮传动部件（二）

1—滚轮；2—滚轮衬套；3—滚轮轴；4—导向块；5—泵体；6—滚轮架；7—锁紧螺母；8—调整螺钉

**2.几种典型的柱塞式喷油泵**

国产喷油泵主要有 I、II、III 号和 A、B、P、Z 等系列。国产 I、II、III 号系列喷油泵的结构大致相同，泵体为上、下体分开式。A、B、P、Z 系列泵的泵体为整体式。

图 6-2-10 所示为国产 II 号喷油泵，图 6-2-11 所示为 A 型喷油泵，图 6-2-12 所示为 P 型喷油泵。

**3.喷油泵的检修**

柱塞式喷油泵常见的损坏形式有磨损、变形、裂纹和密封失效等。当喷油泵产生这些损坏后，将导致喷油泵不能正常工作，并出现异响、供油量不均匀、供油时刻改变和供油量不足等故障。

（1）磨损。在柱塞偶件和出油阀偶件的使用过程中，由于机械摩擦和燃油中机械杂质的影响，工作面会有磨损。柱塞偶件磨损后，配合间隙破坏，使密封性下降，回油量增加，造成供油压力降低、供油提前角变小、供油量减少、供油量不均匀；出油阀偶件磨损后，出油阀的减压作用减弱或消失，不能迅速停止喷油，甚至出现二次喷油或滴油，从而引起发动机的不正常燃烧，出现轻微的爆燃、冒黑烟、功率下降等现象。

在控制机构中，传动间隙的增大，导致灵敏度降低，从而导致喷油泵供油不稳定。

在传动机构中，磨损使配合间隙增大，工作中发响，同时，使滚轮挺柱的总高度降低，导致供油提前角变小，供油时间延迟。

（2）变形。弹簧变形使喷油时刻改变，雾化效果下降，造成发动机工作性能的下降。

控制机构的变形使其运动不灵活、滑动阻力增大、出现卡滞现象，从而导致发动机运转不稳定，严重时还可能出现"飞车"等事故。

（3）其他形式的损伤。零件在使用中出现裂纹和油封老化，将使喷油泵密封性能下降。因此，要做如下检修：

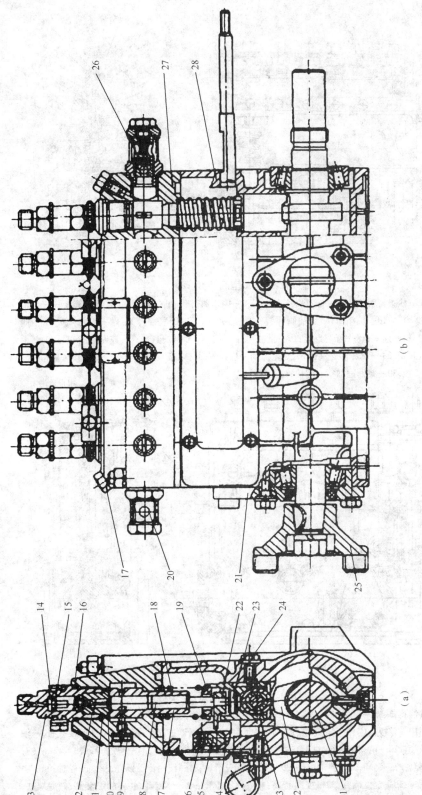

（b）

（a）

图 6-2-10　国产 II 号喷油泵

1—凸轮轴；2—凸轮；3—滚轮传动部件；4—调节叉；5—供油拉杆；6—紧固螺钉；7—柱塞套；8—柱塞；9—定位螺钉；10—出油阀座；11—高压密封垫圈；12—出油阀；13—出油管压紧座；14—减容体；15—出油阀弹簧；16—低压密封垫圈；17—放气螺钉；18—柱塞弹簧；19—弹簧下座；20—进油管接头；21—轴盖板；22—调整垫块；23—调节臂；24—定位螺钉；25—联轴节从动盘；26—限压阀；27—上体；28—下体

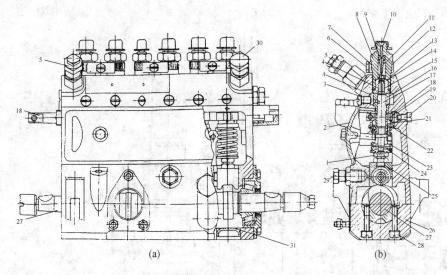

**图 6-2-11　A 型喷油泵**

1—调整螺钉;2—检查窗盖;3—挡油螺钉;4—出油阀;5—限压阀部件;6—槽形螺钉;7—前夹板;8—出油阀压紧座;9—减容体;10—护帽;11—出油阀弹簧;12—后夹板;13—O 形密封圈;14—垫圈;15—出油阀座;16—柱塞套;17—柱塞;18—可调齿圈;19—供油齿杆;20—齿杆限位螺钉;21—控制套筒;22—弹簧上支座;23—柱塞弹簧;24—弹簧下支座;25—滚轮传动部件;26—泵体;27—凸轮轴;28—紧固螺钉;29—润滑油进油空心螺栓;30—柴油进油空心螺栓;31—堵盖

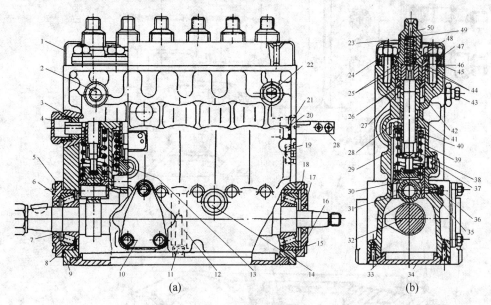

**图 6-2-12　P 型喷油泵**

1—顶盖;2—进油孔;3、15—衬套;4—护盖;5—轴承盖;6—圆锥滚子轴承;7、17—油封;8、18、45、49—垫片;9—密封圈;10—盖板;11—内六角螺钉;12—中间轴承;13—润滑油进油孔;14—润滑油回油孔;16—轴承盖;19、37—螺塞;20—销;21—螺纹衬套;22、43—放气螺钉;23、39—弹簧;24—垫圈;25、33、41、44—密封圈;26—柱塞套;27—钢环;28—供油拉杆;29—泵体;30—滑块;31—滚轮传动部件;32—凸轮轴;34—底盖;35—弹簧下座;36—定位螺钉;38—控制套筒;40—弹簧上座;42—导流环;46—凸缘套筒;47—螺柱;48—出油阀偶件;50—出油阀压紧座

①柱塞偶件的检修方法与步骤：

a. 柱塞工作表面有无明显的磨损痕迹,柱塞变形与否。

b. 柱塞偶件的滑动性试验。将柱塞偶件在清洁的柴油中清洗干净后,将柱塞套倾斜45°～60°,向上方抽出柱塞约2/3,放手后柱塞应能靠自重缓慢滑进套内。然后转动柱塞在不同位置重复上述试验,结果应相同。若滑动性不合格可进行更换或研磨。

c. 柱塞偶件的密封性试验。用手指堵住柱塞套端面出油孔和侧面的进油孔,另一只手往外拉柱塞,此时应感到有明显的吸力;放松柱塞后,柱塞应能迅速回到原位;否则,应更换新柱塞偶件。

②出油阀偶件的检修方法与步骤：

a. 观察密封锥面和减压环带的磨损情况,出油座变形或有无裂纹。

b. 出油阀偶件的滑动性试验。将清洗干净的出油阀偶件垂直放置,将出油阀向上抽出1/3左右,放手后,出油阀应能在自重下缓慢落座。将出油阀转过一个角度重复上述试验,结果应一致。

c. 出油阀偶件的密封性试验。用手指堵住出油阀座下方的孔,用另一只手将出油阀从上方放入阀座孔中。当减压环带进入阀座时,轻轻按压出油阀,应能感到空气的压缩力,当放手时,出油阀应能弹回原位。

③其他的检修内容：

a. 供油拉杆有无阻滞现象。

b. 柱塞弹簧的损坏。

c. 喷油泵挺杆磨损的检修。

d. 凸轮轴的检修、磨损和弯曲。

## 任务实施：

### 一、任务要求

熟悉喷油器的结构和工作情况;熟悉喷油泵和调速器的结构、连接关系以及工作情况;掌握正确的拆装顺序与方法;喷油器的拆装、喷油泵及调速器拆装。

### 二、仪器与工具

Ⅱ号喷油泵,喷油器(孔式)、常用工具及专用拆装台。

### 三、实施步骤

1. 喷油泵拆装方法及步骤

(1)拆掉固定上、下泵体螺母,取下上泵体。

(2)拆下六只分泵的柱塞、柱塞弹簧、上下弹簧座,依次放好,不可搞乱。

(3)将上体固定在台虎钳上,拆下出油阀紧固螺帽,取出出油阀弹簧、出油阀偶件。

(4)松开上体侧面定位螺钉,取出柱塞套,将柱塞和柱塞套按原配对配好,不能互换,仔细观察柱塞偶件和出油阀偶件结构,然后浸入干净柴油。

(5)从下体中取出调整垫块、滚轮体。

(6)拆掉下体两端滚珠轴承,最后从下体中抽出凸轮轴。

2.喷油泵的装复

(1)安装凸轮轴:将凸轮轴从下体一端孔轻轻放入,两端装上轴承和油封。凸轮轴应转动灵活,轴向间隙在 0.05 ~ 0.10 mm 之间,可用增减垫片方法进行调整(拆装实训可不做调整要求)。

(2)安装滚轮体总成:按原位将滚轮体装入下体,转动凸轮轴,滚轮体上下运动自如,然后装入调整垫块。

(3)安装柱塞套和出油阀偶件:先将套装入上体,用柱塞套定位螺钉定位,然后依次装入出油阀偶件、垫圈、出油阀弹簧及座、密封垫圈,最后拧紧出油阀紧固螺帽。

(4)将上体放倒,将封油圈上弹簧座、柱塞弹簧、下弹簧座依次套进柱塞套,最后将柱塞按原配对一一塞入柱塞套。

(5)上下泵体合拢:慢慢将卧置的上体和下体合拢,注意观察每只柱塞的调节臂是否放入了拨叉槽中,轻轻抽动供油拉杆,在拨叉带动下,每只柱塞应转动自如,最后拧紧螺母。

(6)喷油泵、调速器装复后,应在喷油泵试验台上进行调试,调试内容有:喷油时间调整;喷油量调整;怠速调整;额定最高速调整等。在全部调试合格后,才能将泵装上发动机使用。作为拆装实训,上述内容不作为实训要求。

(7)在做完实训后,注意有无漏装部件,清点工具,清扫场地。

### 知识检测:

## 一、选择题

1.柱塞喷油泵每循环供油量的多少取决于(　　　)

  A.喷油泵凸轮轴升程的大小　　　　　　B.柱塞有效行程的长短

  C.喷油泵出油阀弹簧张力的大小　　　　D.柱塞行程的长短

2.柱塞式喷油泵通过滚轮体的调整螺钉或调整垫块可以(　　　)

  A.改变喷油泵各分泵的供油提前角　　　B.改变喷油泵的供油压力

  C.改变喷油泵的循环供油量　　　　　　D.改变各分泵的有效行程

3.柴油机供油提前角自动调节装置的作用是在柴油机转速升高时(　　　)

  A.增大喷油泵供油提前角　　　　　　　B.减小喷油泵供油提前角

  C.喷油泵供油提前角不变化　　　　　　D.以上都不对。

4.若喷油器的调压弹簧过软,会使得(　　　)

  A.喷油量过小　　　　　　　　　　　　B.喷油时刻滞后

  C.喷油初始压力过低　　　　　　　　　D.喷油初始压力过高

5.带有两速调速器的柴油机,在中等转速工作时(　　　)。

  A.调速器的怠速弹簧被压缩,高速弹簧不被压缩

  B.调速器的高速弹簧被压缩,低速弹簧不被压缩

  C.调速器的怠速弹簧和高速弹簧均不被压缩

D. 调速器的怠速弹簧和高速弹簧均被压缩

6. 柴油机安装调速器是为了(　　　)。

  A. 维持柴油机转速稳定      B. 维持供油量不变

  C. 自动改变汽车车速      D. 自动调整供油提前角

7. 喷油泵柱塞行程的大小取决于(　　　)。

  A. 柱塞的长短        B. 喷油泵凸轮的升程

  C. 喷油时间的长短       D. 柱塞运行的时间

8. 喷油泵柱塞的有效行程(　　　)柱塞行程。

  A. 大于          B. 小于

  C. 大于等于         D. 小于等于

9. 喷油泵是在(　　　)内喷油的。

  A. 柱塞行程         B. 柱塞有效行程

  C. A、B 均可         D. A、B 不确定

10. 柴油机喷油泵中的分泵数(　　　)发动机的气缸数。

  A. 大于          B. 等于

  C. 小于          D. 不一定

## 二、判断题

1. VE 型分配泵的凸轮盘和分配柱塞同时进行旋转运动和往复运动。(　　　)

2. VE 型分配式喷油泵中柱塞上的进油槽、柱塞套筒上的出油孔与气缸数相等。(　　　)

3. 柱塞式喷油泵上只有一个柱塞分泵向各缸喷油器提供高压柴油。(　　　)

4. 驱动柱塞分泵的滚轮体可用来调整分泵的供油量。(　　　)

5. 驾驶员和调速器都可改变喷油泵的供油量,两者互不干涉。(　　　)

6. 调速器对发动机转速的控制是通过其对喷油泵供油量的自动调节来实现的。(　　　)

7. 分配泵的出油孔与配油孔在同一断面上。(　　　)

## 三、简答题

1. 叙述柴油滤清器的作用。

2. 叙述输油泵的功用及工作过程。

3. 叙述喷油器的作用及分类。

4. 叙述喷油器的工作原理。

5. 叙述喷油泵的作用及结构组成。

6. 叙述分泵的工作过程。

7. 叙述调速器的作用及分类。

8. 叙述调速器的工作原理。

9. 叙述供油提前角对发动机工作性能的影响。

# 任务三　喷油器的检修

## 任务描述：

发动机工作中,出现起动马达正常,排气不冒烟,发动机不能起动时,需对喷油器进行检修。通过本任务学习,学会喷油器的拆装方法及注意事项、正确使用常用检测仪器,对喷油器进行检测、调试与校正,填写检测记录表并判断其性能是否正常,确定修理方案,使其恢复正常使用性能。

## 相关知识：

### 喷油器构造与检修

安装在气缸盖上的喷油器是柴油机完成燃油喷射的重要部件。其功用是将燃油雾化并合理分布到燃烧室内,以便和空气混合形成可燃混合气。一般说来,喷油器应具有一定的喷射压力和贯穿距离、良好的雾化性能和合适的喷雾锥角。此外,在规定的停止供油时刻应能迅速地切断燃油供给,不发生燃油滴漏现象。

喷油器按有无针阀将燃油与燃烧室分隔开,分为开式喷油器和闭式喷油器。由于开式喷油器不能保证良好的雾化效果,柴油机多采用闭式喷油器。闭式喷油器按喷油嘴的结构形式又可分为孔式和轴针式两种基本形式。

1. 喷油器的工作原理和构造

一般常用闭式喷油器的工作原理如图 6-3-1 所示。在针阀体中装有针阀,针阀上面用弹簧压紧,针阀下端锥面与针

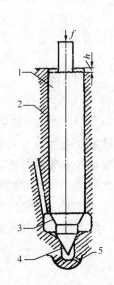

图 6-3-1　喷油器的工作原理
1—针阀;2—针阀体;3—承压锥面;4—密封锥面;5—喷孔

阀体上相应的内锥面配合,以实现喷油器内腔的密封,故称为密封锥面。针阀中部的锥面全部在针阀体的环形油腔中,用于承受油压,称为承压锥面。当燃油通过进油孔进入针阀体的环形油腔,油压作用在针阀的承压锥面上,形成一个向上的轴向推力。当油压达到一定程度,使向上推力能够克服弹簧的预紧力和针阀与针阀体间的摩擦力后,针阀开始上移而打开喷孔,高压燃油从针阀体下端的喷孔喷出。当喷油泵停止供油后,高压油路中的油压迅速下降,针阀在弹簧的作用下迅速回位,切断供油。

(1)孔式喷油器。孔式喷油器主要用于直接喷射式燃烧室的柴油机。一般喷油孔的数目为 1~8 个,喷孔直径为 0.2~0.8 mm。

孔式喷油器,由喷油嘴和喷油器体两部分组成,如图 6-3-2 所示。

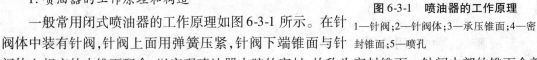

喷油嘴是喷油器的主要部件,由针阀 11 和针阀体 12 组成,二者合称针阀偶件。针阀 11 上部的小圆柱销插入顶杆内,用于连接针阀 11 与顶杆 8。针阀 11 上部的圆柱面同针阀体 12 的相应内圆柱面做高精度的滑动配合。配合间隙为 0.001 0 ~ 0.002 5 mm。配合间隙太大则造成漏油,影响喷雾品质;太小又影响针阀的往复运动。针阀 11 上部的圆柱面及下端的密封锥面同针阀体 12 上相应的配合面是在精磨后再选配、相互研磨来保证其配合精度的,所以,选配和研磨好的一对针阀偶件是不能互换的,修理时必须特别注意。

喷油器体的作用是将喷油器固定在气缸的正确位置,并作为燃油流向喷油嘴的通道,同时还装有调压装置,调整喷油器的开启压力。

在常见的喷油器体中,调压弹簧 7 装在壳体顶端,经顶杆 8 将弹簧力传给针阀 11,使针阀 11 紧压在针阀体 12 的密封锥面上。调整喷油压力时,可拧下调压螺钉护帽 3,用螺丝刀拧动调压螺钉 5。向里拧,弹簧预压力增加,喷油压力增加;反之,喷油压力降低。

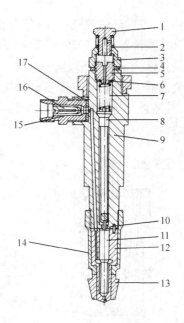

**图 6-3-2　孔式喷油器**

1—回油管螺栓;2—回油管衬垫;3—调压螺钉护帽;4—调压螺钉垫圈;5—调压螺钉;6—调压弹簧垫圈;7—调压弹簧;8—顶杆;9—喷油器体;10—定位销;11—针阀;12—针阀体;13—喷油器锥体;14—紧固套;15—进油管接头;16—滤芯;17—进油管接头衬垫

为了防止细小杂物堵塞喷孔,有的喷油器在高压油管接头 15 处装有缝隙式滤芯 16。滤芯的构造及工作原理如图 6-3-3 所示。柴油由一端进入滤芯的由两个平面所组成的油道 A,但由于这两个平面的另一端是圆柱面,与进油管接头配合,柴油无法通过,只绕过滤芯的棱边 B,经滤芯的另两个平面组成的油道 C 才能进入喷油器。柴油在通过棱边 B 时杂质颗粒即被过滤(棱边 B 与内孔的配合间隙为 0.02 ~ 0.04 mm)。此外,滤芯还具有磁性,可以吸住金属磨屑。

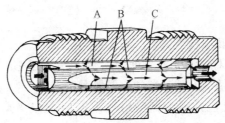

**图 6-3-3　缝隙式滤芯的构造及工作原理图**

A—油道;B—棱边;C—油道

在喷油器喷射过程中,限制针阀升程可使针阀回程短、断油迅速。为了控制针阀升程,要设有针阀限位装置。在大多数喷油器中,是用壳体的淬硬研磨底面作为针阀限位基准(图 6-3-2 中定位销 10 附近)。

(2)轴针式喷油器。轴针式喷油器与孔式喷油器,工作原理完全相同,构造也很相似,主要差别是在喷油嘴头部。轴针式喷油器针阀下端(形状有圆柱形和倒锥形两种)突出针阀体喷孔之外,形成圆环形喷孔,使喷雾形状分别为空心的柱形或锥形如图6-3-4所示。

轴针式喷油器的孔径较大(1~3 mm),喷油压力较低(10~12 MPa),适用于喷雾要求不高的分隔式燃烧室及U形燃烧室中。

在喷油器工作时,会有少量柴油从针阀1与针阀体2的配合面间隙漏出,这部分柴油起润滑作用,并经顶杆与喷油器体间的间隙流到图6-3-2中回油管螺栓1上的孔进入回油管,流回柴油滤清器。

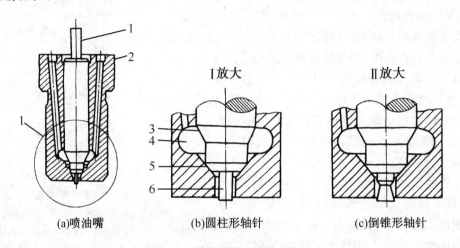

(a)喷油嘴        (b)圆柱形轴针        (c)倒锥形轴针

图6-3-4　轴针式喷油嘴的结构形式

1—针阀;2—针阀体;3—承压锥面;4—压力室;5—密封锥面;6—轴针

**2.喷油器的检修**

由于磨损等原因,喷油器可能发生故障。喷油器发生故障的原因可能有下列几方面:

(1)针阀偶件严重磨损或腐蚀。

(2)喷嘴表面积炭。

(3)喷孔堵塞。

(4)针阀卡死在阀体内。

(5)喷油器弹簧失效。

(6)喷油器体破裂。

因此,喷油器需做下面几项检查。

(1)外观检查。用肉眼对喷油器外表进行观察,着重检查喷嘴头部的干湿情况和积炭情况,从而了解该气缸的燃烧情况及喷油器的大概情况。

(2)性能检查。这主要包括喷油器喷射压力的检查和调整,喷雾的检查,密封性的检查等。

①开始喷射压力的检查和调整。将喷油器装在喷油器试验台上,扳动试验台手柄,观察压力计,记下喷油时压力计的读数。若喷油器完好,在喷油过程中,压力计指针将不停地摆动。如果压力计读数不符合要求,可拧动压力调整螺钉。拧入调整螺钉时,喷油压力增加;拧出时则减少。调好后用锁紧螺母将调整螺钉锁住。

②喷雾检查。将喷油器装在试验台上,在规定压力下用手柄以每分钟10次的速度压油,喷出的喷柱应是细小均匀的油雾,不能有线条状或羽毛状的油束。多孔式喷油器各喷孔应自

成一个雾柱,注意检查喷孔是否堵塞,如有堵塞,应注意记录堵塞的喷孔。

喷油干脆程度的检查,以较慢的速度压油,或在低于喷油器喷油压力 2 MPa 处停留时,喷嘴不应有油滴流出,稍有润湿是允许的。

雾化良好、停油干脆的轴针式喷油器,在喷油时会发出断续清脆的"嘟嘟"声,多孔式喷油器会发出断续的"砰砰"声。

检查喷雾锥角,可用喷油器向有一定距离的涂有一层薄油膜的金属网上喷油,然后测量穿通油迹的圆直径,再查出对应的喷雾锥角。

③密封性检查步骤与方法如下:

a. 针阀座面密封性检查。将喷油器装于试验器上,在调好了喷油开始压力之后,将喷油器喷嘴头部擦干,然后将油压缓慢地增加到喷油开始压力以下 0.5 ~ 1 MPa,保持 10 min 后再放开手泵手柄。这时,用手指或手背摸一下喷嘴头部,如果仍是干的,说明针阀座面密封性良好。如果喷油器喷孔较大,则可能稍有湿润,但不应有油滴出现,如果有油滴出现,说明针阀座面密封性不好。

b. 针阀和针阀体密封性的检查。如果针阀座面密封性良好,则漏油的唯一途径就是针阀和针阀体之间的间隙,间隙愈大,漏油就愈多。

针阀和针阀体密封性的检查。可采用记录油压从 15 MPa 降至 10 MPa 所需要的时间。

## 📌任务实施:

### 一、任务要求

熟悉喷油器的结构和工作情况;熟悉喷油泵和调速器的结构、连接关系以及工作情况;掌握正确的拆装顺序与方法; 喷油器的拆装、喷油泵及调速器拆装。

### 二、仪器与工具

Ⅱ号喷油泵、喷油器(孔式)、常用工具及专用拆装台。

### 三、实施步骤

1. 喷油器的拆卸

(1)喷油器的固定方式有压板固定、空心螺套固定和利用自身的凸缘固定 3 种。压板固定式喷油器在缸盖上正确的安装位置靠压板定位销固定。拆卸时,首先拆下高压油管和固定螺母,然后用木锤振松喷油器,取出总成。

(2)从发动机上拆下喷油器总成后,应先清洗外部,然后逐一在喷油器手泵试验台上进行检验,检查喷射初始压力、喷雾质量和漏油情况。如质量良好,则不必解体。

(3)分解时,先分解喷油器的上部。旋松调压螺钉紧固螺母,取出调压螺钉、调压弹簧和顶杆,将喷油器倒夹在台虎钳上,旋下针阀体紧固螺母,取下针阀体和针阀。

(4)针阀偶件应成对浸泡在清洁的柴油里。如果针阀和针阀体难以分开,可用钳子垫上橡胶片夹住针阀尾端拉出。

2.喷油器零件的清洗

(1)用钢丝刷清理零件表面的积炭和脏物,喷油器体和针阀体的油道可用通针或直径适当的钻头疏通。

(2)针阀体偶件应单独清洗。零件表面积垢的褐色物质也可用乙醇或丙醇等有机溶剂浸泡后再仔细擦除。最后,将喷油器偶件放在柴油中来回拉动针阀清洗,堵塞的喷孔用直径0.3 mm的通针清理。清理时,注意避免损伤喷孔。

(3)清洗过的零件用压缩空气吹去孔道中遗留的杂质,最后用汽油浸洗吹干备用。

3.喷油器的校验

(1)将喷油器在校验器上安装

(2)喷油器针阀开启压力的校验。用手缓慢地压下泵油手柄多次,观察压力表指针。当喷油器开始喷油的瞬时,指针突然下降前所指示的最高压力值即为喷油器针阀开启压力。如开启压力达不到规定值,可拧动喷油器上端的调整螺钉调整调压弹簧的弹力。

(3)喷油器喷雾质量的检验。将检验器手柄每分钟按动 15 ~ 60 次,检查喷雾形状。喷出的燃油应呈雾状,不应有肉眼可见的飞溅油粒、连续油粒和局部浓稀不均现象,如有,应更换或清洗喷油器。

(4)喷油器针阀密封性检验。将油压保持在开启压力以下约 2 MPa 进行检查,10 s 之内喷油孔或固定螺母周围应无滴油现象;否则,应予更换或清洗喷油器。

4.喷油器的装配

(1)将针阀、针阀体、紧固螺母装到喷油器体上,螺母的拧紧力矩为 60 ~ 80 N·m。

(2)从喷油器体上部装入顶杆、调压弹簧、调压螺钉,拧上调压螺钉紧固螺母。

(3)安装进油管接头。总成调试完毕后,安装护帽。

### 🕹️ 知识检测:

### 一、选择题

1.若喷油器的调压弹簧过软,会使得(　　　)

    A.喷油量过小　　　　　　　　B.喷油时刻滞后

    C.喷油初始压力过低　　　　　　D.喷油初始压力过高

2.喷油器每循环供油量应在(　　　)最多。

    A.开始　　　　　　　　　　　B.中期

    C.后期　　　　　　　　　　　D.无法判断

3.孔式喷油器的喷油压力比轴针式喷油器的喷油压力(　　　)。

    A.大　　　　　　　　　　　　B.小

    C.不一定　　　　　　　　　　D.相同

4.旋入喷油器端部的调压螺钉,喷油器喷油开启压力(　　　)。

    A.不变　　　　　　　　　　　B.升高

    C.降低　　　　　　　　　　　D.以上都不对。

5.喷油器工作间隙漏泄的极少量柴油经(　　　)流回柴油箱。

A. 回油管 　　　　　　　　　　B. 高压油管

C. 低压油管 　　　　　　　　　D. 输油泵

6. 喷油器上的精密偶件是(　　)。

A. 针阀与喷油嘴 　　　　　　　B. 喷油嘴与喷油阀

C. 出油阀与出油阀座 　　　　　D. 针阀与针阀体

## 二、判断题

1. 喷油器喷孔堵塞,喷油提前角的调整是通过对喷油泵的供油提前角的调整而实现的。(　　)

2. 喷入柴油机燃烧室的高压柴油,其高压是喷油器建立的。(　　)

3. 喷油器喷孔堵塞可用钢丝疏通。(　　)

## 三、简答题

1. 简述分配泵燃油供给系统的组成。

2. 简述分配泵的工作原理。

3. 简述分配泵的结构组成及作用。

# 任务四　燃油系统常见故障诊断

## 📌任务描述:

发动机起动困难是发动机常见故障之一。通过本任务的学习,能对此故障现象和故障原因进行分析,按照故障排除程序及时、准确地排除此故障,保证发动机的正常起动和运行。

## 📌相关知识:

### 燃油供给系统故障分析

由于柴油机燃油系统长期处于高温、高压状态下工作,不可避免地会出现各种各样的问题和故障。燃油系统故障很常见,但却不是很容易排除,这些故障如下所述。

1. 低压油路供油不畅

柴油从油箱到喷油泵油腔之间的进、回油管路属于低压油路,当其中的管路接头、垫圈和油管因损坏而堵塞漏油时,将会导致供油不畅。

此类因素导致柴油机故障的现象是:起动困难、动力不足、加速缓慢、经常自动熄火、低压油路系统有空气,但柴油机的声音及排烟正常。

主要原因是:油管因老化、变形、杂质堵塞等使油管内截面积减小;滤网或滤芯堵塞;回油单向阀弹簧失效;输油泵磨损等。

这种故障的检查和排除可车上完成,具体做法是:用手动输油泵泵油至一定压力,松开放气螺钉,如有气泡溢出且始终排气不尽,则说明油路进空气;如没有气泡,但柴油从放气螺钉处溢出无力,则说明油路被堵塞。正常现象是略为松开放气螺钉,立即有油柱以一定压力喷射出来。

排除故障的方法是:找出损坏或老化的垫圈、接头、油管予以更换,如果不能排除故障,则检查回油单向阀(溢流阀)或输油泵,酌情处理。

预防此类故障的方法是:经常清洗进油滤网(包括油箱内的进油管口滤网)和柴油滤芯。经常检查低压油路,发现有问题及时解决。

2. 输油泵活塞弹簧折断

柴油机在运行中突然熄火,不能起动。拧松放气螺钉检查,发现喷油泵低压油腔无燃油或燃油很少,用手动输油泵泵油至整个低压油路充满油,排净空气,重新起动,柴油机恢复正常,但行驶一段时间后再次自动熄火。这种故障现象很可能是输油泵活塞弹簧折断。此故障就车排除,拧下螺塞,更换弹簧或输油泵即可。

3. 输油泵单向阀密封不严

柴油机起动后工作正常,但熄火停车一段时间后则出现起动困难,拧松放气螺钉有气泡溢出,需重新排净空气方能起动。这种故障多为输油泵单向阀密封不严引起。检查方法是拧下输油泵放气螺钉,手动泵油使燃油充满出油接头油腔,如接头内油压很快下降,则说明单向阀密封不好。拆下单向阀检查密封面是否完好,单向阀弹簧是否折断或变形,密封座面上是否有颗粒杂质,依具体情况分别采取研磨密封面、更换单向阀或单向阀弹簧将故障排除。正常情况是油压在 3 min 以内不出现下降,手动泵油时有油柱从出油接头有力喷出。

4. 高压油管堵塞

当某一缸高压油管因变形或有杂质而发生堵塞时,起动柴油机后在油管部分有明显敲击声,且由于该缸不能正常工作而出现柴油机功率下降。检查方法是逐缸拧松高压油管的进油端螺母,当拧松某一缸后敲击声消失,可断定该缸为故障缸,更换油管后故障即可排除。

5. 喷油嘴针阀偶件卡死

当喷油嘴针阀卡死在关闭位置时,在缸盖附近出现有规律的敲击声,这是由于喷油嘴的压力冲击喷油器所致。判断方法是拧松接喷油器端的高压油管,如敲击声随即消失,可断定此缸喷油嘴针阀卡死。

喷油嘴针阀偶件卡死或异常损坏的故障在共轨柴油机上更易出现,原因是共轨系统燃油压力高,如果燃油过滤装置存在缺陷,燃油中的杂质会很快损坏喷油嘴针阀偶件,造成密封不严,燃气上串烧毁喷油嘴或喷油器。这也是为什么共轨系统喷油嘴容易损坏的最常见的原因。

6. 柱塞、出油阀磨损

喷油泵柱塞或出油阀等精密偶件出现磨损的几率是很大的。当柱塞或出油阀磨损后,会因泄漏严重而出现泵油不足,此时柴油机将出现下列现象:①柴油机起动困难,特别是可能出现热机起动困难;②柴油机动力不足,但排气烟色基本正常;③可能导致润滑油油面增高。如果柴油机出现上述现象,检修喷油泵可能是排除故障的最好选择。

**任务实施：**

# 发 动 机 起 动 困 难

**1. 故障现象**

如果按照柴油机起动程序操作,连续3次以上都不能起动,甚至采取辅助手段,如向散热器内加热水,向进气管加润滑油,在进气口处点火助燃,或采取其他措施也不能起动柴油机时,即可认为该柴油机发生起动困难故障。下面以斯太尔柴油机为例,对柴油机起动困难故障的深层原因进行较为深入的分析和探讨。

（1）故障表现形式

柴油机在起动机带动下,转速达到起动转速,但不能起动,通常表现为两种情况:一是起动时无爆发声,不能起动;二是起动时可听到连续的爆发声,有白烟或少量黑烟排出,但不能起动。

（2）故障产生机理

分析排除故障要求能够透过现象看本质,起动困难故障的本质就在于柴油机的起动条件没有完全满足。柴油机的起动条件主要包括:

①适当的燃油供给条件,包括喷油量、喷油雾化质量、喷油时刻和燃油品质等。

②适宜的进气温度和进气量。

③充足的气缸压缩压力。

④足够的起动转速。

如果柴油机出现起动困难故障,就是以上起动条件没有完全满足,可分为两种现象,其一是起动机不运转或转速不够;其二是起动机旋转有力,转速足够,但柴油机无法起动。第一种情况应重点检查分析起动系统(包括起动机、蓄电池、起动电路等)的故障;第二种情况应重点分析燃油系统(包括喷油泵、喷油器、低压油路等)和控制系统(包括停机电磁铁、ECU等)的故障。

第一种情况的诊断相对简单,一般都可以很容易地诊断出故障的具体位置。这里主要就第二种情况可能的原因和故障位置具体分析。

**2. 故障原因分析**

从起动困难的机理分析,故障点可能出现在以下几个方面。

（1）低压油路的故障点

①油箱内无油或油面太低,油管吸不上油;或者油箱内的吸油管进口有裂纹或进口滤网堵塞。

②输油泵性能差或损坏,不能正常供油。可能原因有:单向阀装配不当或者使用时间过长使阀座接合面磨损过甚;滤网堵塞;输油泵柱塞卡滞、弹簧折断或磨损严重;输油泵推杆卡住;手动输油泵活塞密封不严等。

③油管破裂或油管接头松动造成供油系统有空气,由于空气的可压缩性,供油系统产生气阻而使供油中断。

④燃油系统没有按规定及时进行维护,长期不清洗,不更换柴油滤清器滤芯,造成管路堵塞。

⑤冬季或寒冷地区,柴油中有水结冰,造成管路堵塞;使用的柴油标号不符,造成柴油析蜡,导致堵塞滤清器及油管,柴油无法流动。

⑥喷油泵溢流阀弹簧折断或被异物垫起,使柴油从低压油路流回油箱,从而使低压油路不能保持一定的油压,导致高压油路供油压力降低。

(2)高压油路的故障点

①喷油泵有故障,不能正常供油。可能原因有:调速齿杆卡死或柱塞因弹簧折断卡住,使供油齿杆始终停在停油位置;柱塞磨损过甚或柱塞在套筒中卡住;供油调整齿圈的锁紧螺母松动或脱落,使供油量改变;出油阀有污物垫起或出油阀弹簧折断而漏油。

②喷油器有故障,不能正常喷油。可能原因有:喷油器针阀偶件磨损,严重漏油或雾化不良;喷油器喷油压力调整不当,开启压力过低;喷油器密封垫不密封造成漏气。

(3)供油传动系统的故障点

①调速器传动杆件磨损过甚,使供油齿条拉杆不能达到起动油量和额定供油量的位置。

②喷油泵联轴器接合盘损坏或联轴器螺栓松动,使供油时刻改变。

③喷油泵传动轴和传动齿轮连接松脱,造成喷油泵不工作。

④中间正时齿轮或喷油泵传动齿轮损坏。

⑤停油气缸卡死在最低油位或停油气缸的连接部分脱落,使喷油泵始终处于停油位置。

⑥操纵杆连接销轴磨损严重,不起控制作用。

(4)进气预热装置故障点

进气预热装置失效,导致环境温度较低,由于进气温度过低而起动困难。

(5)进、排气通道堵塞故障点

①空气滤清器太脏或进气道堵塞,导致进气系统阻力太大或根本不进气,柴油机因进气不畅而起动困难。

②排气制动阀卡滞或排气消声器堵塞,导致排气系统阻力太大,柴油机因排气不畅而起动困难。

(6)停机系统故障点

停机电磁铁损坏或电路故障,导致油门齿杆卡死在断油位置,柴油机不能起动。

3.发动机起动困难故障诊断排除程序

诊断故障时首先要根据柴油机有无起动迹象和排气管有无烟雾排出,来确定诊断程序的具体切入点。

1)无起动迹象

如柴油机起动时,起动转速足够而无着火迹象,这说明燃油没有进入气缸,重点检查燃油系统是否堵塞、漏气和某些零部件是否损坏。

先区分故障出自低压油路还是高压油路。方法是:将喷油泵排气螺钉松开,用手动输油泵泵油,观察排气螺钉处出油情况。如果出油正常,则说明故障出在高压油路。若不出油或流出泡沫状柴油,而且长时间排不尽,表明低压油路有故障,应进行低压油路故障诊断。

(1)低压油路故障诊断

①看油。若松开喷油泵排气螺钉,压动手动输油泵,排气螺钉处无油流出,说明油箱中无

油或油路堵塞。检查油箱中存油是否足够,油箱开关是否打开,油箱盖空气孔是否堵塞。如有上述现象,将其排除。

②试泵。用手动输油泵泵油时,多次泵油不出油,则可能是手动输油泵活塞磨损过甚导致密封不严或阀过脏所致,也可能是手动输油泵盖密封不良引起输油泵泵油不良,应仔细检查输油管路、输油泵或更换输油泵。

③排气。松开柴油滤清器上的排气螺钉,用手动输油泵泵油,检查油路中是否有空气,如排气螺钉处流出泡沫状柴油,而且长时间压动手动输油泵还是如此,说明油箱至输油泵之间的管路漏气,供油系统中渗进空气发生了气阻。应检查油管有无破裂、输油泵至油箱的这一段油管接头是否松动或油箱内出油管的上部是否开裂等。检查时可用干净的毛巾将接头和怀疑管线破裂的地方擦净,再用手动输油泵泵油观察,如果又出现柴油,说明该处松动或破裂,应拧紧接头或更换油管。

将松动或管路破裂处修复后,还应继续排除油路中空气,排除方法是:松开柴油滤清器和喷油泵上的排气螺钉,用手动输油泵泵油,直至排气螺钉处流出不含泡沫的纯净柴油为止,最后将排气螺钉拧紧。需要注意的是,应先排除滤清器内的空气再排除喷油泵内的空气。

④查堵。用手动输油泵泵油,如果来油不畅,说明低压油路中有堵塞现象,应检查油水分离器(粗滤器)、柴油二级滤清器及管路。特别强调的是,应检查油水分离器中的金属滤芯是否堵塞。若压手动输油泵时,感到有弹力和阻力,但较为轻松,说明油箱至输油泵的油路可能堵塞;若压手动输油泵比较费力,说明输油泵至喷油泵的油路可能堵塞,可检查柴油二级滤清器是否堵塞。如将油箱至输油泵的管线全部换成透明的耐压塑料管,对油流和阻塞看得十分清楚,有利于进行故障诊断。

⑤除冰。在寒冷地区的严寒季节,柴油牌号选用不当或油中有水,会造成柴油凝结或油中的水结冰堵塞油管。用手动输油泵泵油,并打开柴油滤清器上的放水螺塞,检查柴油中是否有水珠。如果有水珠,应放出油箱中的油,重新加入合格的柴油。

⑥其他。检查停机电磁铁是否动作,进气系统(包括空气滤芯、中冷器等)和排气系统(包括排气管、排气消声器等)是否堵塞等。

(2)高压油路故障诊断

诊断高压油路故障时,应首先确定故障出自喷油泵还是喷油器。方法是:打起动机时,用手触试各缸高压油管,若感到有喷油脉动,说明故障不在喷油泵而在喷油器;若无脉动或脉动甚弱,则重点诊断喷油泵故障。

①喷油泵故障诊断

a. 看:接通起动机,先看喷油泵输入轴是否转动,联轴器是否连接可靠;否则应检查联轴器有无断裂,半圆键是否完好。

b. 试:检查喷油泵出油阀是否密封不严。可将高压油管从喷油泵一端拆下,用手动输油泵泵油,若出油阀溢油,说明出油阀密封不良,应拆下出油阀偶件进行研磨修复。

c. 拆检:拆开喷油泵侧盖,检查油量调节拉杆是否总处于不供油位置。若是,应检查排除踏板拉杆、供油拉杆或调速器的卡死故障。

②喷油器故障诊断

将喷油器拆下,在喷油器试验台上进行试验,检验喷油压力(不低于 22.5 MPa,具体按技术资料要求)和喷油雾化情况。如果不喷油或雾化不良,说明喷油器存在故障。

如不具备试验条件,可采取就车检查的方法:将喷油器从气缸盖上拆下后接上高压油管,然后打起动机,观察其喷油状况。如雾化良好又不滴油,说明无故障;若雾化不良,应解体检查喷油器针阀偶件是否卡死、弹簧弹力是否调整不当、喷孔是否堵塞等。

2)有起动迹象

无起动迹象,通常是油路原因,如果将油路故障排除,柴油机就会有起动迹象。当出现起动迹象,排气管冒出白烟或少量黑烟,但不能起动或起动后又熄火,这就是前面介绍的第二种故障现象。

这时需要引起注意的是:必须先区分出白烟的性质。冒白烟一般有两种情况:一是柴油中有水或气缸中进水,燃烧后排气管排出大量的水汽白烟;二是因为混合气形成条件差,气缸内温度较低,燃油不能很好地形成混合气而没有燃烧便排出去,呈白色烟雾。

判断是哪种情况的经验做法是:用手接近排气管消声器出口白烟处,查看手上是否有水。若发现手上留有水珠,说明有水进入燃烧室。

(1)排出水汽白烟

①检查柴油中是否有水。如有水可将油箱及柴油滤清器放污塞打开,放出水和沉淀物。

②检查润滑油中是否有水。拔出润滑油尺,观察油底壳中润滑油油面是否升高,润滑油中是否有水。如润滑油颜色发白说明润滑油被水乳化。

③在打起动机时观察散热器上部有无气泡冒出。

若润滑油中有水或散热器上部在起动柴油机时有大量气泡冒出,应及时送修,检查气缸垫有无烧穿漏水、气缸盖螺栓有无松动、气缸盖或气缸体有无破裂漏水等。

(2)排出燃气白烟

经诊断气缸内没有进水,由于燃油燃烧不良造成的柴油机起动困难,排气冒白烟,重点应考虑燃油燃烧条件不足的原因。

①检查起动预热装置是否损坏。冬季和低温情况下,应重点检查,检查熔断器和控制线路有无断路,手摸加热器是否发热。如不工作,应检修。

②检查进、排气通道是否堵塞。柴油机起动困难时,进、排气系统也是检查的重点。一是查看空气滤器是否过脏,如过脏应清洁空气滤清器;二是查看排气制动阀是否卡死,如卡死应设法使其复位。

③检查和调整供油正时。检查方法:拆下第1缸高压油管,将油量调节拉杆置于最大供油位置,转动曲轴(沿柴油机工作旋转方向),观察第1缸的油管接头油面,当油面与接头平齐时,立即停止转动,在飞轮壳检视孔处检查供油提前角是否合适,如不正确应进行调整。调整方法:转动曲轴使供油提前角处于规定值,松开联轴器固定螺栓,转动提前器,观察第1缸的油管接头油面,油面与接头平齐时,立即停止,将联轴器螺栓紧固,再复查一次即可。

④检查气缸压力是否过低。拆下喷油器,接上气缸压力表,起动起动机测量,气缸压力值应符合要求,不能低于标准值(2.80 MPa)的80%。过低时应对气缸的密封性和气缸磨损情况进行检查。

⑤调试喷油泵。通过上述程序,如故障还未解决,则应将车辆送至修理厂,在喷油泵试验台上进行校泵,精确调试喷油泵的供油量。

## 知识检测：

### 一、选择题

1. 柴油机温度异常通常是指( )。
   A. 工作环境温度过低
   B. 工作环境温度过高
   C. 柴油机冷却水温度过高
   D. 润滑油预热温度过高

2. 柴油发动机燃料系统装置滤清器的目的是( )。
   A. 以免将油箱之输油口堵塞
   B. 防止溢油现象
   C. 使燃烧较完全
   D. 以免损伤喷油泵及喷油嘴等设备

3. 涡轮增压发动机润滑油消耗过大,排气管冒蓝烟,经检查气缸压缩压力正常。原因可能是( )
   A. 气缸磨损
   B. 活塞环卡死在环槽中
   C. 增压器转子轴承磨损
   D. 曲轴主轴承磨损

4. 柴油发动机动力不足,可在发动机运转中运用( ),观察发动机转速变化,找出故障缸。
   A. 多缸断油法
   B. 单缸断油法
   C. 多缸断火法
   D. 单缸断火法

### 二、判断题

1. 气缸压力过低,会导致发动机润滑油耗提高。( )

2. 在拆卸螺栓时,为了更好地控制和安全起见,使用扳手时应尽量朝自己身体外推动。( )

3. 在套筒扳手不适用的地方应使用开口扳手来松动或紧固螺栓或螺母。( )

4. 虽然增压器能提高发动机的充气效率,增大发动机的功率,但增压压力过大,会引起发动机过热,发生爆燃,引起发动机故障。( )

### 三、填空题

1. 如果按照柴油机起动程序操作,连续( )次以上都不能起动,甚至采取辅助手段,如向散热器内加热水,向进气管加润滑油,在进气口处点火助燃,或采用其他措施也不能起动柴油机时,即可认为该柴油机发生( )故障。

2. 柴油机起动困难的故障表现形式分为( )和( )两种。

3. 如果柴油机起动时,起动转速足够而无着火迹象,这说明燃油没有进入气缸,重点检查( )、( )和( )。

4. 诊断高压油路故障时,应首先确定故障出自喷油泵还是喷油器。其方法是:打起动机时,用手触试各缸高压油管,若感到有喷油脉动,说明故障不在( );若无脉动或脉动甚弱,则重点诊断( )。

## 四、简答题

1. 简述柴油机的起动条件。

2. 列举出 6 种以上柴油机起动困难的故障原因。

3. 进行燃油系统低压油路故障诊断的基本方法有哪几种?

4. 简述起动困难的快速诊断法。

# 项目七
## 发动机电控喷射系统的检修

**项目描述:**

电控喷射系统的检修是工程机械发动机构造与维修工作领域的关键工作任务,是技术服务人员和维修人员必须掌握的一项基本技能。

电控喷射系统的检修主要内容包括:电控喷射系统的功用、组成、工作过程;电控喷射系统的主要传感器、电磁阀的工作原理;电控喷射系统主要零部件的构造特点、装配连接关系、检修、装配方法;电控喷射系统常见故障现象、原因分析及排除过程。本项目采用理实一体化教学模式,按照完成工作任务的实际工作步骤,通过实物讲解、演示、实训,使学生能正确地进行电控喷射系统的主要传感器、电磁阀的工作原理的学习,能正确拆装和检修电控喷射系统的主要零部件,通过常见故障现象和原因的分析,能正确排除电控喷射系统的常见故障,增强工程机械发动机技术服务人员和维修员的岗位就业能力。

# 任务一  电子控制系统的检修

## 📌 任务描述：

电子控制系统的检修是电控柴油机最为重要的工作任务。当电控柴油机出现各种报警时，说明柴油机出现了异常情况，这时，需要对电控柴油机电子控制系统进行检修，以便排除各种报警，使电控柴油机恢复正常工作状态。通过本任务的学习，在掌握电子控制系统组成、功用、高压燃油泵、喷油器的结构与工作原理等知识的前提下，按照检测规范和标准，对各类传感器、油泵执行器和喷嘴电磁阀进行检测，并判断其使用性能是否良好，并填写任务报告书。

## 📌 相关知识：

### 一、柴油机电控喷射技术的发展

1. 柴油发动机的新技术

在柴油机发展的历程中，有三次重大的技术突破：第一次技术突破是机械式燃油系统的问世，为汽车和工程机械的发展开辟了广阔的前景；第二次技术突破是涡轮增压技术和中冷技术，它给柴油机带来了强大的生命力；第三次技术突破是电控喷射技术，它解决了困扰柴油机发展的技术难题。目前，应用在柴油发动机上的新技术主要有以下几种。

（1）增压、中冷技术。高速柴油机大都采用废气涡轮增压技术，目的是提高柴油机的功率输出、改善燃料的雾化性能，降低燃油消耗和 $CO$、$HC$ 及颗粒物的排放。增压后的柴油机由于热负荷的增大、换气过程的改善和过量空气系数的增加，会使 $NO_x$ 生成量增多，从而导致 $NO_x$ 的排放量增加。为改善 $NO_x$ 的排放，采用增压、中冷技术，可以提高进气密度，降低发动机热负荷，减少 $NO_x$ 的排放量。

（2）废气再循环 EGR 技术。它是在保证发动机动力性能不降低的前提下，根据发动机的温度及负荷大小，适量地将一部分废气引入进气管，再送入气缸，使燃烧反应速度减慢，降低燃烧的最高温度，从而降低 $NO_x$ 的排放量。尤其是中冷 EGR 技术，不仅降低 $NO_x$ 的排放，而且还能保持其污染排放物的低排放水平。

（3）排气后处理技术。减少柴油机可吸入颗粒物的方法有机内净化和机外净化，而机外净化主要是采用微粒捕集器。微粒捕集器是一种捕捉颗粒物使之燃烧掉、减少颗粒物和降低 $NO_x$ 排放的有效装置。微粒捕集器是用于减少柴油机颗粒物的后出路装置，它的工作原理是用捕集器过滤废气中的颗粒物，然后通过氧化颗粒物来清洁捕集器使之再生。

（4）均质燃烧技术。为了避免柴油机的扩散燃烧及降低局部的燃烧温度，必须促进燃油和空气的混合，许多研究者提出了预混合压缩燃烧技术，即均质燃烧技术。采用均质燃烧技术的柴油机热效率高，$NO_x$ 排放量低，而又几乎没有炭烟排放。

(5)柴油机结构优化设计。柴油机结构优化设计是很重要的技术措施。目前,广泛采用的是多气阀机构、进气涡流优化、燃烧室优化和降低润滑油消耗等技术措施。

(6)电控高压柴油喷射技术。柴油机实行高压喷射电控的目的是为了改善柴油机的燃油经济性和降低排放污染。欧美国家对工程机械(非公路用)已经实施了相应严格的排放标准,随着世界能源日益缺乏和日益严格的排放法规的实施,驱使柴油机向高压柴油电控方向发展是必然结果。

**2.国外柴油机电控喷射技术概况**

国外柴油机实现电控技术已经有近30年的历史。在美国和欧洲各国家从小型客车到轻、中、重型载货汽车及工程机械装用经济、环保、电控柴油机已经很普遍。国外柴油机电控喷射技术的发展阶段经历了第一代位置控制和第二代时间控制,现在已经发展到第三代时间压力控制方式,即电控高压共轨式喷射系统,如表7-1-1所示。

表7-1-1　国外柴油机电控喷射技术发展概况

| 发展阶段 | 控制特点 | 喷油量 | 喷油时间 | 喷油压力 | 喷油率 | 出现年代 |
|---|---|---|---|---|---|---|
| 第一代 | 凸轮压油 + 位置控制供油 | 可调 | 可调 | 不可调 | 不可调 | |
| 第二代 | 凸轮压油 + 时间控制供油 | 可调 | 可调 | 不可调 | 不可调 | 20世纪80年代后期 |
| 第三代 | 燃油蓄压 + 时间压力控制供油 | 可调 | 可调 | 可调 | 可调 | |

德国博世公司于20世纪90年代初开始组织技术力量,积极投入柴油机电控燃油系统的研制,20世纪90年代中期推出了小型柴油机用高压电控共轨式燃油系统。

20世纪90年代初,日本电装公司开展了电控共轨式燃油系统的研制。直到20世纪90年代中期,高压电控共轨式燃油ECD-U2系统和ECD-U2(P)系统才正式投放市场,其应用范围正在不断扩大。

**3.国内柴油机电控喷射技术发展情况**

与国外相比,我国电控柴油机喷射技术起步较晚,电控柴油机技术的应用还不是很完善。随着能源危机、温室效应的逐渐增加,国内行业人士提出大力发展柴油机械,目前,我国轻、中、重型载货汽车、城市客车及工程机械中,柴油机已经占有绝对优势。表7-1-2所示为我国柴油机主要厂家生产的欧Ⅲ柴油机。

在我国发布的《柴油车排放污染防治技术政策》中,为使国产柴油机达到欧Ⅲ(或国Ⅲ)以上的控制水平,可采用电控高压共轨、电控单体泵、电控泵喷嘴、增压中冷、废气再循环及安装氧化型催化转换器等技术相结合的综合治理技术。国内柴油机生产厂家对柴油机控制排放的技术路线应分三大趋势,即对中期、长期和未来走向提出了发展要求。中期应采用增压中冷、电控柴油喷射、EGR技术和废气后处理,降低柴油含硫量在$50 \times 10^{-6}$以下;长期应采用电控高压喷射、改善EGR和增压、完善废气后处理、闭环捕捉器等先进的后处理技术,以及降低柴油含硫量在$10 \times 10^{-6}$以下;未来应采用均质燃烧、可变喷口的柴油喷射系统、电力驱动和采用氧化柴油。柴油机控制排放的技术路线三大趋势是针对我国国情而言,它是一项艰巨的任务。

表 7-1-2　我国柴油机主要厂家生产的欧Ⅲ柴油机

| 生产厂家 | 机　型 | 电控喷射类型 | 所属公司 |
|---|---|---|---|
| 东风康明斯发动机有限公司 | 康明斯 ISBe、ISCe、ISLe | 高压共轨 | 德国博世 |
| 玉柴机器股份公司 | YC6L、 YC6G、 YC4G、YC4L | 电控单体泵 | 美国德尔福 |
| | YC4F | | 日本电装 |
| 上柴股份有限公司 | 日野 P11C.09 系列 | | 德国博世 |
| 一汽解放大连柴油机公司 | CA4DC2、CA6DE3 | 高压共轨 | 日本电装 |
| 一汽解放无锡柴油机公司 | 6DL－32R | | |
| | 6DL－35R、6DF3 | | 德国博世 |
| 潍柴动力股份有限公司 | WP10、WP12 | | |
| 南京依维柯发动机公司 | 索菲姆柴油机 | | |

## 二、柴油机电控燃油系统的特点和类型

**1. 柴油机电控燃油系统的特点**

柴油机电控技术与汽油机电控技术有许多相似之处,电控系统都是由传感器、ECU 和执行器三大部分组成。在电控柴油机上所用的传感器中,如转速、压力、温度等传感器以及油门踏板传感器,与汽油机电控燃油系统都是一样的。ECU 在硬件方面也很相似,在整机管理系统的软件方面也有近似处。

电控柴油机柴油喷射具有高压、高频、脉动等特点,其喷射压力高达 135～200 MPa。对于柴油高压喷射系统实施喷油量的电控困难较大。而柴油喷射对喷射正时的精度要求很高,相对于柴油机活塞上止点的角度位置要求远比汽油机准确,这就导致了柴油喷射的电控执行器要复杂得多。因此,柴油机电控技术的关键和难点是柴油喷射电控执行器。

**2. 柴油机电控柴油喷射系统的类型**

(1)位置控制式电控柴油喷射系统。位置控制式电控柴油喷射系统是第一代电控柴油喷射系统,包括电控直列泵、电控分配泵。在电控直列泵中仍保留着喷油泵—高压油管—喷油器、控制齿条、齿圈、滑套、柱塞上的螺旋槽等油量控制机构,齿条移动位置由原来的机械控制改成电子控制。在位置控制式电控分配泵中,ECU 根据滑套位置传感器输入的信号驱动油量调节器来调节供油量。

(2)时间控制式电控柴油喷射系统。

①时间控制式电控分配泵。时间控制式电控分配泵在结构上取消了位置控制式 VE 泵的溢油环,在泵的泄油通路上设置了一个电磁溢油阀,采用时间控制方式。由于采用高频响应的电磁溢油阀,使各气缸的不均匀性控制、过渡过程控制、变速特性控制、喷油率控制等明显得到了改善。

②电控泵喷嘴系统。电控泵喷嘴系统喷油量由安装在喷嘴总成上的电磁阀关闭时间决定,喷油正时由电磁阀关闭时刻决定,所以,称作时间控制式电控柴油喷射系统。

③电控单体泵系统。其特点是柴油喷射所需要的高压燃油仍然由套筒内做往复运动柱塞产生。喷油量和喷油正时控制则由 ECU 根据各种传感器输入的信号控制电磁阀关闭执行喷油,电磁阀打开喷油结束。在每个单体泵上安装有一个电磁阀,ECU 通过控制电磁阀的关闭和打开时间的长短,来决定喷油量和喷油正时。

(3)电控共轨柴油喷射系统。电控共轨柴油喷射系统如图 7-1-1 所示,是第二代时间控制柴油喷射系统的进一步发展,它将喷油量和喷油时间控制融为一体,使柴油的升压机构独立,亦即柴油压力与发动机转速、负荷无关,具有可独立控制压力的蓄压器——共轨。这样,柴油喷射压力可以按照人们的意志进行控制。喷油量、喷油时间等参数直接由装在各个气缸上的喷油器控制,最高喷射压力可达 135 MPa 以上。该系统可以提高燃烧效率、减少 $NO_x$ 排放可达欧Ⅳ以上标准,目前工程机械电控柴油机使用最多的是电控共轨柴油喷射系统。因此,本章我们重点学习电控共轨柴油喷射系统。

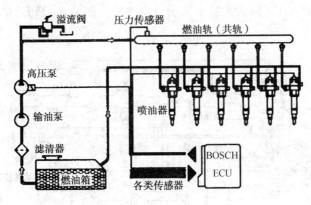

**图 7-1-1　电控共轨柴油喷射系统**

**3.柴油机共轨式电控燃油喷射技术特点**

柴油机共轨式电控燃油喷射技术是一种全新的技术,因为它集成了计算机控制技术、现代传感检测技术以及先进的喷油结构于一身。它不仅能达到较高的喷射压力、实现喷射压力和喷油量的控制,而且能实现预喷射和后喷,从而优化喷油特性形状,降低柴油机噪声和大大减少废气的排放量。该技术的主要特点是:

(1)采用先进的电子控制装置及配有高速电磁开关阀,使得喷油过程的控制十分方便,并且可控参数多,益于柴油机燃烧过程的全程优化。

(2)采用共轨方式供油,喷油系统压力波动小,各喷油嘴间相互影响小,喷射压力控制精度较高,喷油量控制较准确。

(3)高速电磁开关阀频响高,控制灵活,使得喷油系统的喷射压力可调范围大,并且能方便地实现预喷射、后喷等功能,为优化柴油机喷油规律、改善其性能和降低废气排放提供了有效手段。

(4)系统结构移植方便,适应范围宽,不像其他的几种电控喷油系统,对柴油机的结构形式有专门要求;高压共轨系统均能与目前的小型、中型及重型柴油机很好匹配。

共轨式电控柴油喷射系统经历了三代发展过程。第一代的共轨系统特点是高压泵总是保持在最高压力,导致能量的浪费和很高的燃油温度。第二代可根据发动机需求而改变输出压力,并具有预喷射和后喷射功能。预喷射是在主喷射之前百万分之一秒内少量的燃油被喷进了气缸压燃,预加热燃烧室,预热后的气缸使主喷射后的压燃更加容易,缸内的压力和温度不再是突然地增加,有利于降低燃烧噪音;在膨胀过程中进行后喷射,产生二次燃烧,将缸内温度增加 200~250 ℃,降低了排气中的碳氢化合物。而共轨系统第三代——压电式(piezo)共轨系统,压电式执行器代替了电磁阀,于是得到了更加精确的喷射控制。最小喷射量可控制在 $0.5\ mm^3$,减小了烟度和 $NO_x$ 的排放。

## 三、电控共轨柴油喷射系统

电控共轨技术是指在高压油泵、压力传感器和 ECU 组成的闭环控制系统中,喷油压力大小与发动机转速无关的一种供油方式。在电控共轨系统中,如图 7-1-2 所示,所有的喷油器共用一个燃油轨道(共轨),燃油喷射压力的产生和喷射过程是完全彼此分开的。高压泵把高压柴油输入到共轨中,通过对共轨内油压调整实现精确控制,高压油管压力大小与发动机的转速无关。高压共轨供油方式可以大大减小柴油机供油压力随发动机转速的变化,也就减少了传统柴油机的缺陷。

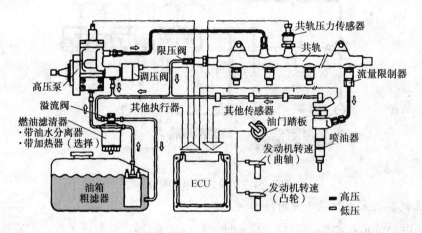

图 7-1-2　电控共轨系统组成图

## 四、电控共轨柴油喷射系统的组成与工作原理

1.电控共轨柴油喷射系统的组成

电控共轨柴油喷射系统简称电控共轨系统,它是由电子控制系统和柴油供给系统组成,如图 7-1-3 所示。

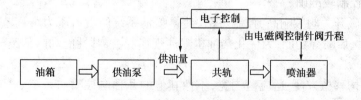

图 7-1-3　电控共轨系统的组成框图

(1)电控系统

①电控系统组成。电控系统由 ECU、各种传感器和执行器等组成,如图 7-1-4 所示。

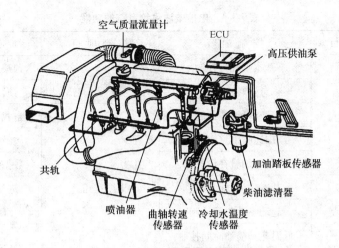

**图 7-1-4　电控系统组成**

ECU 的作用是按照预置程序对各个传感器输入的信息进行运算、处理、判断,并发出指令,控制有关执行元件动作,以达到快速、准确、自动控制发动机的目的。

传感器的作用是对反映发动机运行状况的一些参数进行检测:它包括空气质量流量计、转速传感器、凸轮轴位置传感器、油门踏板传感器、进气温度传感器、冷却液温度传感器、柴油温度传感器、共轨油压传感器、增压压力传感器等,如图 7-1-5 所示。

执行器是动作元件,主要包括喷油电磁阀、油压控制阀、共轨压力限制阀等。

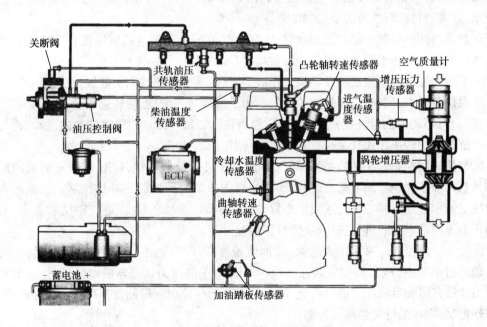

**图 7-1-5　电控系统的功能示意图**

②电控系统的控制内容。采用灵活的电控功能可使供给系统控制自由度大大增加,柴油机喷射控制的主要内容:喷油量控制、喷油时间控制、喷油压力控制、喷油速率控制及其他附加功能控制。其控制功能可归纳如表 7-1-3 所示。

表 7-1-3 电控柴油供给系统的功能

| 控 制 项 目 | 控 制 内 容 | 控 制 项 目 | 控 制 内 容 |
|---|---|---|---|
| 喷油量控制 | 基本喷油量控制 | 喷油速率控制 | 预喷油量控制 |
| | 怠速转速控制 | | 预行程控制 |
| | 起动喷油量控制 | 附加功能 | 自我诊断功能 |
| | 加速喷油量控制 | | 故障应急功能 |
| | 不均匀油量补偿控制 | | 数据通信功能 |
| 喷油时间控制 | 基本喷油时间控制 | | 进气量控制 |
| | 起动喷油时间控制 | | EGR 控制 |
| | 低温起动喷油时间控制 | | 变速器控制 |
| 喷油压力控制 | 基本喷油压力控制 | | |

a. 喷油量控制主要包括以下内容：

· 基本喷油量控制。发动机的基本喷油量由发动机转速和加速踏板位置决定。发动机在不同工况下工作，要求输出不同的转矩，为了获得不同的转矩特性，可以通过控制喷油量实现。

· 怠速喷油量控制。在怠速工况下，ECU 将发动机的实际转速和目标转速（由发动机水温、空调工作状态和负荷等因素决定）进行比较，决定两者差值求得所必需的喷油量，进行反馈控制，以维持目标转速所需要的喷油量。

· 起动喷油量控制。发动机起动时，实际喷油量等于其加速踏板位置和发动机转速决定的基本喷油量与冷却水温度等决定的补偿喷油量之和。

· 不均匀油量补偿控制。发动机工作时，各气缸喷油量不均匀引起爆发压力不均匀，可燃混合气燃烧差异引起各气缸间转速不均匀。为了减少转速波动，使转速平稳，必须调节各气缸供油量（进行不均匀油量补偿）。ECU 担负检测各气缸每次爆发冲程时转速的波动，再与其他所有气缸的平均转速相比较，分别向各气缸补偿相应的油量。

b. 喷油时间控制。在共轨系统中，为实现发动机的最佳燃烧，ECU 根据发动机的运行工况和外部环境条件经常调节喷油时间，即进行最佳喷油时间控制。具体控制方法是由发动机转速决定基本喷油时间，同时，还要根据发动机的负荷、冷却水温度、进气温度和压力、柴油温度和压力等对基本时间进行修正，决定目标喷油时间。

c. 喷油压力控制。喷油压力越大，喷油能量越高；喷雾越细，混合气形成和燃烧越完全。在共轨喷射系统中，ECU 根据安装在油轨（蓄压器）上的压力传感器的电信号，计算出实际喷油压力并将其值和目标压力值进行比较，然后发出指令控制高压油泵升高压力或降低压力，实行闭环控制，完成最佳喷油压力控制。

d. 喷油速率控制。理想的喷油规律要求喷射初期缓慢，喷油速率不能太高，目的是减少在滞燃期内的可燃混合气量，降低初期燃烧速率，以达到降低最高燃烧温度和压力升高率，来抑制 $NO_x$ 生成和降低燃烧噪声。喷油中期采用高喷油压力和高喷油速率的目的是加快燃烧速度，防止生成微粒物。喷油后期要求迅速结束喷射，防止在较低的喷油压力和喷油速率下燃油雾化变差，导致燃烧不完全而使 HC 和微粒物排放增加。预喷射是实现初期缓慢燃烧的有效方法;主喷射发生在中期可加快可燃混合气的扩散燃烧速度;后喷射迅速结束可有效降低排放物。在高压共轨系统中进行多次喷射控制,可使喷油规律优化。

(2)柴油供给系统

共轨式柴油供给系统主要由油箱、柴油滤清器、电动输油泵、高压供油泵、高压柴油管、低压柴油管、蓄压器(共轨)、喷油器、回油管等组成,如图7-1-6所示。

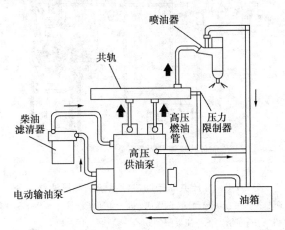

图 7-1-6 柴油供给系统

柴油供给系统按其供油压力由低压油路部分、高压油路部分和回油油路组成。低压油路部分包括输油泵、柴油滤清器及供油泵的低压腔,如图7-1-7所示。高压油路部分包括供油泵的高压腔、共轨、喷油器及高压柴油管等,如图7-1-8所示。

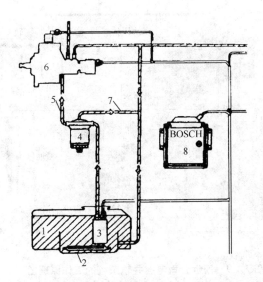

图 7-1-7 高压共轨柴油供给系统的低压油路部分

1—油箱;2—粗滤器;3—电动输油泵;4—柴油滤清器;5—低压柴油管;6—高压油泵低压腔;7—回油管;8—ECU

柴油供给系统的工作过程:低压燃油由电动输油泵从油箱中吸出后,经柴油滤清器滤清并输送到分配式高压油泵,柴油经高压柴油泵加压后输送到蓄压器(共轨)中。储存在共轨中的

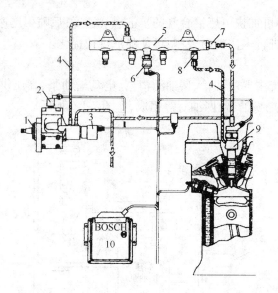

**图 7-1-8　高压共轨柴油供给系统的高压油路部分**

1—高压供油泵;2—切断阀;3—压力控制阀(调压阀);4—高压柴油管;5—高压蓄压器(共轨);6—油压传感器(轨道压力传感器);7—限压阀;8—流量限制阀;9—喷油器;10—ECU

高压柴油在适当的时刻通过电磁喷油器喷入发动机气缸内,少部分柴油对供给系统润滑后经回油管路流回油箱。

2.电控共轨系统的工作原理

如图 7-1-9 所示为博世公司电控共轨系统的工作原理图。电控共轨系统油路工作过程:柴油从油箱被电动输油泵吸出后,经过油水分离器和滤清器滤清后,被送入高压供油泵,此时

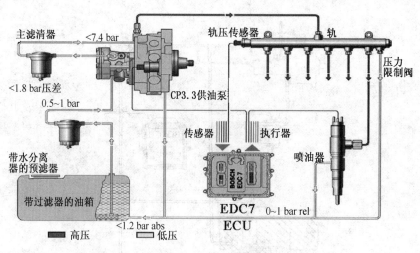

**图 7-1-9　博世公司电控共轨系统的工作原理图**

输油泵产生的柴油压力约为 0.2 MPa。进入高压供油泵的柴油分为两部分:一部分通过高压供油泵上的安全阀进入油泵的润滑和冷却油路后,流回油箱;另一部分进入高压供油泵,在高压供油泵中,柴油被加压到 135 MPa 后,被输送到蓄压器,蓄压器上有一个压力传感器和一个通过切断油路来控制油量的压力限制阀,ECU 通过压力限制阀来调节设定的共轨压力。高压

柴油从蓄压器、流量限制阀经高压油管进入喷油器后，又分两路：一路直接喷入燃烧室；另一路是在喷油期间随着针阀导向部分和控制套筒与柱塞缝隙处泄漏的多余柴油一起流回油箱。

电控共轨系统的工作原理：电子控制单元接收曲轴转速传感器、冷却液温度传感器、空气流量传感器、加速踏板位置传感器、针阀行程传感器等检测到的实时工况信息，再根据 ECU 内部预先设置和存储的控制程序和参数或图谱，经过数据运算和逻辑判断，确定适合柴油机当时工况的控制参数，并将这些参数转变为电信号，输送给相应的执行器，执行元件根据 ECU 的指令，灵活改变喷油器电磁阀开闭的时刻或开关的开或闭，使气缸的燃烧过程适应柴油机各种工况变化的需要，从而达到最大限度提高柴油机输出功率、降低油耗和减少排污的目的。

如果传感器检测到某些参数或状态超出了设定的范围，电控单元会存储故障信息，并且点亮仪表盘上的指示灯（向操作人员报警），必要时通过电磁阀自动切断油路或关闭进气阀，减小柴油机的输出功率（甚至停止发动机运转），以保护柴油机不受严重损坏——这是电子控制系统的故障应急保护模式。

3.电控共轨系统的使用特点

由上面的分析可看出，供油压力与柴油发动机的转速、负荷无关，它是独立控制的。在共轨内的压力传感器检测燃油压力，并与 ECU 设定的目标喷射压力进行比较后进行反馈控制。

电控共轨系统的使用特点：

（1）共轨系统压力高达 135～200 MPa，使得喷油雾化极好，燃烧彻底，发动机的动力性和经济性提高。

（2）采用高速电磁阀控制燃油喷射，可以实现预喷射（一个工作循环可以实现 4～6 次燃油喷射），使柴油燃烧更彻底。

（3）由高压油泵、压力传感器和电子控制单元（ECU）组成闭环系统，实行闭环控制。

# 五、供油泵

1.作用

供油泵是低压和高压部分之间的接口，供油泵的主要作用是将低压柴油加压成高压柴油，储存在共轨内，等待 ECU 的喷射指令。另外，还应保证在发动机起动过程中及共轨中压力迅速上升所需要的柴油储备。供油压力可以通过压力限制器进行设定，所以，在共轨系统中可以自由地控制喷油压力。

供油泵产生的高压柴油经共轨分配到各个气缸的喷油器中；柴油压力由设置在共轨内的压力传感器检测出，反馈到控制系统，并使实际压力值和事先设定的、与发动机转速和发动机负荷相适应的压力值始终一致。

2.博世公司供油泵构造与工作原理

目前，博世公司高压共轨系统使用的是 VP 系列电控分配式高压供油泵，在电控柴油机上应用较多的是 VP37 型和 VP44 型电控分配泵。其中在柴油轿车上多使用 VP37 型电控分配泵，在重型柴油机上多用 VP44 型电控分配泵。

如图 7-1-10 所示为博世公司 VP 分配式高压供油泵的结构图，VP 分配式高压供油泵通过联轴器、由凸轮轴上的油泵驱动齿轮带动旋转，其转速是发动机转速的 1/2。

VP 分配式高压供油泵由三个径向排列、互相呈 120°夹角的柱塞组成。分配泵总成中的

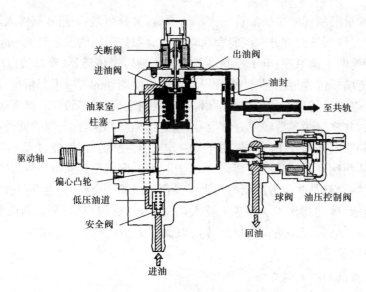

图 7-1-10　VP 分配式高压供油泵结构图

三个泵油柱塞由驱动轴上的凸轮驱动进行往复运动,每个泵油柱塞有弹簧对其施加作用力,目的是减小柱塞振动,并且使柱塞始终与驱动轴上的偏心凸轮接触。如图 7-1-11 所示。

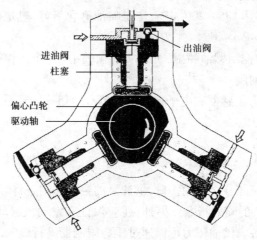

图 7-1-11　VP 分配式高压供油泵工作原理图

　　当柱塞向下运动时,为进油行程,进油阀将会开启,低压柴油进入泵腔,而当柱塞到达下止点时,进油阀将会关闭,泵腔内的柴油在向上运动的柱塞作用下被加压后输送到蓄压器中,高压柴油被存储在蓄压器油轨(共轨)中等待喷射。

　　由于供油泵是按最大供油量设计的,在怠速和部分负荷工作时,被压缩的柴油显得过多。多余的柴油经过调压阀流回油箱。由于被压缩了的柴油再次降压,损失了压缩能量。这种现象除了使柴油升温外,还会降低总效率。

　　为了局部弥补上述损失,在三组柱塞的其中一组设有一个关断阀,当共轨不需要送入太多柴油时,关断阀打开,切断供油,使供油量适应柴油的需要量。切断柱塞供油时,送到共轨中的柴油量减少。在关断阀断油装置的电磁阀动作时,装在其电枢上的一根销子将进油阀打开,从而使供油行程中吸入的柴油不受压缩。由于吸入的柴油又流回到低压通道,所以,柱塞腔内不会建立高压。切断柱塞供油后,供油泵不再连续供油,而是处于供油间歇阶段,因此减少了功率损失。

在高压供油泵上安装有柴油压力控制阀(调压阀),视安装空间不同,压力控制阀可直接装在供油泵旁也可单独布置,如图 7-1-12 所示。ECU 通过控制压力控制阀可以精确地保持泵油压力,以保持共轨中的油压。压力控制阀是电磁控制球阀,它与分配泵连接处有 O 形密封圈保持密封,弹簧向球阀施加作用力,电磁铁也对球阀施加作用力,而球阀另一侧承受着油轨中柴油的高压作用。电磁力大小由 ECU 的控制信号电流进行控制,所以,通过电磁铁电流的大小将决定共轨中柴油压力的高低。当共轨中的柴油压力超过发动机运转状态下的期望设定值时,球阀将会开启,油泵中的部分压力柴油通过回油管流回油箱;如果油轨中柴油压力过低,球阀将会关闭,油轨中的柴油压力增加,ECU 就是这样通过压力控制阀对系统压力实现闭环控制的。

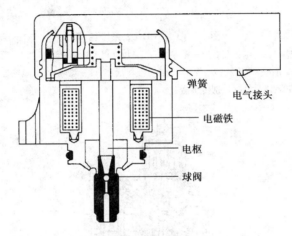

弹簧
电气接头
电磁铁
电枢
球阀

**图 7-1-12　柴油压力控制阀**

博世公司的供油泵像普通分配泵那样装在柴油机上。通过齿轮、链条或齿带由发动机驱动,最高转速为 3 000 r/min,采用柴油润滑。

3. 日本电装公司 ECD-U2 发动机供油泵构造与工作原理

ECD-U2 系统结构如图 7-1-13 所示。系统的主要硬件由类似于直列泵的供油泵(不同的发动机可选用不同的供油泵)、共轨、喷油器和各种传感器组成。供油泵的作用是将低压柴油加压成高压柴油,送入共轨中。

供油泵的结构如图 7-1-14 所示。与传统直列泵的结构相似,通过凸轮和柱塞机构使柴油增加,各柱塞上方配置控制阀。凸轮有单作用型、双作用型、三作用型及四作用型多种。如图7-1-14 所示为三作用型。采用三作用型凸轮可使柱塞单元减少到 1/3。向共轨中供油的频率和喷油频率相同,这样可使共轨中的压力平稳。

供油泵的工作原理:

(1)柱塞下行,控制阀开启,低压柴油经供油泵压力控制阀流入柱塞腔;柱塞上行,但控制阀中尚未通电,控制阀仍处于开启状态,吸进的柴油并未升压,经控制阀又流回低压腔。

(2)当控制阀通电时,压力控制阀关闭,则回油流路被切断,柱塞腔内柴油被升压。此时,高压柴油经出油阀(单向阀)压入共轨内,控制阀关闭后的柱塞行程与供油量对应。如果使控

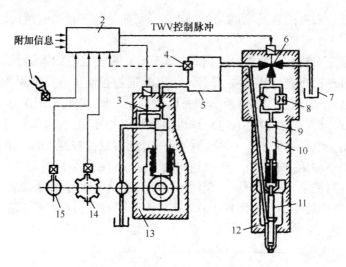

**图 7-1-13　ECD-U2 系统结构**

1—加速踏板位置传感器;2—电控装置;3—油泵压力控制阀(PCV);4—柴油压力传感器;5—共轨;6—二通阀(TWV);7—柴油箱;8—节流孔;9—控制室;10—液压活塞;11—喷嘴;12—喷油器;13—高压供油泵;14—发动机转速传感器;15—气缸识别传感器

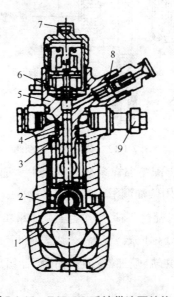

**图 7-1-14　ECD-U2 系统供油泵结构**

1—三作用型凸轮;2—挺柱体;3—柱塞弹簧;4—柱塞;5—柱塞套;
6—油泵压力控制阀;7—接头;8—出油阀;9—溢油阀

制阀的开启时刻(柱塞的预行程)改变,则供油量随之改变,从而可以控制共轨压力。

(3)凸轮越过最大升程后,则柱塞进入下降行程,柱塞腔内的压力降低。这时出油阀关闭,压油停止。控制阀处于断电状态,控制阀开启,低压柴油将被吸入柱塞腔内,即恢复到(1)状态。

ECU 向控制阀通电和断电的时刻就决定了供油泵向共轨内供入的供油量,压力控制阀的作用是用于调整共轨内的柴油压力。

## 六、共轨组件

### 1. 功用

共轨组件的功用是接收从供油泵供来的高压柴油,并将供油泵输出的高压柴油经稳压、滤波后,按 ECU 的指令分配到各个气缸的喷油器中去。

### 2. 组成及结构

共轨组件主要由共轨、共轨封套、高压溢流阀、共轨压力传感器、压力限制阀及流量限制器组成,如图 7-1-15 所示。

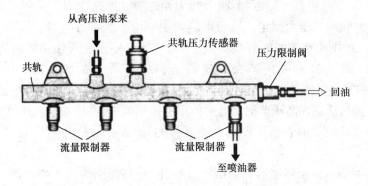

图 7-1-15　共轨部件结构

（1）共轨。共轨是一根锻造钢管,共轨的内径为 10 mm ,长度为 280 ~ 600 mm,具体长度按发动机的要求而定,各气缸上的喷油器通过各自的油管与共轨连接。

在共轨上装有共轨压力传感器、压力限制阀和流量限制器。

（2）共轨压力传感器。共轨压力传感器的结构如图 7-1-16所示,它由压力敏感元件(焊接在压力接头上)、带求值电路的电路板和带电气插头的传感器外壳组成。柴油经一个小孔流向共轨压力传感器,传感器的膜片将孔的末端封住。高压柴油经压力室的小孔流向膜片,膜片上装有半导体敏感元件,可将压力转换为电信号,通过连接导线将产生的电信号传送给向 ECU 提供信号的求值电路。

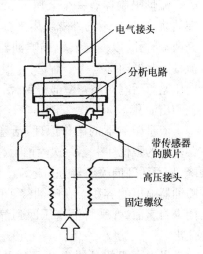

图 7-1-16　共轨压力传感器

共轨压力传感器的工作原理:当膜片形状改变时,膜片上涂层的电阻发生变化。这样,由系统压力引起膜片形状变化(150 MPa 时变化量为 1 mm),促使电阻值改变,并在用 5 V 供电的电阻电桥中产生电压变化。电压在 0 ~ 70 mV 之间变化(具体数值由压力而定),经求值电路放大到 0.5 ~ 4.5 V。

共轨压力传感器失效时,具有应急功能的调压阀以固定的预定值进行控制。

（3）压力限制阀(限压阀)。压力限制阀的结构如图 7-1-17 所示,此阀常闭。与压力限制阀相连的油管可使柴油流回油箱。当共轨油压超过设定值时,压力限制阀打开泄油,使共轨压

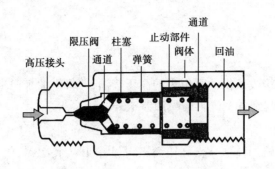

图 7-1-17  压力限制阀（限压阀）

力降低，以保持共轨内的压力恒定。压力限制阀主要由下列构件组成：外壳（有外螺纹，以便拧装在共轨上）、通往油箱的回油管接头、柱塞和弹簧。外壳在通往共轨的连接端有一个小孔，一般情况下，此孔被外壳内部密封座面上的锥形活塞头部关闭。在标准工作压力（135 MPa）下，弹簧将活塞紧压在座面上。此时，共轨呈关闭状态，当共轨中的柴油压力超过规定的最大压力时，活塞在高压柴油压力的作用下压缩弹簧，高压柴油从共轨中经过通道流入活塞中央的孔，然后经集油管流回油箱。随着阀的开启，柴油从共轨中流出，共轨中的压力降低。

　　（4）流量限制器。流量限制器和高压油管相连，将高压柴油送入喷油器中。流量限制器也可使共轨内和高压管路内的压力波动减小，以稳定的压力将高压柴油供入喷油器。流量限制器还具有停断功能，若共轨流出的油量过多时，为了保护发动机，流量限制器可将柴油通路切断，停止供油，如图 7-1-18 所示。

　　流量限制器有一个金属外壳，外壳有外螺纹，以便拧在共轨上，另一端的外螺纹用来拧入喷油器的进油管。外壳两端有孔，以便与共轨或喷油器进油管建立液压联系。流量限制器内部有一个活塞，一根弹簧将此活塞向共轨方向压紧。活塞对外壳壁部密封，活塞上的纵向孔连接进油孔和出油孔。

　　流量限制器的工作原理：活塞处在静止位置，即靠在共轨端的限位体上。一次喷油后，喷油器端的压力略有下降，从而活塞向喷油器方向运动。活塞压出的容积补偿了喷油器喷出的容积。在喷油终了时，活塞停止运动，不关闭密封座面，弹簧将活塞压回到静止位置，柴油经节流孔流出。

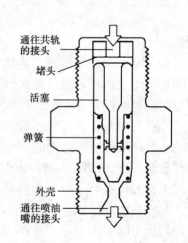

图 7-1-18  流量限制器

　　以上介绍的是博世公司的共轨组件的组成与结构。日本电装公司的共轨组件中，安装的是流动缓冲器和压力限制器，流动缓冲器的作用与博世公司的流量限制器相仿，其结构如图 7-1-19 所示。

　　日本电装公司的压力限制器与博世公司的压力限制阀作用相同，它不控制共轨压力，相当于一个安全阀。日本电装公司压力限制器的结构图如图 7-1-20 所示。

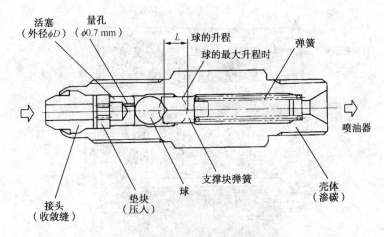

图 7-1-19 日本电装公司的流动缓冲器

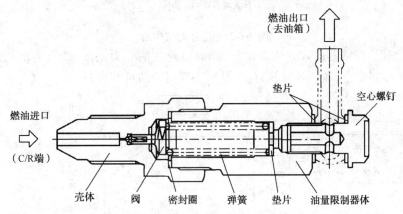

图 7-1-20 日本电装公司的压力限制器

# 七、电控单元

电控单元(ECU)是整个柴油机电控系统的"计算机与控制中心",多置于仪表板下方,以避免高热、湿气及振动之影响,但也有将其置于座椅下、发动机舱或行李舱等处的。

1. 功用

ECU 按照预先设计的程序计算各种传感器送来的信息,结合实时工况和外界条件,经过处理以后,并把各个参数限制在允许的电压电平上,再发送给各相关的执行机构,执行各种预定的控制功能,始终使发动机控制在最佳燃烧状态。

2. 组成及工作原理

ECU 通常设计成一个金属盒,将所有电路和芯片包含在内部,通过引出接头与传感器和执行器连接。ECU 内部有印制电路板,上面有各种集成电路芯片、电子元件、单片机等。

ECU 的构造如图 7-1-21 所示。它由微处理器芯片、定时器集成电路、输入接口芯片、输出接口芯片、输出驱动器、放大器芯片、存储器芯片、线束插座与外壳等所组成。

典型柴油机电控系统的结构原理图如图 7-1-22 所示,它主要是利用内部存储的软件(各种函数、算法程序、数据、表格)与硬件(各种信号采集处理电路、计算机系统、功率输出电路、

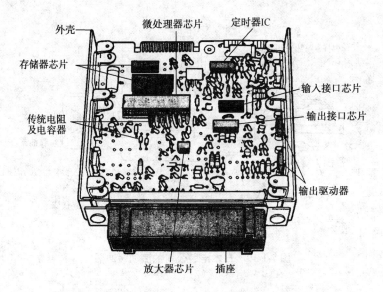

图 7-1-21 ECU 的结构图

通信电路),处理从传感器输入的诸多信号,同时以这些信号为基础,结合内部软件的其他信息制定出各种控制命令,送到各种执行器,从而实现对柴油机的控制。

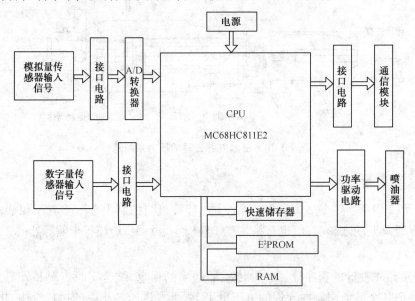

图 7-1-22 典型柴油机电控系统的结构原理图

ECU 要完成下列各项任务:

(1)处理输入信息,将所输入的信息转换为计算机所能接受的信号。

(2)存储输入信息,供计算机在合适的时刻使用。

(3)存储各种程序、数据、表格等。

(4)计算、处理各种信息,产生控制命令;实现和故障诊断工具通信,进行故障诊断。

(5)存储输出信息。

(6)处理输出信息。

(7)实现数据、信息的通信与交换。

(8)产生各种参考电压,通常为 5 V、3.3 V、9 V 及 12 V 等。

**3. ECU 的故障自诊断系统**

柴油机电控系统的 ECU 不但要有较高可靠性,而且要有一个良好的综合性的在线故障检测、报警、保护及停车系统,以便对于各元件或整个系统的故障能自动发现和识别,同时,根据故障的性质,限制柴油机的性能或使柴油机停机。

电控系统中插入了"故障—安全"集成块,它由"故障发现"和"故障识别"两个分块组成,如图 7-1-23 所示,同时,要在整个系统中增加若干重复的传感器信号,如柴油机转速信号,不仅用转速传感器感应,而且喷油提前角信号的脉冲频率可作为重复的转速信号;喷油量不仅用供油齿杆行程传感器来获得信号,如有必要也可将喷油器针阀开启时间长短所提供的信号由计算机计算出喷油量。这些重复的信号在"故障—安全"集成块中:一方面可作为识别故障用;另一方面又可直接推动执行器,以便一旦发生故障可保证安全。在计算机储存各种信号的正常范围,如果信号超出正常范围,计算机即可发现故障。此外,也可在执行器中装置位置指示器,通过它来检验执行器是否达到要求的位置,以判断故障。如果控制器检测到一个故障,它将在故障显示灯闪亮的同时,在串行线上输出数码以提醒操作者。

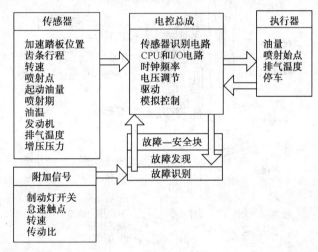

**图 7-1-23 ECU 的故障自诊断系统**

(1)计算机系统的故障自诊断工作原理。计算机系统一般不容易发生故障,但偶尔发生故障时会影响控制程序正常运行,使发动机不能正常工作。为此,在电控系统中设有监视回路,用来监视计算机的工作是否正常。在监视回路中设有监视计时器,用在正常情况下按时对计算机复位。当计算机系统发生故障时,控制程序不能正常巡回,这时如果监视计时器的定期清除不能按时使计算机复位,则计算机显示溢出,表明计算机系统发生故障并予以显示。

(2)传感器的故障自诊断工作原理。运转中的发动机如果电控系统的传感器出了故障,其输出信号就超出了规定范围。当水温传感器发生故障时,其向 ECU 输出的信号电压就会不正常。ECU 接收到的信号电压超出规定范围时,就判定某传感器有短路或断路故障。

(3)执行器的故障自诊断工作原理。执行器是在 ECU 不断发出各种指令情况下工作的。如果执行器出现了问题,监视回路把故障信息传输给 ECU,ECU 会做出故障显示、故障存储、并采取应急措施,确保发动机维持运行。

## 八、电控喷油器

**1. 功用**

根据 ECU 送来的电控信号,喷油器将共轨内的高压燃油以最佳的喷油正时、喷油量、喷油率喷入发动机燃烧室中。

**2. 日本电装公司高压共轨系统电控电磁阀喷油器**

日本电装公司开发的 ECD-U2 型高压电控共轨系统是为增压、中冷、中型以及重型柴油机设计的燃油供给系统。其喷油器中的高速电磁阀有两种结构:二位二通阀和二位三通阀。初期阶段,ECD-U2 系统中使用二位三通阀。但在使用中发现,由于二位三通阀的燃油泄漏问题严重,已经被废止。在新结构的 ECD-U2 系统中,均采用二位二通阀结构。二通阀的英文字母是 Two-Way Valve,简写为 TWV。图 7-1-24 是 ECD-U2 的结构图。结构上主要由三部分组成:二通阀部分、液压活塞部分及喷油嘴部分。

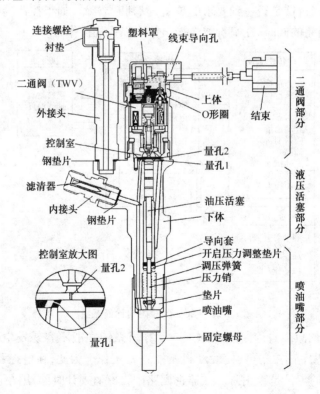

**图 7-1-24 ECD-U2 的结构图**

该电控电磁阀喷油器的工作原理如图 7-1-25 所示。喷油器控制喷油量和喷油正时,通过二位二通阀的开启和关闭进行控制。当二位二通阀开启时[图 7-1-25(a)],控制腔内的高压燃油经出油节流孔流入低压腔中,控制室中的燃油压力降低,但喷油嘴压力腔的燃油压力仍是高压。压力室中的高压使针阀开启,向气缸内喷射燃油。当二位二通阀关闭时[如图 7-1-25(b)所示],共轨高压油经控制室的进油节流孔流入控制室,控制室的燃油压力升高,使针阀下降,喷油结束。

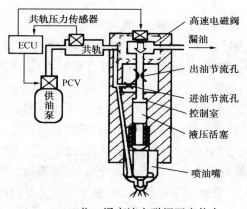

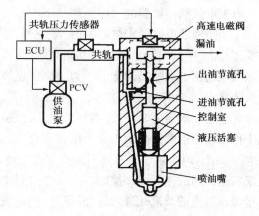

(a)二位二通高速电磁阀开启状态　　　　　(b)二位二通高速电磁阀关闭状态

图7-1-25　二位二通高速电磁阀控制的喷油器

二位二通阀的通电时刻确定了喷油始点,二位二通阀通电时间确定了喷油量。这些基本喷油参数都是由电子脉冲控制的。

液压活塞的作用是将控制室内的油压作用力传递到喷油嘴针阀上。二位二通阀通过控制喷油器控制室内的压力控制喷油的开始和喷油终止。节流孔既控制喷油嘴针阀的开启速度,也控制了喷油率形状。

3.博世公司共轨系统的电控电磁阀喷油器

(1)构造与工作原理。博世公司高压共轨系统电控电磁阀喷油器结构如图7-1-26所示。该喷油器主要由三个功能组件组成:孔式喷油器、液压伺服系统和电磁阀等。

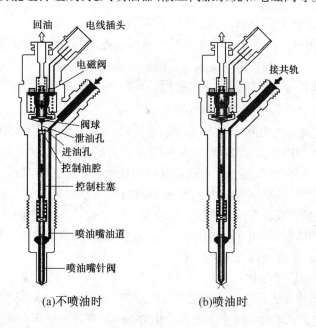

(a)不喷油时　　　　　　(b)喷油时

图7-1-26　电控喷油器的工作原理图

燃油从高压接头经进油通道送往喷油嘴,经进油孔送入控制油腔。控制油腔通过由电磁阀打开的回油节流孔与泄油孔连接。

电控电磁阀喷油器的工作原理如下：

①当喷油器电磁阀未被触发时,喷油器关闭,泄油孔也关闭,小弹簧将电枢的球阀压向回油节流孔上,在阀控制室内形成共轨高压,同样,在喷嘴腔内也形成共轨高压,共轨压力、控制柱塞端面的压力和喷嘴弹簧的压力与高压燃油作用在针阀锥面上的开启力相平衡,使针阀保持关闭状态,如图7-1-26(a)所示。

②当电磁阀通电时,打开回油节流孔,控制室内的压力下降,作用在控制活塞上的液压力低于作用在喷油嘴针阀承压面上的作用力,喷油嘴针阀立即开启,燃油通过喷油孔喷入燃烧室[图7-1-26(b)]。由于电磁阀不能直接产生迅速关闭针阀所需的力,因此,经过一个液力放大系统实现针阀的这种间接控制。在这个过程中,除喷入燃烧室的燃油量之外,还有附加的控制油量经控制室的节流孔进入回油通道。当电磁阀一旦断电不被触发,小弹簧力会使电磁阀电枢下压,阀球就将泄油孔关闭。泄油孔关闭后,燃油从进油孔进入阀控制室建立起油压,这个压力为共轨压力,这个共轨高压作用在控制柱塞端面上,共轨压力加上弹簧力大于喷嘴腔中的压力,使喷嘴针阀关闭。

(2)电控电磁阀喷油器的工作状态如下:

①喷油器关闭状态。电磁阀不通电,弹簧将球阀压紧在泄油孔座上,泄油孔被封闭;共轨油压进入喷油嘴油道,控制油腔油压加上弹簧力,力量大于针阀底端的压力,故控制柱塞向下,喷油嘴在关闭状态。

②喷油器打开——喷油开始状态。当电流送入电磁线圈,电磁力大于阀弹簧力,阀轴迅速上移,阀球打开泄油孔出口,几乎就在全开的瞬间,电流值降为保持所需电磁力。由于控制油腔压力降低,针阀下端油压高于控制柱塞上方油压,故针阀上移,喷油器打开,开始喷油作用。

③喷油器完全打开状态。针阀向上打开的速度取决于进油孔与泄油孔流速的差异。针阀升至最高点时,喷油嘴全开,此时的喷射压力与共轨内的压力几乎相同。

④喷油器关闭——喷油结束状态。当电磁阀断电时,阀球关闭泄油孔出口,控制柱塞再度下移,喷油嘴关闭。针阀关闭速度决定于进油节流孔的流量。

电控电磁阀喷油器的喷油量是由电磁阀持续打开的时间与喷射压力的大小来决定的。

**4. 博世公司共轨系统的电控压电式喷油器**

第二代共轨式电控柴油喷射系统使用的电磁式喷油器,使用电磁线圈来打开喷油器,将喷油压力提高到160 MPa。为了满足2008年欧V排放的需要,博世公司研制出压电式喷油器(喷油压力可达180 MPa)即第三代共轨式电控柴油喷射系统。直列压电式喷油器的优点是:①能够实现多次喷油,且喷油开始时刻和喷油间隔时间能够随发动机的工况进行柔性控制;②能够实现少量的预喷油;③压电式喷油器质量270 g,而电磁阀式的喷油器质量为490 g,因此压电式喷油器的体积小、质量轻;④噪声低;⑤燃油消耗可降低3%左右;⑥废气排放可降低20%左右;⑦发动机性能可提升7%左右。

(1)压电式喷油器的结构

压电式喷油器主要由压电执行模块、液压连接器、伺服控制阀及喷嘴模块等组成。如图7-1-27所示。与电磁阀喷油器系统相比,压电式喷油器消除了作用在喷嘴针阀上的机械力,有效降低了运动质量和摩擦,从而增强了喷油器的稳定性和动态性能。另外,压电式喷油系统能够在非常短的时间间隔里实现多次喷油(零液压)。为了满足发动机工况的要求,在一个喷油周期里可实现多达5次喷油。

伺服阀与喷嘴针阀连接,可以实现针阀对于控制阀操作的直接反应。开始通电与喷嘴针阀的液压反应之间的延迟约为150 μs。这样就能够解决对于喷嘴针阀的快速运动与严格的少量可重复喷油量的要求之间的矛盾。

由于上述原因,压电喷油器也含有从高压部分通往低压部分细小的渗漏点,这样能提高整个系统的液压效率。

（2）工作原理

①共轨喷油系统中二位三通伺服阀的工作原理

压电式喷油器的喷嘴针阀是由一个伺服阀间接控制,于是所需的喷油量便由伺服阀的触发时间来控制。当伺服阀没有被触发时,执行器处于起始位置,伺服阀处于关闭状态,如图7-1-28(a)所示,此时高压部分与低压部分是相互断开的。

喷嘴在控制腔内的油轨压力作用下处于关闭状态,当压电执行器通电时,伺服控制阀开启并将旁通通道关闭,控制体中的燃油经伺服阀流入整个系统的低压环路,如图7-1-28（b）所示。出油节流口和进油节流口之间的流量比使控制腔内的压力降低,喷嘴针阀开启,开始喷油。

当压电执行器断电,伺服阀将旁通通道打开时,关闭过程开始。高压油通过进油节流口、出油节流口同时流向控制腔,控制腔内的油压开始升高。当控制腔内的油压升高到一定值时,喷嘴针阀开始向下移动,关闭喷嘴,喷油过程结束。

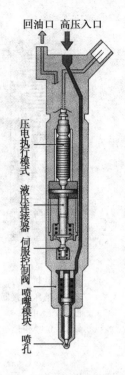

图 7-1-27　压电式喷油器的构造

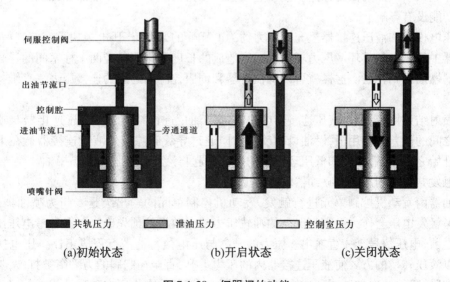

(a)初始状态　　　　(b)开启状态　　　　(c)关闭状态

图 7-1-28　伺服阀的功能

②液压连接器的工作原理

压电式喷油器中的另一个重要部件是液压连接器,如图7-1-29所示,它具有以下功能:

a. 传递和放大压电模快的行程。

b. 平衡压电模块和伺服控制阀之间间隙的变化(例如热胀冷缩引起)。

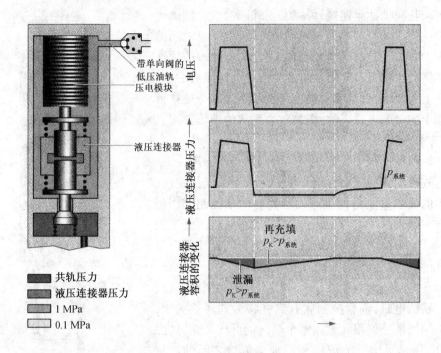

带单向阀的
低压油轨
压电模块

液压连接器

$p_{系统}$

再充填
$p_K > p_{系统}$

泄漏
$p_K > p_{系统}$

电压

液压连接器压力

液压连接器容积的变化

共轨压力
液压连接器压力
1 MPa
0.1 MPa

**图 7-1-29　液压连接器的功能**

c. 失效时的安全保护作用(如果电子分离失效,能够安全地自动终止喷油)。

进行燃油喷射时,需要向执行器加载一个 110 ~ 150 V 电压,来打破压电模块与伺服控制阀之间力的平衡。这就使液压连接器内的压力升高,少量的渗漏燃油经柱塞的导轨间隙从液压连接器流入喷油器的低压环路。液压连接器内压力的降低对于喷油器在几毫秒喷油的持续期内的功能没有影响。

在压电模块和液压连接器里充满压力约为 1 MPa 的柴油,当压电模块没有控制信号时,液压连接器中的压力与其环境压力相同。温度造成的长度变化使流经两个柱塞间的导轨间隙的少量渗漏燃油得到补偿。这样就可以将执行器和伺服控制阀之间的连接压力一直维持在恒定状态。

在喷射结束期,需要对液压连接器内失去的燃油量进行补充。在液压连接器与喷油器低压环路之间的压差的作用下,燃油以相反的方向通过导管间隙流入液压连接器。在下一个喷射循环开始之前,导管间隙和低压环路中的燃油一起将液压连接器内充满燃油。

③触发共轨直列压电式喷油器的控制原理

喷油器由发动机控制单元进行触发,发动机控制单元的输出级是专门为喷油器设计的。一个参考触发电压会作为设定工况点的油轨压力的函数而被预先确定。在参考电压出现微小的偏差之前,电压信号会一直输出。压力的升高与压电执行器的行程成正比。压电执行器的移动会以液压转换的方式使液压连接器内的压力上升,直至控制阀的力平衡被打破,然后控制阀开启,开始喷油。在控制阀到达终点位置的同时,控制腔内作用在喷嘴针阀上的压力开始下降,然后喷射结束。

## 九、传感器

传感器的作用是将发动机及工程机械的多种工作状况,以模拟或数字电压信号形式传送给计算机,大多数的数据通常是以模拟方式输出,如图7-1-30所示。

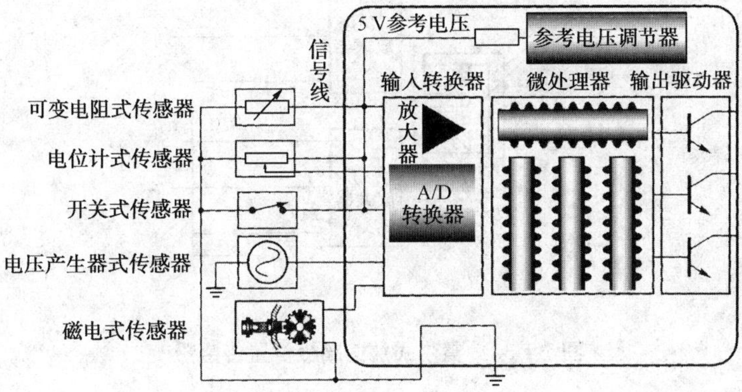

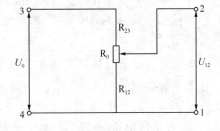

图7-1-30 传感器的工作原理图

电控柴油机上的传感器按其工作原理的不同可分为:温度传感器,压力传感器,转速、转角和气缸识别传感器,空气流量计等。按其作用形式不同可分为:主动式传感器、被动式传感器。主动式传感器的特点是传感器本身可产生电压信号给计算机;被动式传感器的特点是传感器本身无法产生电压信号,是由计算机提供通常是5 V的参考电压,此电压因传感器内部电阻变化(或压力变化)而改变输出值。有一些传感器与汽油机电控系统传感器的结构、原理基本相同,下面介绍几种特殊传感器。

1. 加速踏板位置传感器

加速踏板位置的大小反映了柴油机负荷的大小,柴油机在转速一定时,进气量基本不变。而喷油量随负荷的大小而变化,负荷增大,喷油量就增大,加速踏板位置传感器在电控柴油机中是非常重要的传感器。加速踏板位置传感器分为电位器式和霍尔式两种。

(1)电位器式加速踏板位置传感器。电位器式加速踏板位置传感器基本工作原理就是可变电阻器的工作原理,如图7-1-31所示。它是由一个电阻体和一个转动或滑动系统组成。当电阻体的两个固定触点之间外加一个电压$U_0$时,通过转动或滑动系统改变动触点在电阻体上的位置,在动触点与任何一个固定触点之间,便可以得到一个与动触点位置成一定关系的电压。

(2)非接触式(霍尔式)加速踏板位置传感器。常用的一种非接触式加速踏板角度位置传感器是利用霍尔元件制成的,如图7-1-32所示。与加速踏板联动的轴上装有磁铁。当轴旋转时,改变了轴与霍尔元件之间的相对位置,从而改变了作用在霍尔元件上的磁场强度,结果使霍尔元件上的输出电压也发生变化。测量此电压就可测得加速踏板的角位移。

图7-1-31 可变电阻器

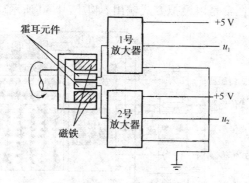

图 7-1-32　霍尔式加速踏板位置传感器

**2. 位移传感器**

位移传感器在汽油机电控系统中很少见到,但在柴油机电控系统中应用非常广泛。目前,柴油机电控技术中常用的位移传感器,主要是电感式位移传感器。一般电感式位移传感器又可分为变磁阻式、差动变压器式和电涡流式三种。这里主要介绍差动变压器式位移传感器。

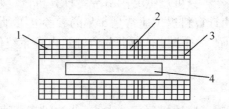

图 7-1-33　差动变压器式电感位移传感器
1、3—二次线圈;2—一次线圈;4—衔铁

差动变压器式电感位移传感器的结构和工作原理与一个变压器类似,只不过它的铁芯是可以移动的,使在二次线圈上感应的电压随铁芯的位移成线性增加,其典型结构如图 7-1-33 所示。它是由一次线圈、二次线圈、衔铁和线圈骨架组成。一次线圈接上激励电流,相当于变压器的一次侧,而二次线圈由两个结构和参数完全相同的线圈反相串联而成,即接成差动式,相当于变压器的二次侧。喷油器针阀升程传感器就是运用此原理。

在各种传感器中,磁电式传感器、霍尔效应传感器(曲轴位置传感器、凸轮轴位置传感器)、氧传感器等属于主动传感器;可变电阻式传感器、电位计式传感器、压力式传感器等属于被动传感器。

**3. 日本电装公司曲轴转角传感器和气缸判别传感器**

日本电装公司的 ECD-U2 系统中采用曲轴转角传感器和气缸判别传感器。在飞轮上每 7.5°设置了一个信息孔,但总共缺少三个孔。也就是说,在飞轮圆周上共有 45 个孔。发动机每转两转,将会产生 90 个脉冲信息。曲轴转角传感器接受到信息后,通过传感器线圈的磁力线发生变化,在线圈内产生交流电压。根据这些信息,可以检出发动机的转速和 7.5°的曲轴转角间隔。

与曲轴转角传感器相似,气缸判别传感器也是利用通过线圈的磁力线变化产生交流电压的特性制成的。在供油泵凸轮轴中间设置了一个圆盘状的齿轮,且每 120°缺一个齿(凹形切槽),但在某一处多了一个齿。因此,发动机每转两转则发出 7 个脉冲信息。如图 7-1-34 所示的发动机辅助脉冲信号,图7-1-34中多出的齿对应的信号即第一缸基准脉冲信号。

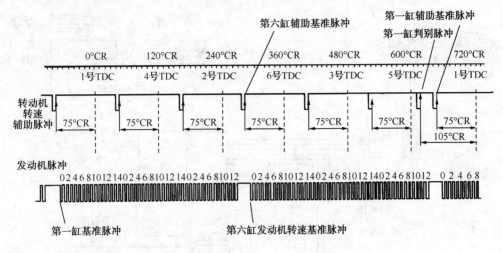

图7-1-34　日本电装公司气缸判别传感器

根据曲轴转角传感器和气缸判别传感器的信息,可以判断出第一缸为基准脉冲。

4. 博世公司曲轴转速传感器

博世公司的曲轴转速传感器采用的是电磁式曲轴转速传感器,如图7-1-35所示。

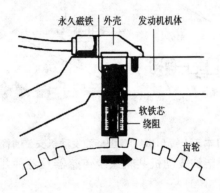

7-1-35　博世公司电磁式曲轴转速传感器

在曲轴上装一个铁磁式传感轮,传感轮上有 $60-2=58$ 个齿。除去两个齿,留下的大齿隙相应于第一缸中的活塞位置。

曲轴转速传感器按齿序对传感齿轮扫描,它由永久磁铁和带铜绕组的软铁芯组成。

由于齿和齿隙交替地越过传感器,其内的磁流发生变化,感应出一个正弦交变电压。交变电压的振幅随转速的上升而增大,从 50 r/min 的最低转速起就有足够的振幅。

以四缸发动机为例,在四缸发动机中发火间隔为 $180°$,也就是说,曲轴转速传感器在两次发火间隔之间扫描 30 个齿。由此扫描时间内的平均曲轴转数可以求出转速。

5. 柴油发动机运行状况传感器及安装位置(日本五十铃 6HK1-TC 型柴油发动机)

发动机运行状况传感器是对反映发动机运行状况的一些参数进行检测,这些运行参数包括:发动机曲轴位置及转速、发动机的热状态、进气温度、车速和发动机是否处于起动状态等,

图 7-1-36 是日本五十铃 6HK1-TC 型柴油发动机安装的 ECD-U2 共轨系统传感器布置图。

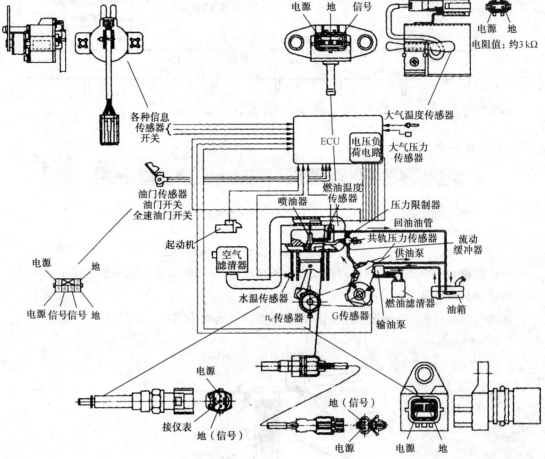

图 7-1-36　日本五十铃 6HK1-TC 型柴油发动机安装的传感器布置图

日本五十铃 6HK1-TC 型柴油发动机共轨系统传感器及各种开关的安装位置及检测内容，如表 7-1-4 所示。

表 7-1-4　日本五十铃 6HK1-TC 型柴油发动机共轨系统传感器及各种开关的安装位置及检测内容

| 序号 | 传感器名称 | 传感器安装位置 | 检测内容(作用) |
|---|---|---|---|
| 1 | 发动机转速传感器 | 在飞轮壳上 | 曲轴转速 |
| 2 | 供油泵转速传感器 | 在供油泵上 | 识别气缸处于上止点（采集凸轮轴位置信息） |
| 3 | 油门传感器 | 在加速踏板上 | 负荷 |
| 4 | 增压压力传感器 | 在进气管上 | 增压压力 |
| 5 | 水温传感器 | 在气缸体左前方上部 | 冷却水温 |
| 6 | 柴油温度传感器 | 在气缸上靠近柴油滤器 | 柴油温度 |
| 7 | 大气温度传感器 | 在发动机前部 | 大气温度 |

（续表）

| 序号 | 传感器名称 | 传感器安装位置 | 检测内容（作用） |
|---|---|---|---|
| 8 | 速度传感器 | 在变速器上 | 车速 |
| 9 | 大气压力传感器 | 在 ECU 内 | 大气压力 |
| 10 | 油门开关 | 在加速踏板上 | 加速踏板的怠速位置 |
| 11 | 诊断开关 | 在检查盒内 | 故障诊断 |
| 12 | 内存清除开关 | 在检查盒内 | 消除故障代码 |
| 13 | 指示面板 | 在驾驶室内 | 仪表、故障代码显示 |

# 十、康明斯柴油机电路检修注意事项

**1. 检修工具仪器要求**

康明斯共轨柴油机电控系统的检修必须使用原始设备制造商 OEM（Original Equipment Manufacturer）提供的数字式万用表（工具号为 3377161）；必须使用 OEM 提供的导线维修工具包（工具号为 3164027），工具包中包括各种连接器、触针、密封件、端子、测试导线以及用于维修连接器的其他工具。

**2. 导线的导通性检查**

导通性是指两触针之间电阻小于一定数，其电阻应小于 10 Ω。检查步骤是：

（1）将钥匙转到"OFF"位置。

（2）拆下待测的线束连接器。

（3）将两支表笔分别接触待测导线的触针。

（4）对于导通的导线，电阻应小于 10 Ω。

（5）如果电阻大于 10 Ω，必须维修该导线或更换该导线。

**3. 元件导通性检查**

在万用表上选择导通性测试挡，一般用二极管符号标志。在检查时，断开待测电路或部件的两端。将一支表笔接触电路一端或部件一个端子，将另一支表笔接触电路另一端或部件的另一端子。读取测量值，如果电阻小于 150 Ω，万用表将发出蜂鸣声，表明导通；如果电路开路，万用表将不发出蜂鸣声。

**4. 短路接地检查**

短路接地是一种不应该接地（搭铁）而实际接地的情况。短路接地检查步骤是：

（1）将钥匙开关转到"OFF"位置。

（2）拔下待测的连接器。在测试传感器时，从线束连接器上拆下传感器；在测试 ECM 上的线束连接器时，拆下传感器或多个传感器上的线束连接器。

（3）用万用表的一支表笔接触待测触针，另一支表笔搭铁。

（4）万用表读数必须大于 100 kΩ，说明该电路为开路，不存在短路。

（5）如果该电路不是开路，电阻值小于 100 kΩ，说明被检查的导线一定是对地或对发动机机体短路。

(6)修理或更换部件或导线。

**5.触针与触针之间是否短路检查**

触针与触针之间短路是指两触针之间不应该存在通路,而实际上存在通路的情况。检查步骤是:

(1)将钥匙转到"OFF"位置,拆下需要测试的连接器,如果触针与其他传感器或装置形成电路,需要拆下该传感器或装置。

(2)用万用表的一支表笔接触连接器线束侧正确的待测触针,另一支表笔接触连接器线束侧的所有其他触针。

(3)万用表读数必须大于100 kΩ,说明该电路为开路;如果该电路不是开路,电阻值小于100 kΩ,所检查的触针之间一定存在短路情况。

(4)检查线束连接器内是否有湿气,因为湿气会引起短路。

(5)维修或更换线束。

# 📍任务实施:

# 一、任务要求

了解电控发动机的新技术;熟悉发动机电控喷射系统的特点;掌握发动机电控喷射系统的组成、结构与功能;掌握高压燃油泵、喷油器的结构与工作原理;掌握电控共轨系统的组成及控制原理、各传感器和执行元件的作用及工作原理;能对通信信号进行检测;能对各类传感器进行检测;能对油泵执行器和喷嘴电磁阀进行检测。

# 二、实施步骤

电子控制系统的检修与维护。

## (一)电控系统检修的注意事项

(1)注意检查搭铁线的状况,其电阻值应小于10 Ω(应参考检测线路的复杂程度)。

(2)除在测试过程中特殊指明外,不得用测试灯去测试任何和ECU相连接的电器装置,以防止电路元器件损坏。

(3)电控电路应采用高阻抗数字式万用表检查。在拆卸或安装电感性传感器时应将点火开关断开(OFF),或断开蓄电池的负极接线,以防止其自感电动势损伤ECU和产生新的故障。

(4)由于工作环境恶劣和磨损等原因,在电控系统中,各种传感器如氧传感器、水温传感器和压力传感器的损坏率较高,应引起高度重视。

(5)柴油机电控系统中,故障多的不是ECU、传感器和执行部件,而是连接器。连接器常会因松旷、脱焊、烧蚀、锈蚀和脏污而接触不良或瞬时短路。因此当出现故障时不要轻易地更换电子器件,而应首先检查连接器的状况。

(6)电控柴油机检查的基本内容仍是油路、电路和密封性(特别是进气系统的密封性)的检验,故障码反映的是电控系统的故障及其对工作有影响的部件的故障,所以原因分析和有关的实际参数是判断故障的依据。

（7）ECU有记忆功能，但ECU的电源电路一旦被切断（如拆下蓄电池）后，它在发动机运行过程中存储的数据会消失，在检查故障之前不要断开蓄电池。

（8）在点火开关接通的情况下，不要进行断开任何电器设备的操作，以免电路中产生的感应电动势损坏电子元件。当断开蓄电池时必须关闭点火开关，如果在点火开关接通的状态下断开蓄电池连接，电路中的自感电动势会对电子元器件有击穿的危险。自诊时应记下故障代码后再断开蓄电池；否则故障码将消失。

（9）水温传感器长期使用后，性能会发生变化，使水温信号发生错误，会对燃油喷射、喷油时间及喷油泵的工作等造成不良影响。因此，当发动机工作不正常（例如不能起动、怠速不稳、油耗增加等），而故障自诊断系统又未指示水温传感器故障码时，不要忽略对水温传感器的检查。

### （二）传感器的检修

1. 水温、进气温度传感器的检修

检测工具：数字万用表

水温控制电路的检测方法：

（1）关闭点火开关，拔下水温传感器的线束插头。

（2）打开点火开关，用数字万用表分别测量水温传感器线束插头各端子检查。

①使用万用表检测插头上THW、THA端子与$E_2$之间的电压，应为5 V，如图7-1-37所示。如电压值不符，说明控制电路或ECU有故障，应进一步检测。

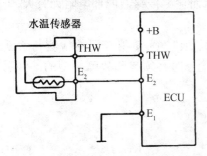
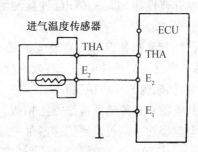

图7-1-37　水温与进气温度传感器电路图

②测量水温传感器搭铁端子与蓄电池负极间的电阻，应为0 Ω。如有异常，应检修搭铁线路，也可插回插头，起动发动机，检测传感器THW、THA端子与$E_2$之间在不同温度下的电压，检测值应在0.5～4 V之间变化，温度越低而电压越高；温度越高而电压越低。当柴油机冷却液温度低时，则怠速转速必须增加，喷射时间增加和着火正时提前，以改善预热性。

水温传感器性能的检测方法：

（1）拔下水温传感器线束插头，拆下水温传感器，先清洁表面水垢和异物。

（2）将水温传感器置于烧杯的水中，加热杯中的水，同时测量在不同温度下水温传感器两接线端之间的电阻。

（3）将测得的电阻值与标准值相比较。如果不符合标准，应更换温度传感器。

各种温度传感器的检测方法基本相同。

2. 加速踏板位置传感器的检修

霍尔式传感器常见故障有：

①传感器内部元件损坏或内部线路断路、短路,无法产生信号。

②传感器电源电路、搭铁电路或信号电路不正常。

③传感器的安装位置不正确,与转子之间的间隙过大,导致输出信号不正常。

检修方法:

(1)霍尔式传感器的外观检查

安装是否牢固,线束插头是否连接良好,牢固可靠。其霍尔元件或磁铁与转子的距离是否符合标准要求,两者之间有无污物或铁屑,如有污物应清洁干净。

(2)霍尔式传感器控制电路的测量

①关闭点火开关,拔下传感器的线束插头。

②打开点火开关,用数字万用表分别测量传感器线束插头各端子。

首先,测量传感器电源端子,应为蓄电池电压(或 5 V 基准信号电压)。如电压与标准值不符,说明有故障,应进一步检测电源线路。

其次,测量传感器搭铁电路,其与蓄电池负极间的电阻应为 0 Ω。如有异常应检修搭铁线路。

最后,测量信号端子的电压,应为 5 V,如有异常,应检测该端子与 ECU 之间的连接线路是否正常,ECU 本身有无故障。

检测工具:数字式万用表。

经验检测方法:

检查连接器 ECU 一侧电压(检测值为 45 mV 左右),而检测传感器内部电阻无穷大,工作正常。

(注:如果机械设备动力装配的是多路信息传输系统,则必须使用专门的检测与诊断仪器,结合电路图分析才能进行有效的故障诊断和排除。检修时必须参阅故障机型的维修手册和检测、诊断仪的应用说明)

其他霍尔式传感器检修方法相似。

电阻型加速踏板位置传感器常见故障有:

①传感器中的电位器或怠速开关断路或短路。

②有怠速开关的供油位置传感器调整不当,使怠速开关在怠速时没有闭合。

③传感器中电阻型电位器的滑动触点接触不良,其输出信号有间歇中断现象。

加速踏板位置传感器控制电路的检测方法:

(1)关闭点火开关,拔下传感器的线束插头。

(2)打开点火开关,用数字万用表分别测量传感器线束插头各端子。

①测量传感器电源端子的电压,应为 5 V。如电压值不符,说明控制电路或 ECU 有故障,应进一步检测。

②测量传感器搭铁端子,其与蓄电池负极间的电阻应为 0 Ω。如有异常,应检修搭铁线路。

可变电阻型加速踏板位置传感器电阻的检测:

①拔去传感器的线束插头。

②用万用表测量其电位器的总电阻。如有断路、短路或阻值不符合标准,说明传感器有故障。

③测量电位器滑动触点与搭铁端的电阻,该电阻应能随油门的开启或关闭而平滑地变化;否则传感器有故障。

可变电阻型加速踏板位置传感器性能的检测方法:

①打开点火开关,不要起动发动机。

②让加速踏板处于不同开度,同时用电压表在传感器信号输出导线上测量其信号电压的变化,该电压值应随加速踏板开度的增大而增大。测量中不能拆开线束插头。将不同开度下检测到的信号值与标准比较,如不相符,应更换传感器。

3. 磁感应式曲轴位置传感器的检修

(1)外观检查气隙:检查磁性、污染物,其气隙大小一般为 0.2～0.5 mm,如超过 1.0 mm,应予调整。

(2)电磁线圈电阻的测量,检测内部电阻值一般为 150～1 000 Ω,具体标准需要查阅故障机型的维修手册。

(3)输出信号的测量方法:

①直流电压表挡检测其输出电压,起动时电压应高于 0.1 V,运转时电压应一般为 0.1～0.8 V。

②检测其工作频率。

③用示波器检测输出信号的波形。

其他电磁感应式传感器检修方法相似。

4. 宽域空燃比传感器的检查

方法一:采用解码器和废气分析仪相配合检测。

①将解码器与电控柴油机电脑连接。

②运转电控柴油机至正常工作温度,在读取解码器上显示的空燃比信号参数的同时,用废气分析仪检测发动机的排气。

③通过人为的手段使混合气变浓或变稀,将解码器显示的空燃比数值与废气分析仪的检测结果比较,如果两个检测结果不匹配,说明传感器或控制系统有故障,需要做进一步的检查。

方法二:用万用表和示波器来检测。

①检测加热器电路。加热器电路有两条,一条与蓄电池电源连接,另一条与电控单元连接,参考接地。打开点火开关后,测量加热器上电源电压。在运转柴油机时,用电压表测量加热器控制线路,应有脉冲电压信号。

②分开传感器线束接头。用万用表检查泵氧元件输出和输入线路之间的修正电阻,其电阻值一般在 30～300 Ω 之间。

③把传感器的接头插上,用万用表检查参考接地端电压,检测值在 2.4～2.7 V 之间。

④分别检查泵氧元件和电池元件信号。用一个双通道示波器将示波器的地线与传感器的参考接地端连接,将一个通道接电池元件的电压差信号线,另一个通道连接泵氧单元的输入泵电流线。电池单元的信号电压应该一直保持在 0.45 V。输入泵电流线上的电压会以 0.5～0.6 V 的幅度波动,在混合气从最浓变为稀时会产生一个大于 1.0 V 的电压变化。

如检测结果与上述不符,说明传感器或其控制电路有故障,应更换传感器或检修控制电路。

### （三）执行器电磁阀的检修

在电控柴油喷射系统执行器中，无论是停油电磁阀、油量控制供油高压电磁阀、正时控制电磁阀、油量调节电磁阀、调压阀的电磁线圈，还是电子控制喷油器的电磁阀，其工作原理都是线圈通电后，吸引铁芯移动进行开启和关闭动作。

检修时应特别区分是开关式还是脉冲式电磁阀。

**1. 开关式电磁阀的检修**

（1）作用

开启或关闭油路，根据 ECU 的指令信号使换挡电磁阀接通或关闭，控制油路通断工作，如果电磁阀电路接通，油路打开；如果电磁阀电路断开，油路关闭。

（2）检查方法

①使用万用表测量电磁线圈的电阻，如图 7-1-38（c）所示，电阻值参照故障机型维修手册。如果电磁阀线圈短路、断路或电阻值不符合技术标准值，则应更换电磁阀。

②将 24 V（大型工程机械柴油机使用电源）电源加到电磁线圈上，如图 7-1-38（d）所示，此时应听到电磁阀线圈工作的"喀哒"声；否则应更换电磁阀。

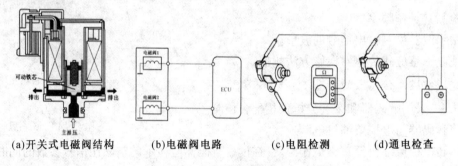

(a)开关式电磁阀结构    (b)电磁阀电路    (c)电阻检测    (d)通电检查

图 7-1-38    电磁阀结构与电路的检查示意图

③如需要检修，则应拆卸故障执行器的电磁阀。

④如图 7-1-39 所示，将压缩空气（0.49 MPa）吹入电磁阀进油口中。

⑤当电磁阀线圈不通电时，进油口和泄油口应不通气，通电后，进油口和泄油口应相通；否则说明电磁阀损坏，应予更换。

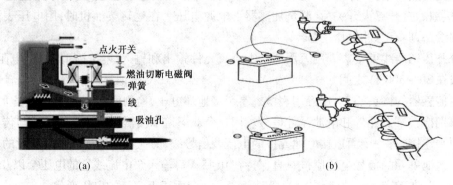

(a)    (b)

图 7-1-39    电磁阀的检查

2.脉冲式电磁阀的检修

（1）功用

通常用来控制油路中的油压。当电磁线圈通电时,电磁力使阀芯或滑阀开启,液压油经泄油孔排出,油路压力随之下降。当电磁线圈断电时,阀芯或滑阀在弹簧弹力的作用下将泄油孔关闭,使油路压力上升。

（2）与开关式电磁阀区别

不同之处在于控制它的电信号不是恒定不变的电压信号,而是一个固定频率的脉冲电信号。电磁阀在脉冲电信号的作用下不断反复地开启和关闭泄油孔,ECU 通过改变每个脉冲周期内电流接通和断开的时间比率(称为占空比,变化范围为 0% ~ 100%),改变电磁阀开启和关闭时间的比率,来控制油路的压力。占空比越大,经电磁阀泄出的液压油越多,油路压力就越低;反之,占空比越小,油路压力就越大 。

（3）检修方法

①使用万用表测量电磁线圈的电阻,电阻值参照故障机型维修手册。如果电磁阀线圈短路、断路或电阻值不符合技术标准值,则应更换电磁阀。

②如图 7-1-40 所示,将 24 V 电源串联一个 8 ~ 10 W 的灯,与电磁阀线圈连接。切记不可直接与 24 V 电源连接;否则会烧毁电磁阀。

③通电时,电磁阀阀芯向外伸出,断电时电磁阀芯向内缩入。如有异常,说明电磁阀损坏,应予更换。

④可以使用可调电源进行检测。

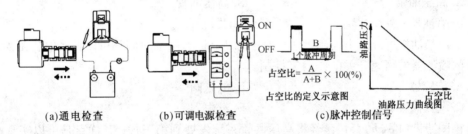

$$占空比 = \frac{A}{A+B} \times 100(\%)$$

(a)通电检查　　　(b)可调电源检查　　　(c)脉冲控制信号

图 7-1-40 脉冲式电磁阀的检查

3.喷油器校正电阻的检查

喷油器校正电阻的检查方法如图 7-1-41 所示。如果给予相同的喷射时间间隔,由于机械的差异仍会引起一个喷油器与其他喷油器的喷油量发生变化。为启动 ECU 校正这些差异,有些电控柴油机的每个喷油器都配有一个校正电阻,为 ECU 提供从每个喷油器收到的工作信息,由 ECU 校正喷油器之间的喷油量差异。提供这些校正电阻信息的目的主要是启动 ECU 对喷油器喷油量差别的识别,但不与喷油器电路连接。

检查时采用数字万用表检测校正电阻的阻值,如果检测结果不在参照电阻值的变化范围(校正标准电阻值请查阅故障机型维修手册),则应予以检修或更换喷油器总成。

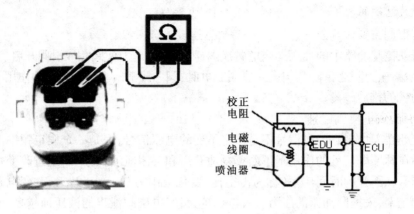

图 7-1-41　喷油器校正电阻的检查

🎯 知识检测：

# 一、选 择 题

1. 柴油机电控共轨喷油系统将喷油量和喷油时间的控制融为一体,使燃油的升压机构独立,具有可独立控制压力的部件(　　)。

A. 高压油泵　　　　　　　　　　　　B. 高压油管

C. 喷油器　　　　　　　　　　　　　D. 共轨

2. 电控柴油机可以自由控制燃油喷射压力,喷油量、喷油时间等可以直接由装在各气缸上的喷油器的高速开关(　　)来控制。

A. 传感器　　　　　　　　　　　　　B. 电磁阀

C. 电控阀　　　　　　　　　　　　　D. 继电器

3. 德国博世(Bosch)公司已经将高压共轨系统发展到第三代,其优点是可以实现高压喷射,最高压力达到(　　)MPa。

A. 5　　　　　　　　　　　　　　　B. 10

C. 20　　　　　　　　　　　　　　　D. 50

4. ECD-2 高压共轨喷油系统主要由高压输油泵、(　　)、喷油器、控制单元(ECU)、传感器等组成。

A. 共轨油道　　　　　　　　　　　　B. 高压油管

C. 高压喷油泵　　　　　　　　　　　D. 供油拉杆

5. 电控系统要求电磁阀具有快速响应能力、工作精确性、重复性、可靠性以及良好的沟通能力。其中,响应特性是最重要的,一般要求响应时间仅为几个(　　)。

A. 微秒　　　　　　　　　　　　　　B. 毫秒

C. 秒　　　　　　　　　　　　　　　D. 十秒

6. 在高压共轨系统进行(　　)喷射,可使喷油规律得到优化。

A. 高压　　　　　　　　　　　　　　B. 多次

C. 单次　　　　　　　　　　D. 快速

7. 怠速控制主要包括怠速(　　)控制和怠速时各缸均匀性控制。

　A. 压力　　　　　　　　　　B. 转速

　C. 功率　　　　　　　　　　D. 温度

8. 柴油机的排放控制主要是对废气(　　)(EGR)控制。

　A. 再循环阀　　　　　　　　B. 限压阀

　C. 空气滤清器　　　　　　　D. 排气压力

9. 驾驶员踩下油门的深度,即油门踏板开启角度或油门信号,是通过一个(　　)来提供的。

　A. 继电器　　　　　　　　　B. 压力传感器

　C. 流量传感器　　　　　　　D. 电位计

10. 在电控系统中(　　)也被用作输出设备,用于实现小电流对大电流的控制,或者一个电路对多个电路的控制。

　A. 电磁阀　　　　　　　　　B. 继电器

　C. 传感器　　　　　　　　　D. 开关

11. 电控单元 ECM 根据柴油机转速和负荷信号,按(　　)控制 EGR 阀开度,改善尾气排放,以使柴油机排放达欧Ⅲ或Ⅳ标准。

　A. 内存程序　　　　　　　　B. 控制手柄

　C. 设定功率　　　　　　　　D. 油门开关

12. 电控柴油机的电控单元能根据各种(　　)信号精确计算喷油量和喷油正时,从而可以提高柴油机的动力性和经济性。

　A. 传感器　　　　　　　　　B. 解码器

　C. 电流　　　　　　　　　　D. 电压

13. 高压共轨技术的出现使燃油系统具有更高的喷射压力和更加(　　)。

　A. 准确的喷射位置　　　　　B. 雾化的喷油方式

　C. 精确的喷射压力　　　　　D. 灵活的喷油方式

## 二、判断题

1. 柴油机电控技术的核心是电控进、排气系统,是柴油机的心脏。(　　)

2. ECD-U2 高压共轨喷油系统通过油泵控制阀(PCV)调节高压供油泵的泄油量来控制共轨油道中的燃油压力。(　　)

3. 美国 BKM 公司的 Servojet 柴油机的最高喷射压力、喷油量、喷油速率均受共轨油压控制。(　　)

4. 采用柴油机电控系统,无论负荷怎样增减,都能保证发动机怠速工况下以最低的转速稳定运转,有利于提高经济性。(　　)

5. 电控柴油机的电控单元能根据各种传感器信号精确计算喷油量和喷油正时,从而可以提高柴油机的动力性和经济性。(　　)

6. 电控柴油机只要改变电控单元 ECM 的控制程序和数据,即可以对电控单元重新进行标定,一种喷油泵就能广泛地应用在各种类型柴油机上。(　　)

7. 目前,电控单体泵系统和高压共轨系统的最高喷射压力已达 10 MPa, 大负荷时柴油机的烟度可大幅度降低。(　　)

8. 喷油压力越大、喷油能量越高、喷雾越细、混合气形成和燃烧越完全, 柴油机的排放性能和动力性、经济性都会得到进一步改善。(　　)

9. 调速器形式的转换可在零油量任一位置的时候进行。(　　)

10. 虽然电控柴油机燃油系统具有多样性, 但不同型号的发动机使用同型号的 ECM。
(　　)

### 三、简答题

1. 目前柴油机有哪些新技术?

2. 电控柴油喷射系统有何优点?

3. 简述时间控制式电控柴油喷射系统类型。

4. 简述电控共轨柴油喷射系统特点。

# 任务二　电子控制共轨系统的故障诊断

## 任务描述:

当电控柴油机,尤其是高压共轨燃油系统出现各类电气和电气元件故障时,主要通过使用解码器和故障诊断软件,从发动机控制器的电子控制系统调取故障代码,读取故障内容,按照技术手册的故障诊断过程,进行故障分析、测试与排除工作。通过任务的学习,使学生能初步正确使用电控共轨柴油发动机检测、维修专用工具,并能使用诊断软件读取故障代码,并进行常见故障诊断,确定处理方案,并填写任务报告书。

## 相关知识:

### 康明斯 ISBe 高压共轨柴油机故障诊断软件

1. INSITE 软件

电子技术的发展增强了发动机与机械之间的联系,能够帮助使用者方便、高效、出色地完成工作。为了满足要求日益严格的排放法规、服务于用户,基于 Windows 操作系统的发动机监控、诊断软件——INSITE 为 PC 机提供了与 ECM 接口的一个操作平台,为用户提供了友好的界面和极大的自由度。

INSITE 是一种作用于康明斯电子控制模块(Engine Control Module,简称 ECM)的 Windows 软件应用程序,它能诊断并解决发动机故障,存储并分析发动机历史信息和修改发动机运行参数。INSITE 软件专业版还允许 ECM 下载标定。

在 IBM 兼容的笔记本计算机上使用 INSITE,通过 INSITE、INSITE Ⅰ 或 INSITE Ⅱ 等数据

通信适配器组件与 ECM 连接。

2. INSITE 的主要功能

康明斯拥有众多的电控发动机,所有的电控发动机均由电子控制模块(Electronic Control Module ,简称 ECM)实时监测、控制。INSITE 软件为 PC 机提供了与 ECM 接口的一个操作平台,界面简洁,功能强大。

其主要功能包括:

(1)诊断、排除发动机故障。

(2)储存、分析有关发动机的历史记录。

(3)修改发动机运转参数及某些功能。

(4)通过电控软件数据库网络(ESDN)来标定 ECM(可选)。

3. 数据通信接口适配器

数据通信接口适配器有 4 种类型:INSITE、INSITE Ⅰ、INSITE Ⅱ 及 RP1210A 兼容性的适配器。从 4 种类型中选择适配器时,注意一些适配器类型可能不适用于您的 ECM。

若要配置多个数据通信适配器,必须重新运行每个适配器类型的向导。

4. 计算机与 ECM 的连接

在使用 INSITE 和 ECM 通信前,必须将计算机连接到 ECM,如图 7-2-1 所示。步骤如下:

(1)选用 INSITE、INSITE Ⅰ、INSITE Ⅱ 等数据通信接口适配器组件。

(2)将计算机通信电缆(A)连接至计算机后面的串行端口。

如果计算机有 9 针串行端口,使用 DB-9F 至 DB-9M 串行电缆(零件号 3824594 或 3162850);如果计算机有 25 针串行端口,使用 DB-25F 至 DB-9M 串行电缆(零件号 3824595)。

(3)将数据通信接口接头电缆(B)连接至机械驾驶室或发动机舱上的数据通信接口适配器接头。

(4)运行连接向导,以配置用于特定数据通信适配器连接的 INSITE。

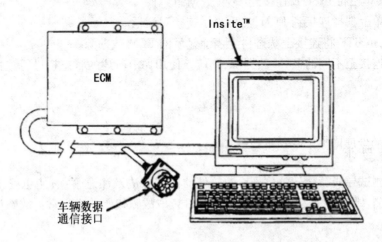

图 7-2-1　INSITE 和 ECM 通信连接

5. 将 INSITE 连接到 ECM 数据源

为了和 ECM 或 ECM 模拟器通信,必须和数据源建立连接,有两种方法。

(1)使用状态栏将 INSITE 连接到 ECM 数据源

这是最简单的连接方法,但前提是必须至少配置一个 ECM 数据源。单击状态栏上的下拉框,可看到一个当前可用的所有 ECM 数据源的列表。单击需要使用的数据源,显示连接窗口,如图 7-2-2 所示。

图 7-2-2　连接窗口

在连接窗口中,执行下列步骤之一:如果是连接到新的 ECM 或还没有密码的 ECM,则在安全类型下拉列表中选择无;如果连接的是受到密码保护的 ECM,可以选定下拉列表中的安全类型,并输入该类型的相应密码。单击连接,此时工作单向导会自动显示出来,供您配置所选连接的工作单。

(2)使用菜单栏将 INSITE 连接到 ECM 数据源

在工具菜单上选择连接到 ECM,然后显示连接对话框。

单击连接,INSITE 将连接至状态栏上当前显示的 ECM 数据源。

如果希望连接至不同的 ECM 数据源,则应该使用如上所述的状态栏进行连接。

## 任务实施:

# 一、任务要求

掌握各类测试导线、解码器、故障诊断软件的使用方法及注意事项;能正确使用电控共轨柴油发动机检测、维修专用工具;能使用诊断软件读取故障代码并进行常见故障诊断。

## 二、实　施　步　骤

### (一)利用自诊断系统检测电控柴油机故障

①ECU 控制系统的故障自诊断功能。

②调取故障码。

③确定故障部位,检修有关部位、元件和线路等。

④故障码清除。

1.一般可以用以下几种方法进入故障自诊断系统

(1)用跨接线进入。用该线连接诊断插座有关的插孔,通过驾驶室组合仪表板上"发动机故障"警告灯或 LED 的闪烁,读取故障码。这种检查方法适用的机械检测可查阅维修手册。

(2)转动发动机 ECU 控制装置上的"诊断开关"进入。

(3)用点火开关 ON－OFF－ON－OFF－ON 循环动作的方法进入。

(4)用解码器、故障诊断仪、扫描仪、示波器、专用检测仪等仪器进入故障自诊断系统并读取故障码。

2.故障码的显示方式

(1)数字显示。故障以数码的形式显示在组合仪表板上,这种方式具有显示直观、操作方便等特点。

(2)LED 显示。LED 为发光二级管的英文缩写。有的机械设备用一个或多个 LED 来显示故障码。采用两个 LED 的,一般为两个不同颜色的 LED,红色显示十位数,绿色显示个位数,即用两个 LED 显示一个二位数字的故障码。

(3)脉冲电压显示。大部分工程机械微机控制自诊断系统采用这种显示方式。在一些大型机械仪表盘上用发动机故障警告灯闪烁来显示故障码。

### (二)利用诊断指示灯读取故障码

1.故障指示灯

(1)报警指示灯(WARNING)。

(2)停机指示灯(STOP)。

(3)待起动指示灯(WAIT-TO-START)。

(4)维护指示灯(MAINTENANCE)等。

2.人工故障码读取方法

(1)如图 7-2-3 所示,接通点火开关至"ON"位置,不要起动(START)发动机。

(2)使用跨接线连接诊断接口或诊断按钮(各机型不同,检修时请参阅维修手册的故障诊断说明)。

(3)观察并记录仪表板上故障指示灯的闪烁次数。如果系统工作正常,正常代码如图 7-2-4(a)所示呈现很有规律的闪烁。

(4)如果 ECU 存储器内有故障信息,则故障指示灯先以 1 次/秒闪烁故障代码的十位数,间隔 1.5 s 后,再以同样的频率闪烁故障代码的个位数。如果发现有两个以上故障,则按小到

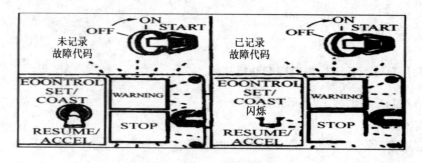

图 7-2-3　故障代码检查示意图

大的顺序进行显示。下一个代码间隔 2 s 后显示,依此类椎。如图 7-2-4(b)所示,表示故障码为 32。

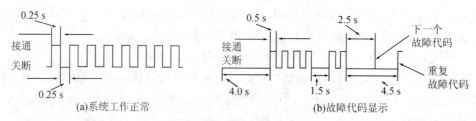

图 7-2-4　正常代码及故障代码显示

(5)记录检测故障代码,对照故障代码表,再查询柴油机的维修手册故障代码的含义,针对故障的原因进行修理。

John Deere 公司生产的电控柴油机故障码如表 7-2-1 所示。

表 7-2-1　电控柴油机故障码表

| 故障码 | 故障码含义 | 故障码 | 故障码含义 |
|---|---|---|---|
| 0 | 检测后无故障 | 39 | 原始转速出错 |
| 11 | 模拟加速踏板 1 电压—高 | 41 | 无起动信号 |
| 12 | 模拟加速踏板 1 电压—低 | 42 | 发动机超速 |
| 13 | 模拟加速踏板 2 电压—高 | 43 | PWM 油量输入错误 |
| 14 | 模拟加速踏板 2 电压—低 | 44 | 辅助转速出错 |
| 32 | 执行器电路故障 | 47 | 选择了低燃油曲线 |
| 34 | 齿杆位置出错 | 71 | 诊断码输出—高 |
| 35 | 齿杆位置电压—太高 | 72 | 诊断码输出—低 |
| 36 | 齿杆位置电压—太低 | 73 | 油量/加速踏板输出—高 |
| 37 | 燃油温度传感器电压—太高 | 74 | 油量/加速踏板输出—低 |
| 38 | 燃油温度传感器电压—太低 | | |

### （三）故障诊断仪调取故障码法

1 故障代码读取

①在仪表板下方的熔断器盒内，找到故障诊断接口（不同机型，诊断接口在不同位置），并与故障诊断仪连接。

②接通点火开关"ON"，同时接通故障诊断仪，根据故障诊断仪或使用手册的提示，调取存储器的故障代码。

2. 故障代码清除

清除故障代码的方法通常有三种：

①利用解码器或故障诊断仪进行清除。

②从蓄电池附近的仪表板熔断器中拆下发动机燃油喷射熔断丝30 s 以上的时间来清除。

③断开蓄电池的负极连接线，但是这样也会将其他电子部件存储的记录一同清除。

如果故障代码没有清除，它将一直存储在ECU的存储器中，以后发生故障读取代码时，将会与新故障代码一同显示。

清除故障代码后，进行试验，检查电控柴油机原先发生故障时的症状是否消失，并通过故障代码指示灯看是否显示正常；否则，须再进行诊断和修理。

3. 电控共轨系统的故障诊断程序

诊断程序如图7-2-5 所示。

4. 检测时应注意的事项

在对柴油机计算机控制系统进行检测和故障诊断时，需要掌握系统的检测方法和步骤，切不可随意乱动或用一般电路故障的检查方法进行检查。检测时应注意以下几点：

（1）检测维修时不要打开计算机，因为计算机坏了也不容易修理；若本来完好，打开后很可能将计算机损坏或破坏其密封性能。

（2）检测及清洗发动机时，应防止将水溅到电子设备及线路上。

（3）在拆出导线连接器时，要注意松开锁紧弹簧或按下锁扣。在装插连接器时，应插到底并锁止。

（4）检测线路断路故障时，应先脱开计算机和相应传感器的连接器，然后测量连接器相应端子间的电阻以确定是否断路或接触不良。

（5）检测导线是否有搭铁短路故障时，应拆开线路两端的连接器，然后测量连接器被测端子与机身搭铁之间的电阻值，电阻值大于1 MΩ 为合格。

（6）严禁在发动机高速运转时将蓄电池从电路中断开，以防止产生瞬变过电压将计算机和传感器损坏。

（7）当发动机出现故障，指示灯点亮时，不能将蓄电池从电路中断开，以防止计算机中存储的故障码及有关资料信息被清除。只有通过自诊断系统将故障码及有关信息资料调出并诊断出故障原因后，方可将蓄电池从电路中断开。

（8）当检测出故障原因，对电控系统进行检修时，应先将点火开关关闭，并将蓄电池搭铁线拆下。

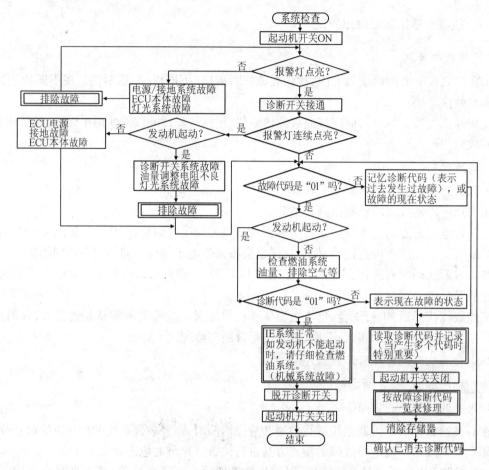

**图7-2-5 电控共轨系统的故障诊断程序**

(9)除在测试过程中特殊指明外,不能用指针式万用表测试计算机及传感器,应用高阻抗数字式万用表进行测试。

(10)蓄电池搭铁极性切不可接错,必须负极搭铁。

(11)不要用普通指示灯去测试任何和计算机相连接的电气装置。

(12)计算机必须防止受到剧烈振动。

## 知识检测:

### 一、选择题

1.康明斯 ISBe 高压共轨电控柴油机电子控制系统具有故障诊断功能,该系统检查从传感器(　　)是否正确。

　A.输入的信号　　　　　　　　　B.输出的信号

　C.安装的位置　　　　　　　　　D.工作的状态

2.康明斯 ISBe 高压共轨电控柴油机电子控制系统具有故障诊断功能,该系统检查软件(　　)是否有错误。

A. 编译          B. 操作

C. 记录          D. 分析

3. 康明斯 ISBe 高压共轨电控柴油机电子控制系统具有故障诊断功能,该系统检查电子控制模块(ECM)中的(　　)是否发生了故障。

    A. 控制电路          B. 编程代码

    C. 程序指令          D. 电源驱动电路

4. 检查故障时如果记录下现行故障码,两个指示灯都将瞬间点亮,然后开始(　　)出已经记录的现行故障码。

    A. 长亮          B. 闪烁

    C. 熄灭          D. 红色

5. 在油门发生故障、ECM 没有油门信号时,如果安全回家功能已经启用,此时 ECM 将根据(　　)的状态来决定是否给油。

    A. 怠速有效开关          B. 传感器

    C. 电磁阀          D. 油门开关

6. 当电控发动机故障指示灯点亮时,维修者应该主要检查(　　)故障。

    A. 机械部分          B. 电控系统

    C. 冷却系统          D. 不确定。

7. 有关起动机拆解检修操作错误的是(　　)。

    A. 须更换磨损过度的电刷

    B. 可以目视检查转子的好坏

    C. 需要清理换向器槽内的金属粉屑

    D. 必须拆解清洗单向离合器

8. 对起动机电磁开关进行检测试验时,不需要检测的内容是(　　)

    A. 吸引线圈和保持线圈的阻值          B. 触点接触电阻

    C. 保持线圈的释放电压          D. 回位弹簧的弹力

9. 车辆起动时发现起动机发烫但是电机根本不转,最可能的原因是(　　)。

    A. 直流电机内部对搭铁短路          B. 电磁开关触点烧蚀

    C. 起动继电器触点黏连          D. 换向器片间断路

10. 在检查起动机运转无力的故障时,短接起动机电磁开关两主接线柱后,起动机转动仍然缓慢无力,其原因是(　　)。

    A. 起动机传动机构有故障          B. 起动机电磁开关有故障

    C. 蓄电池存电量不足          D. 直流电动机故障

## 二、判 断 题

1. 发动机主要通过安装在发动机和工程机械上的各种传感器来实时监测当前的运行参数。(　　)

2. 电控发动机润滑油门踏板和发动机之间不再有任何的机械连接。(　　)

3. 常开/常闭型(ON/OFF)电磁阀其开度可根据控制信号的不同实现连续的变化,所以这种执行器能实现更灵活的控制。(　　)

4.诊断系统还将根据现行故障的类型和严重程度，使不同的故障指示器发出音响。（　　）

5.如果存在一个现行故障码，指示灯将保持亮着。（　　）

6.有些原始设备制造商（OEM）会设定在发动机出现保护性故障时，通过蜂鸣器发出声音，使驾驶员知道有严重故障，并应立即停机。（　　）

7.查询故障后，即将现行故障码变成非现行故障码，用电子服务工具才能将非现行故障码和相关故障信息从 ECM 存储器中清除掉。（　　）

8.在电控发动机出现故障时，应先对电子控制系统以外的可能故障部位予以检查。（　　）

9.根据故障现象、故障码内容、数据块数值检测柴油机功率不足故障时，按电控系统、进气系统、燃油系统、发动机机械部分的顺序进行。（　　）

10.电脑能够对包括电控系统的非电性故障在内的所有故障进行故障自诊断。（　　）

## 三、简答题

1.什么是 INSITE 软件？

2.INSITE 的主要功能有哪些？

3.将 INSITE 连接到 ECM 数据源的两种方法是什么？

4.简述用故障指示灯读取故障码的方法。

# 项目八
## 发动机大修工艺

**项目描述：**

发动机大修工艺是工程机械发动机构造与维修工作领域进行发动机大修前的知识型学习任务，是发动机维修人员必须熟悉的一项提升维修能力的专业知识。

发动机大修工艺主要内容包括：发动机的大修概念和工艺流程；发动机分解、组装、测试与调整、起动与磨合的内容、步骤和注意事项。通过课堂讲授与实物讲解、演示，使学生从整体上把握发动机大修工艺的全过程，能准确描述出发动机大修中发动机的分解、清洗、组装、测试与调整、起动与磨合工作的主要内容，为本门课程后续发动机集中实训的模块教学奠定专业基础。

## ■相关知识：

# 一、柴油机的大修工艺

**1.大修期的确定**

柴油机大修一般按运转工时进行计算，如6135型柴油机运行8 000～10 000 h后应进行大修。而用于汽车上的柴油机也可按行驶里程或按使用维护手册要求实施大修。

用户判断是否需要进行大修，可参考下列条件进行：

（1）起动性能差。

柴油机起动困难，气缸密封性能下降，漏气严重，压缩终了气缸内温度和压力较低，检查气缸与活塞的配合间隙超出允许极限。

（2）功率不足。柴油机动力性能明显下降，工作无力，调整后仍无好转。油量调节拉杆在最大的位置时，其最大功率只有额定功率的60%。还指带动负荷较额定负荷降低20%以上，或推土机等机械较正常情况下需降低一个挡位工作才能克服阻力。

（3）燃油和润滑油耗量严重超标。柴油机在常用工况下运行时，排气冒黑烟、冒蓝烟，燃油消耗量和润滑油消耗量明显增加。在柴油机密封良好无漏油现象时，最后100 h的润滑油消耗量超过规定1倍以上。怠速不稳或达不到规定怠速等。

（4）运转时声响异常以及震动加剧。柴油机运转时，听到严重的活塞敲缸声、曲轴箱内金属的撞击声等异常声响，而且柴油机震动加剧。

（5）气缸磨损超限，致使热车气缸压缩压力达不到额定压力的75%或拆检时气缸圆度、圆柱度、磨损量超限。

**2.大修的内容及工艺**

（1）大修内容

①拆开柴油机，对部件进行分解，清洗零件，检查故障并测量磨损量。检查的零部件主要有主轴承、连杆大端轴承、连杆、曲轴、凸轮轴及其传动机构、活塞组、气缸套、喷油泵及喷油器、涡轮增压器等。

②检查冷却系统，疏通冷却管道并清除所有的沉积物。

③更换所有失效零件和不能修复的零件。对磨损量虽未超过最大允许极限，但不能完成下一个大修使用期的零件，应予以更换。

④更换已到规定使用寿命或维修中损坏的接头、密封件、易损件和连接管路等。

⑤校正所有的仪表。

⑥装配后需进行冷机磨合和热机试验，使各缸工作均匀，并对性能进行测试。

（2）大修工艺过程

柴油机大修时，一般采用离位维修，其工艺过程如图8-1-1所示。

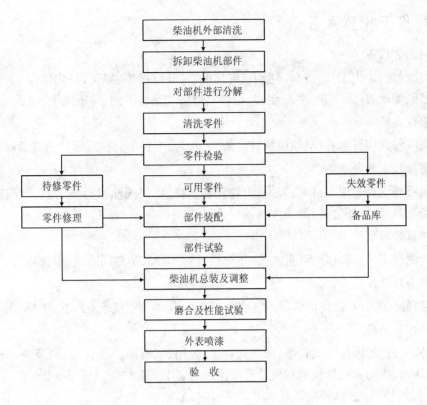

图 8-1-1　发动机大修工艺过程示意图

## 二、维修手册的应用

### 1. 技术咨询

在大修前需要进行技术咨询即技术资料检索,一本柴油机维修手册通常包含有某柴油机制造厂家某一系列的几种柴油机的技术信息。其内容包括:

(1)维修程序,包括拆装程序,专用工具的使用方法等。

(2)检测程序,包括零件测量方法,专用检测仪器使用方法等。

(3)技术参数,包括柴油机在内的各零部件的使用极限、尺寸标准、配合间隙标准、调整要求、日常维护注意事项等。

(4)规格要求,包括各类易耗品、易损件的规格要求及各种油液的牌号要求等。

### 2. 维修手册

一般工程机械维修手册都分成 3 ~ 4 册,按柴油机、底盘、液压系统和电气分为 3 ~ 4 册。

工程机械柴油机维修手册内容通常包括:导言,准备工作,维修规范,柴油机机械、冷却、润滑、起动和发电、组件、字母索引等内容。

### 3. 注意提示要求

在进行柴油机拆装维护维修时必须详细阅读柴油机维修手册,尤其要充分掌握在"导言"部分注意事项中的所有内容,同时应遵守手册中的"注意"、"小心"等事项,防止危险操作导致人员的伤害和机械的损坏。

## 三、检修工作的准备

1. 常用工具准备

柴油机维修的常用工具有：套筒扳手、梅花扳手、开口扳手、鲤鱼钳、尖嘴钳、卡簧钳、扭力扳手、橡胶锤、螺丝刀（十字、一字）、铜棒、记号笔、刮刀、磁性手柄、气压扳手、刷子等。

2. 常用设备的准备

柴油机维修常用设备有：柴油机翻转台架、工作台、工具车、台钳、零件清洗盘等。

3. 专用维修工具的准备

柴油机维修常见专用工具有：皮带、齿轮和轴承拉具、气阀油封拆装工具、气阀拆装工具、活塞销拆装工具、活塞环钳、润滑油滤清器扳手等。

4. 检测仪器的准备

常用的测量工具有：百分表、量缸表、千分尺、游标卡尺、塑料间隙规、厚薄规等。

5. 易耗品的准备

主要易耗品包括：零部件清洗溶剂、洗涤油（剂）、化油器清洗剂、手套、布、密封胶等。

6. 零配件的领用

密封件、气缸垫、进排气支管垫、油底壳衬垫、锁销、润滑油等易耗品，以及柴油机的活塞、活塞环、活塞销、曲轴和连杆轴承和齿轮等易损件均属于零配件。

（1）密封衬垫的使用要求

①装配时，密封表面应清洁干净。

②金属衬垫和垫片表面应平整，无明显的曲折和凹痕。

③用石棉纸垫密封时，装用前按零件形状剪裁好，有需要时涂以清洁的密封胶。

④有润滑油孔的部位，装复衬垫时，要注意勿将油孔堵塞。

（2）密封胶的使用要点

特点：密封胶密封效果可靠持久，省时省力，工作效率高。

类型：密封胶的类型和适用场合不同，按规定使用。

使用：清除创面，均匀地涂抹，不要有任何间断。

具体零件涂抹密封填料的位置和数量（厚度）都有规定值，在使用时请参考具体机型维修手册。

（3）密封胶使用注意事项

①有些密封填料在涂抹后会立即硬化，所以要迅速安装该部件。

②用密封胶密封的部件在组装后，至少2 h内不要加润滑油。

③如果零部件在黏上后又再拆开，要把原有的密封胶全部清除干净并重新涂抹。

④如果密封填料的涂抹位置错误或太少将导致漏油。

⑤不要涂抹过多的密封胶，以免将油路和过滤器堵塞。

⑥在冬天可轻度加热密封胶，会使涂抹更加容易。

## 四、柴油机零件的清洗

### 1. 机械清洗

（1）机械清洗

使用刮刀、钢丝刷、油石、砂纸等对零件表面上的积炭、胶质、油污、残留的衬垫等进行清洗。刮刀、油石用于平面的清洗有很好的效果，钢丝刷则可用于不平表面的清洁。

（2）空气清洗

使用压缩空气吹扫灰尘、湿气或者油脂。使压缩空气朝下吹出，这样可避免灰尘四处飞扬或者对人体健康产生危害。

### 2. 化学清洗

（1）概念

化学清洗就是用清洗剂来溶解零部件表面上的污物或使之松散，以便能被刷掉或冲洗掉。

（2）清洗剂分类

一类是以溶剂为基础的化学清洗剂；另一类是以水为基础的化学清洗剂。

### 3. 水垢清洗

（1）常用的清洗液配方有：

配方一：苛性钠（烧碱）750 g，煤油 150 g，水 10 L。

配方二：苏打 1 kg，煤油 500 g，水 10 L。

配方三：2.5% 盐酸溶液。

（2）清洗方法

放尽柴油机内冷却水，关好各放水开关，取下节温器，向冷却系统内注入清洗液，起动柴油机，以中速运转 5～10 min，使清洗液加热，然后停机，停留 10～12 h。再次起动柴油机，以中速运转 10～15 min，然后停机，趁热放掉清洗液。加入清水，柴油机以中速运转。按上述过程反复进行清洗 2～3 次，然后注入配制好的冷却液，即可正常使用。

### 4. 化学除锈

所用的除锈剂配方有：

配方一：工业硫酸 65 mL，缓蚀剂 3～10 g，水 1 L。

这种除锈剂适用于表面粗糙、形状简单的零件除锈。为了提高去锈速度，可将除锈剂加温至 80 ℃，并不断地搅拌溶液。除锈后必须用清水对零件清洗，并用布擦干或用压缩空气吹干。

配方二：工业盐酸 1 L，缓蚀剂 3～10 g，水 1 L。

这种盐酸除锈剂的特点是除锈效果好，除锈速度快，对金属的腐蚀作用小，除锈零件表面比较光洁。使用时无须加热，只须将零件放在除锈液中浸泡一段时间即可。取出后必须用清水将零件冲干净，并用布擦干或用压缩空气吹干。

### 5. 零件清洗的注意事项

（1）在清洗工作中应注意，凡橡胶、胶木、塑料、铝合金、锌合金零件及牛皮油封等不能用碱溶液清洗。

（2）预润滑轴承、含油粉末轴承，不允许浸泡在易使其变质的溶液和油中清洗。

（3）在选用酸、碱的溶液通过化学方法清洗时，既要考虑除垢效能，又要注意对被清洗零件的腐蚀作用。

## 五、柴油机的解体

### 1.拆卸前的准备

放掉全部水,旋下油底壳和冷却器的放油螺塞,放出全部润滑油。关闭油箱中柴油的出口阀。并在维修前对整机的技术状况进行全面的了解。

(1)查阅设备技术档案和运行记录,了解柴油机运行的时间,维修的次数和每次维修的内容等。

(2)阅读使用维修说明书,了解柴油机的结构、连接方法、拆卸顺序、拆卸注意事项以及专用工具、检测仪器的使用方法。

(3)先做外观检查,有无损伤,零部件以及附件是否完整。然后检查三漏情况(即是否有漏气、漏水、漏油现象)和润滑、密封等情况。

### 2.拆卸外围附件

(1)柴油机外围附件

外围附件包括发电机、起动机、涡轮增压器、中冷器、喷油泵、空气压缩机、水泵、进气歧管、排气歧管,以及气阀室罩、油底壳等。

(2)确定正时

应先确定第1缸压缩上止点位置记号。转动曲轴,使第1缸活塞处于压缩上止点,确认此时皮带轮凸轮轴正时齿轮上的正时标记位置,如图8-1-2所示,同时检查飞轮上的标记与壳体上标记是否对正,判断大修柴油机的正时是否正确。

(3)拆卸曲轴皮带轮和正时机构

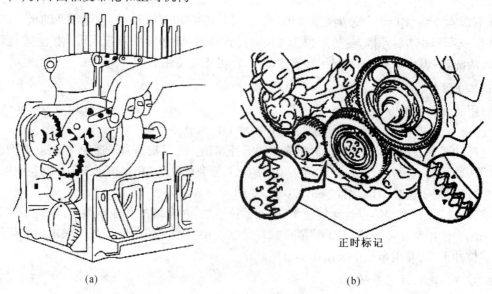

正时标记

(a)                                    (b)

图8-1-2　确定正时齿轮上的正时标记及第一缸压缩上止点位置标记

### 3.拆卸气缸盖

拆卸气缸盖螺栓时,应按图8-1-3所示顺序从外往内,分几次均匀松开并拆卸气缸盖紧固螺栓。

4. 拆卸油底壳和润滑油泵

5. 拆卸油封

油封是一种易耗品,旧油封可以用螺丝刀撬下。在解体维修发动机时一般应更换发动机上的所有油封,包括正时齿轮盖油封、曲轴后油封等。

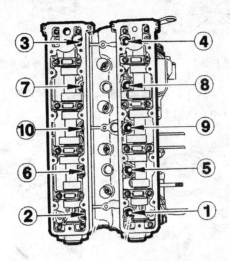

图 8-1-3　气缸盖的拆卸顺序

6. 拆卸凸轮轴

(1)固定凸轮轴的位置,以便凸轮轴能水平方向拆卸,并确保阀门弹力均匀地加在凸轮轴上。

(2)分若干次少许均匀地松动固定轴承盖的螺栓,重复该操作,以卸掉所有的螺栓。

(3)发动机型号不同,凸轮轴的位置和盖的安装螺栓的拆卸顺序也不同,参考修理手册。

7. 柴油机气缸体分解

(1)拆卸活塞连杆组(如图 8-1-4 所示)

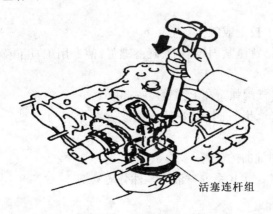

图 8-1-4　活塞连杆组拆卸

(2)曲轴拆卸(如图 8-1-5 所示)

(3)分解活塞连杆组

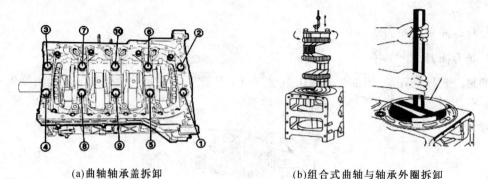

(a)曲轴轴承盖拆卸        (b)组合式曲轴与轴承外圈拆卸

图 8-1-5 曲轴轴承盖及组合式曲轴拆卸

①拆卸活塞环(如图 8-1-6 所示)。

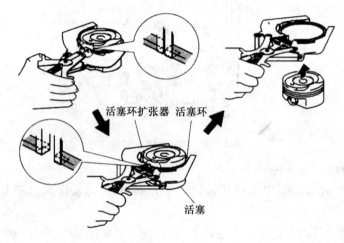

活塞环扩张器 活塞环

活塞

图 8-1-6 活塞环拆卸

②拆卸活塞销(如图 8-1-7 所示)。

**8.柴油机的部件分解**

(1)气阀的拆卸

①将气缸盖平放在木板上或工作台上。

②把专用工具套在摇臂座紧固螺栓上,旋上螺母,使专用工具下移压缩气阀弹簧,取出气阀锁夹。

③拆下专用工具,将气阀弹簧和上弹簧座一起取下。

④拆下气阀杆锁簧,取出气阀,做好标记或放置在专用的支架上,以防错乱(如图 8-1-8 所示)。

(2)喷油泵总成及喷油器的分解

①喷油泵的分解(以 6 缸 B 系列喷油泵零件分解为例 )(如图 8-1-9、8-1-10 所示)。

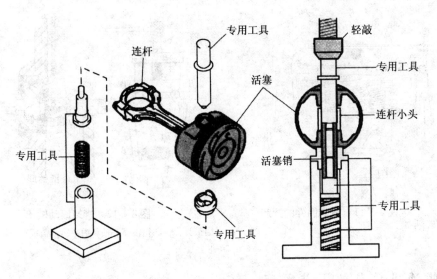

图 8-1-7　拆卸半浮式活塞销

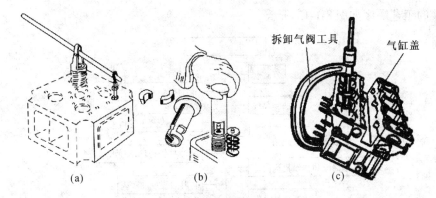

图 8-1-8　气阀的拆卸方法示意图

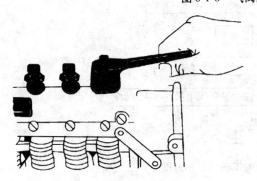

图 8-1-9　出油阀偶件拆卸

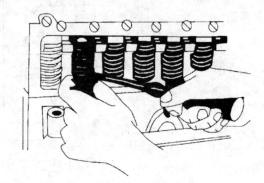

图 8-1-10　弹簧下座的拆卸

②调速器零件的分解。

③柱塞偶件的分解(如图 8-1-11、8-1-12 所示)。

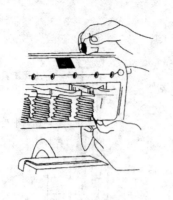

图 8-1-11　柱塞偶件的拆卸

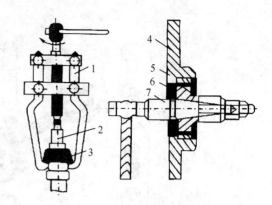

图 8-1-12　拆卸滚动轴承

1—专用工具;2—凸轮轴;3—轴承内圈;4—盖板;5—轴承外圈;
6、7—装卸工具

## 六、柴油机总装的工艺顺序

总装的工艺顺序如图 8-1-13 所示。

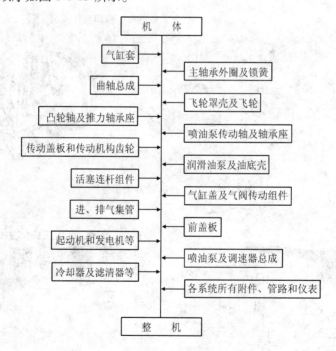

图 8-1-13　柴油机总装的工艺顺序示意图

## 七、柴油机的组装

### 1.安装曲轴

(1)在轴承盖和气缸体上的轴承座上安装轴承(或轴承外圈)和止推垫圈,应注意止推垫圈的合金面(或有润滑油槽的一面)应向外(朝向曲轴)

(2)安装轴承后,应在轴承内表面涂上发动机润滑油。注意不要在轴承背面涂发动机润滑油。

（3）将曲轴放在轴承座上后，应按拆卸时的位置和方向安装轴承盖，不可错乱。

（4）依照先中间、后两边对称的原则，按规定的力矩分次拧紧各个主轴承盖螺栓，如图8-1-14所示。

（5）曲轴装配之后，应确保用手能够转动曲轴。

（6）调整与定位。

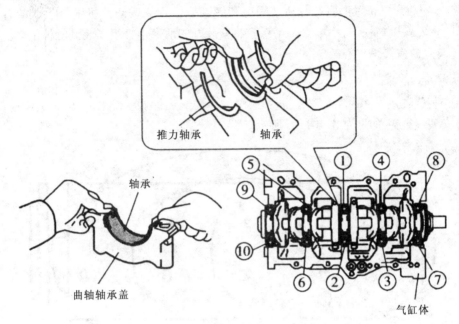

图 8-1-14　主轴承盖螺栓拧紧顺序示意图

**2. 活塞连杆组的组装**

（1）组装活塞、活塞销、连杆时要注意活塞和连杆的安装方向应一致，如图8-1-15所示。

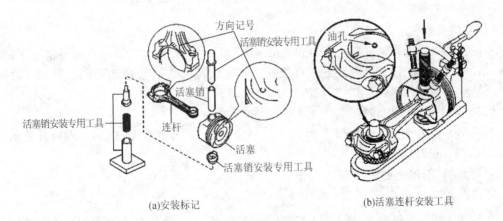

(a)安装标记　　　　　　　　(b)活塞连杆安装工具

图 8-1-15　半浮式活塞销安装示意图

（2）安装活塞环时

安装活塞环时要注意活塞环的方向和序号。不要将所有的活塞环端隙放成一列，应将其互相错开,即要求将活塞环的开口交错布置,一般是以第一道活塞环的开口位置为始点,其他各环的开口布置成迷宫状的走向。第一道环开口应布置在做功行程侧压力较小的一侧,与活塞销成45°,其他环(包括油环)依次间隔90°~180°。例如,有三道环的发动机,第二道气环与第一道开口间隔180°,上刮油环与第二道气环开口成90°,下刮油环与上刮油环开口成180°。四道环的发动机,第二环与第一环开口间隔180°,第三环与第二环开口间隔90°,第四道整体式油环与第三道环开口间隔180°,如安装组合油环的上、下刮片,也要交错排列,两道刮片间隔180°。各环的开口布置都应避开活塞销座和膨胀槽位置或按柴油机维修手册的有关规定安装,以防止泄漏压缩气体,不可安装错误。将安装好的活塞连杆组安装到缸体上。

3. 气阀组的组装

4. 气缸盖的安装

(1)安装气缸垫。

(2)安装气缸盖总成,如图 8-1-16 所示。

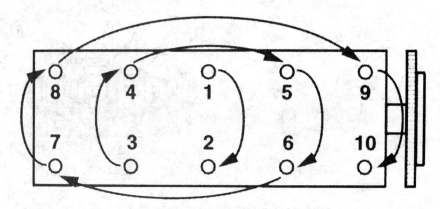

图 8-1-16　气缸盖螺栓拧紧顺序示意图

5. 油封的安装

6. 凸轮轴的安装

(1)安装凸轮轴

有些发动机必须先将气缸盖安装到气缸体上以后才能安装凸轮轴。在这种情况下,安装凸轮轴之前应先将曲轴从第1缸上止点位置逆时针旋转大约40°,使活塞向下移动。以防止安装凸轮轴时,气阀下移顶到活塞,造成气阀杆弯曲。

(2)安装凸轮轴正时齿轮

安装正时齿轮前先转动曲轴,使飞轮上的标记点与壳体上标记对正,最后顺时针转动曲轴8~10圈,确保正时标记正确。

(3)凸轮轴的轴向定位调整

7. 润滑系统部件安装

在机体底部安装吸油盘,一侧装配润滑油泵和油底壳,并事先检查润滑油泵各零件的配合间隙,调整好各间隙。

8. 调速器、喷油泵的装配

事先安装好调速器、喷油泵总成并装配到机体上,在气缸盖上安装好喷油器,并装配柴油滤清器、低压油管、高压管。

9.喷油泵正时齿轮安装

摇转曲轴,先将飞轮上的正时记号与飞轮壳体上的正时标记对正,再将曲轴正时齿轮、凸轮轴正时齿轮、喷油泵的正时齿轮按装配记号一一啮合装配。装配好后顺时针转动曲轴几周,确保正时标记正确,无错乱。正时一旦装错,发动机将起动,必须重新调整正时。

调整供油正时方法如下:

(1)摇转曲轴使飞轮上的正时标记与壳体标记对正,如图8-1-17所示。

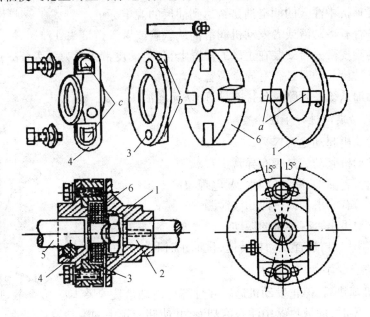

**图 8-1-17　喷油泵提前器与正时调整**
1—从动凸缘盘;2—凸轮轴;3—中间凸缘盘;4—主动凸缘盘;5—驱动轴;6—夹布胶木盘

(2)调整总供油正时。

当1缸出油阀处的溢油管停止溢油(或出油阀口油液开始微微闪动)时,凸轮轴的相位正是1缸供油正时位置,此时连轴器上的刻线应与泵体前端面上的正时指示片上刻线对准。

(3)调整各缸供油正时的方法如下:

①打开喷油泵侧面的检查窗口,找准要调的柱塞所对应的挺柱。

②拧松该挺柱上的正时螺钉锁紧螺母。

③若正时迟后,应旋出正时螺钉少许,用锁紧螺母锁紧再试。

④若正时超前,应旋入正时螺钉少许,用锁紧螺母锁紧再试(这种情况很少)。

⑤每次调整后,都要小心地慢转凸轮,使柱塞升到最高点。然后,用螺丝刀撬起柱塞尾部,用厚薄规(塞尺)测量柱塞尾部与正时螺钉头之间的间隙。此间隙不得小于0.4 mm,以防柱塞顶到出油阀座,损坏两组偶件。如果只有间隙小于0.4 mm才能满足正时要求,则必须换用新柱塞偶件。

## 八、发动机大修后的起动与磨合

1. 发动机起动前检查

(1)确认各线束连接器都已连接到正确的位置,轻轻拉动各连接器,检查是否连接可靠。

(2)检查各处螺栓或者螺母,确认紧固良好无松动。

(3)检查是否有零件遗落在托盘或者工作台上,或者其周围。

(4)检查所有的卡箍是否安装在正确的位置。

(5)检查发动机中注入的润滑油是否达到油尺的规定标记。

(6)检查是否有冷却液或者发动机润滑油从软管或者管道接头处泄漏。

(7)检查传动皮带是否安装在正确的位置上,各传动皮带张紧力是否合适。

(8)检查发动机起动时是否有异常声音。

(9)检查燃油系统各管路及各接头处,确认无漏油。

2. 发动机起动期间进行下述检查

(1)检查发动机起动是否容易。

(2)检查发动机起动后是否有异常声音。

(3)检查是否有漏油、漏气、漏水、漏电现象。

(4)检查是否有润滑油或者冷却液泄漏。

(5)检查发动机是否有异常的振动。

(6)使用专用仪器,检查发动机转速、供油正时和排气污染物。

3. 冷却液检查和添加

完成发动机预热后,停止发动机运转并且等待冷却液完全冷却。检查散热器和水箱中的冷却液液位。必要时,向散热器中注入冷却液,并使储液箱中的冷却液液位达到标记线位置。

4. 发动机运转后的检查

(1)检查发动机润滑油底壳、润滑油滤清器、气阀室罩、前后油封等处有无润滑油泄漏。

(2)检查燃油各管路和接头有无燃油泄漏。

(3)检查发动机冷却系统各管路和接头处有无冷却液泄漏。

5. 柴油机大修后的磨合

(1)无载热磨合

磨合时,先使发动机以较低的转速运转 1 h,运转中调整水温由 70 ℃ 渐升至 95 ℃,观察发动机有无异常现象。再以正常温度用不同转速(350 ~ 500 r/min ,1 300 ~ 1 500 r/min)进行试验。

(2)有载热磨合

有载热磨合,起始转速为 $(0.4 ~ 0.5)n_e(n_e$ 为柴油机额定功率时的转速),磨合终了转速一般取 $0.8n_e$,四级调速。

起始加载取 $0.2P_e(P_e$ 为柴油机额定功率),磨合终了前,载荷取 $0.8P_e$。

柴油机磨合规范的总磨合时间一般为 120 ~ 150 min 。

6. 柴油机大修后的走合期

新机、大修机械以及装用大修后柴油机的工程机械必须进行走合期的磨合,限制其在全负荷下(或降一挡位)运转,并在走合期结束时进行一次走合维护,其作业项目和深度按机械维护手册的要求进行。

## 任务实施：

### 一、实训目的

熟悉发动机大修的拆装步骤;能够对发动机各零部件进行清洗、检修;对发动机的总体构造有一个全面的认识。

### 二、实训内容

发动机的整体拆装;发动机各零部件的检修。

### 三、实训设备及工量具

D6114 发动机总成 4 台;常用工具 4 套;各种专用工具 4 套;工作台 4 架;气阀弹簧拆装架 4 套。

活塞环拆装钳 4 套;活塞环卡箍 4 套;连杆检测仪 4 套;百分表及表架 4 套;V 形铁 4 套;平台 4 台;塞尺 4 把;刀形尺或直尺 4 把;气阀研磨膏、6B 铅笔、手工研磨工具、气阀座铰刀等。

### 四、实训步骤及操作方法

#### (一)拆卸柴油机外部机件

(1)观察发动机,认识各部件名称及安装位置,并能说出它们属于哪个机构或系统。

(2)拆下发动润滑油底壳放油螺栓,放尽发动机润滑油。

(3)打开机体放水阀,放出冷却水。

(4)拧松进气管紧箍带紧固螺钉,取下进气胶管。

(5)拆下涡轮增压器紧固螺栓,取下增压器。

(6)拆下排气歧管紧固螺栓,取下排气歧管。

(7)拆卸起动机固定螺栓,拆下起动机总成。

(8)松开张紧轮张紧螺栓和固定螺母,拆下张紧轮总成,取下传动带。

(9)松开发电机支撑螺栓,取下发电机总成。

(10)拆卸水泵固定螺栓,拆下水泵总成。

(11)松开风扇固定螺栓,取下风扇及风扇皮带轮。

(12)松开曲轴皮带轮固定螺栓,取下曲轴皮带轮。

(13)拆卸正时齿轮室盖固定螺栓,取下正时齿轮室盖。

(14)拆下燃油回油管固定螺栓,取下燃油回油管;拆高压油管管卡固定螺栓,拆下高压油管组件;拆下燃油管固定螺栓,拆下燃油管总成。

(15)松开喷油器固定螺栓,取下喷油器总成。

(16)拆下燃油滤清器固定螺栓,取下燃油滤清器总成。

(17)松开喷油泵固定螺栓,取下喷油泵。

(18)松开空压机固定螺栓,取下空气压缩机总成。

(19)拆下润滑油滤清器和润滑油冷却器总成。

(20)拆下离合器分离叉和离合器总成。

注意:一般的螺栓螺母组应用相应的扳手对称交叉分几次旋松。

### (二)柴油机曲柄连杆机构和配气机构的拆卸

1.拆卸气缸盖

(1)拆卸气缸盖罩紧固螺钉,拆下气缸盖罩。

(2)拆摇臂组。拆摇臂座固定螺栓,如图8-1-18所示,取下摇臂总成,然后按顺序取出推杆。

图8-1-18    拆卸摇臂座固定螺栓

注意:拆卸摇臂座固定螺栓时,如果是整体式摇臂轴,摇臂座螺栓应由四周向中央对角线分两到三次逐步松开。如果是分开式的摇臂轴(即一缸一个摇臂轴),每个摇臂座的两个固定螺栓应交替分两到三次逐步拧松。

(3)拆气缸盖。如图8-1-19所示,缸盖螺栓应由四周向中央对角线交叉分两到三次逐步拧松,以防缸盖变形。取下缸盖螺栓,用橡皮锤锤松缸盖,取下气缸盖和气缸垫。

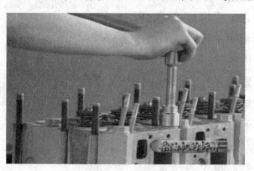

图8-1-19    气缸盖的拆卸

2.拆卸油底壳

将机体旋转182°,拧松油底壳紧固螺栓,卸下油底壳,取下集滤器,如图8-1-20所示。

注意:油底壳螺栓也应由四周向中央交叉逐步拧松。

3.拆卸活塞连杆组

转动曲轴使某活塞处于下止点位置,再用扭力扳手及相应的套筒拆下连杆大头紧固螺母,取下连杆盖。用锤柄或木棒将连杆组件推出气缸。取出后,将连杆盖及连杆螺栓螺母装回连杆,如图8-1-21所示,然后再以相同的方法拆下其他活塞连杆组件。

图8-1-20　油底壳与机滤器的拆卸

图8-1-21　拆卸活塞连杆组

注意:连杆大头紧固应分两到三次交替旋松。每一活塞连杆组拆下后都应做好缸序记号,并观察连杆杆身或活塞顶部有无朝前标记,若无则应标上朝前记号,然后按缸序摆放整齐,以便下一次复装。

4.拆卸曲轴飞轮组

(1)用拨轮器取下正时齿轮。

(2)按对角顺序旋松飞轮固定螺栓,取下螺栓,用手锤沿四周轻轻敲击飞轮,待松动后取下飞轮。

(3)按对角顺序旋松飞轮壳固定螺栓,取下飞轮壳。

(4)拧松并取下曲轴油封端盖紧固螺栓,用手锤轻轻敲打油封端盖,待松动后取下油封端盖。

(5)旋松并取下曲轴主轴承盖,抬出曲轴,取出上轴瓦止推轴承,如图8-1-22所示。

注意:主轴承盖螺栓应交替分两到三次拧松。不要跌落轴瓦,将轴承盖按顺序摆放好。

5.拆卸凸轮轴及凸轮轴正时齿轮,取出挺柱,按顺序摆放整齐

6.总成分解

(1)活塞连杆组总成分解

图 8-1-22　曲轴的拆卸

①用活塞环拆装钳依次拆下各道活塞环,如图 8-1-23 所示。

②用尖嘴钳取出活塞销卡簧,用拇指压出活塞销或用专用冲头将其冲出,如图 8-1-24 所示。

③取出连杆轴承。

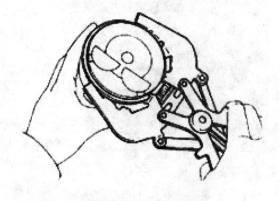
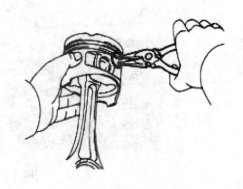

图 8-1-23　拆卸活塞环　　　　　　　　　　　　图 8-1-24　拆卸卡簧

（2）气阀组总成分解

用专用工具(气阀弹簧拆装架)向下压气阀,取出气阀锁片,取出气阀弹簧座、气阀弹簧及气阀,并在每个气阀上做好记号,以免错装(只拆一两个气阀即可),如图 8-1-25 所示。

图 8-1-25　气阀弹簧组拆卸

**（三）柴油机零部件的清洗、检测**

清洗所有零部件时：

（1）清除发动机零部件的所有油泥和污垢。刮出气缸、气缸盖及活塞积炭。

（2）在专用油池中清洗发动机零部件。尤其是活塞连杆组件和曲轴飞轮组件。

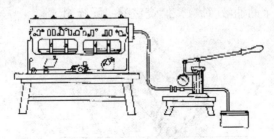

图 8-1-26　气缸体的水压试验

1.气缸盖和缸体的检修

（1）气缸体与气缸盖裂纹的检修。采用水压试验法检查气缸体裂纹。如图 8-1-26 所示，用专用的盖板封住气缸体水道口，用水压机将水压入缸体水道中，在 0.3～0.4 MPa 的压力下保持约 5 min，应没有任何渗漏现象。

气缸体出现裂纹可采用黏结法、焊接法进行修理。气缸盖出现裂纹一般应予以更换。

（2）气缸体与气缸盖变形的检修。气缸体与气缸盖平面发生变形可测量其平面度误差。测量时用等于或略大于被测平面全长的刀形样板尺或直尺，沿气缸体或气缸盖平面的纵向、横向和对角线方向用厚薄规在每间隔 50 mm 处测出气缸盖平面与样板尺的间隙，所有方向间隙的最大值为该平面的平面度误差，如图 8-1-27 所示。

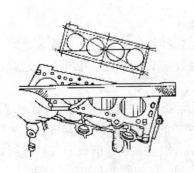

图 8-1-27　气缸体与气缸盖平面度检测

气缸体与气缸盖结合平面的平面度要求如下：铸铁气缸体一般为 0.25 mm，缸盖一般不能超过 0.15 mm；否则应进行修理或更换。

（3）燃烧室容积的测量。

①彻底清洗气缸盖的燃烧室。

②将喷油器拧入各缸喷油器座孔，并按规定力矩拧紧。

③将排气阀组按规定装在气阀座上。

④正确搁置气缸盖于工作台上，调至水平，不渗漏。

⑤在燃烧室周围平面上涂以润滑油,铺上带中心小孔的平板玻璃,使其与缸盖平面有效密合。

⑥用注射器吸入 200 mL 的混合油液(煤油与润滑油的混合液,一般是 80% 的煤油,20% 的润滑油),然后从玻璃板中的小孔向燃烧室内注入油液,直至液面同平板玻璃相接触时停住,如图 8-1-28 所示。

⑦观察注射器内剩余的油液,计算该燃烧室的实际容积。

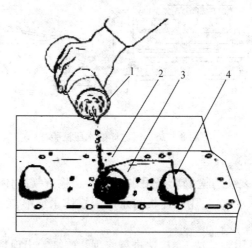

**图 8-1-28 检查燃烧室容积**
1—量杯;2—气缸盖;3—玻璃板;4—燃烧室

**2. 气缸磨损(圆度、圆柱度)的检查**

气缸磨损情况采用量缸表测量。量缸表实际上是在百分表上接上一个测量表头,其测量步骤如下:

(1)将被检验的气缸缸筒及上平面清洗,擦干。

(2)选择接杆。根据所测量气缸直径大小,选择相应量程的接杆旋入量缸表下端,将百分表装入量缸表杆上端的安装孔中(安装后,表针应转动灵活,可用手压缩量缸表的下端测量头)。

(3)校对量缸表尺寸。将外径千分尺调到所量气缸的标准尺寸,然后将量缸表校对到外径千分尺的尺寸(保证量缸表的测杆有 2 mm 左右的压缩量),并转动表盘使表针对正零位。

(4)测量气缸直径。测量时手应握住绝热套,把量缸表斜向放入气缸被测处,轻微摆动量缸表,使指针左右摆动相等,气缸中心线与侧杆垂直,如图 8-1-29(a)所示。如果指针刚好对"0"处,则与被测缸径相等,当指针顺时针方向离开"0",则缸径小于标准尺寸,如反时针方向离开"0"位,则缸径大于标准缸径。

(5)测量部位。在缸径轴向上取三个横截面,如图 8-1-29(b)所示:即 $S_1 - S_2$(活塞在上止点时,第一道环所对应的缸壁附近),$S_2 - S_2$(气缸中部),$S_3 - S_3$(距气缸下边缘 10 ~ 15 mm处),在同一横截面上进行多点测量,测出其最大和最小直径。依次测出各缸的三个横截面上的最大和最小直径。

(6)圆度和圆柱度的计算。被测气缸的圆度误差用各个横截面最大、最小直径差之半的最大值表示,被测气缸体的圆度误差用各缸中的最大圆度表示。被测气缸的圆柱度误差用三

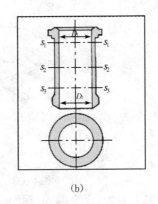

(a)                           (b)

**图 8-1-29  气缸磨损的检测**

个横截面上的最大、最小的直径差之半表示,气缸体的圆柱度用最大圆柱度气缸的数值表示。

(7)气缸的检验分类。若被测量的气缸体有一个气缸的圆柱度超过 0.25 mm 或圆柱度未超过上述极限,而圆度误差超过 0.063 mm 时,则应进行镗缸修理即发动机需要大修。

3. 活塞环的检查

活塞环检查的项目有"三隙"的检查,"漏光度"和"弹力"的检查。

(1)活塞环三隙的检查

①侧隙的检查。如图 8-1-30 所示,将活塞环放入相应的环槽内,用厚薄规进行测量。新活塞环侧隙应为 0.02～0.05 mm,磨损极限值为 0.15 mm。

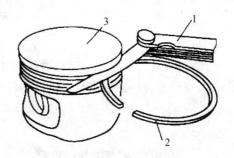

**图 8-1-30  侧隙的检查**

1—厚薄规;2—活塞环;3—活塞

②背隙的检查。活塞环背隙是活塞环内圆柱面与活塞环槽底部的间隙。为测试方便,通常是将活塞环装入活塞环槽内,以环槽深度环径向厚度的差值来衡量。测量时,将环落入环槽内,再用深度游标卡尺测出环外圆柱面深入环岸的数值,该数值一般为 0.10～0.35 mm,如图 8-1-31 所示。

③端隙的检查。将活塞环置于气缸内,并用倒置活塞的顶部将环推入气缸内相应的上止点,然后用厚薄规测量活塞环开口间隙的大小,如图 8-1-32 所示。

(2)漏光度检查。常用活塞环漏光度的简易检查方法是:活塞环平置于气缸口,用倒置的活塞将其推至气缸内该环相应上止点位置,用一圆形盖板盖在环的上侧,在气缸下部放置灯光,从气缸上部观察活塞与气缸壁的缝隙,确定其漏光情况,如图 8-1-33 所示。

对活塞环漏光度的技术要求是:在活塞环端口左右 30°范围内不应有漏点;在同一根活塞

图 8-1-31　背隙的检查

环上的漏光点不得多于两处,每个漏光点弧长所对应的圆心角不得超过 25°,同一环上漏光弧长所对应的圆心角之和不得超过 45°,漏光处的缝隙应不大于 0.03 mm。

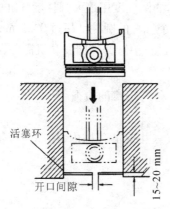

活塞环

开口间隙

15~20 mm

图 8-1-32　端隙的检查

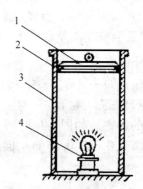

图 8-1-33　活塞环漏光度的检查

1—盖板;2—活塞环;3—气缸;4—灯光

(3)活塞环弹力检查。使用活塞环弹力检验仪进行检测。检测的弹力必须与规定的弹力相符。

### 4.曲轴的检查

曲轴的检查主要有裂纹的检查、变形的检测和磨损的检测。

(1)裂纹的检查

曲轴清洗后,首先应检查有无裂纹。检查方法有两种:一种是磁力探伤法;另一种是浸油敲击法,即将曲轴置于煤油中浸一会儿,取出后擦净表面并撒上白粉,然后分段用小锤敲击。如有明显的油迹出现,则该处有裂纹。若查出裂纹,一般应报废更换。

(2)弯曲、扭曲变形的检测

曲轴弯曲变形的检验应以两端主轴颈的公共轴线为基准,检查中间主轴颈的径向圆跳动误差,如图 8-1-34 所示。检验时,将曲轴两端主轴颈分别放置在检验平板的 V 形块上,将百分表触头垂直地抵在中间主轴颈上,慢慢转动曲轴一圈,百分表指针所示的最大摆差,即为中间主轴颈的径向圆跳动误差值。该值若大于 0.15 mm,应予以校正;低于 0.15 mm,可在磨削主轴颈时进行修正。

曲轴扭曲变形的检验可将曲轴两端同平面内的连杆轴颈(即一缸、六缸连杆轴颈)转到水平位置,用高度游标卡尺分别测量这两个连杆轴颈的高度差,则曲轴的扭转角 $\theta$ 近似为:

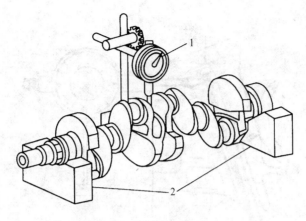

图 8-1-34 曲轴弯曲度的检测

1—百分表;2—V 形支架

$$\theta = 360\Delta A / 2\pi R \approx 57\Delta A / R$$

各道连杆轴颈的分配角度的偏差不得大于 30°;否则,应结合连杆轴颈的修磨,予以纠正。

(3)磨损的检测

首先检视轴颈有无磨痕,然后利用外径千分尺测量曲轴各轴颈的直径,从而完成圆度和圆柱度的测量。在同一轴颈的同一横截面内的圆周进行多点测量,取其最大直径与最小直径差的一半,即为该轴颈的圆度误差。在同一轴颈的全长范围内,轴向移动千分尺,测其不同截面的最大值与最小值,其差值之半,即为该轴颈的圆柱度误差。曲轴主轴颈和连杆轴颈的圆度、圆柱度误差不得大于 0.025 mm,超过该值,应按修理尺寸对轴颈进行磨削修理。

5.飞轮检验

(1)检查飞轮齿圈的磨损情况,如有断齿或齿端冲击耗损,与起动机齿轮啮合困难时,应更换齿圈。

(2)检查飞轮工作平面,飞轮工作平面有严重烧灼或磨损沟槽深度大于 0.5 mm 时,应进行修整。修整后,工作平面的平面度误差不得大于 0.10 mm;飞轮厚度极限减薄量为 1 mm;与曲轴装配后的端面圆跳动误差不得大于 0.15 mm。

(3)飞轮不能有裂纹。

6.连杆检验

(1)用连杆校验仪检查连杆的弯、扭变形情况。

(2)当连杆的弯曲度及扭曲度在 100 mm 长度上大于 0.03 mm 时,应进行校正。

(3)用连杆校正仪进行校正过程中要注意弹性后效。校正之后要再次进行检验以检查确认校正的效果。

(四)配气机构主要零件的检查

1.气阀及气阀导管的检查

(1)用千分尺测量气阀杆直径。

(2)如图 8-1-35 所示,利用百分表测量气阀导管内径。如间隙大于最大值,更换气阀和气阀导管。

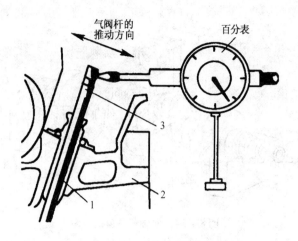

**图 8-1-35　百分表检测气阀与气阀管间隙**

1—气阀导管;2—缸盖;3—气阀杆

经验检查法:将气阀杆和导管擦净,在气阀杆上涂上一层润滑油,将气阀放置在导管内,上下拉动数次后,气阀在自重下能徐徐下落,表示气阀杆与导管的配合间隙适当。

(3)测量气阀总长,如果长度小于最小值,更换气阀。

2.气阀座的检查

(1)在气阀工作面上涂一层普鲁士蓝(或白铅),轻轻将气阀压向气阀座,不要转动气阀。如果围绕气阀座蓝色呈现360°,则导管与气阀工作面是同心的,如果不是,重修气阀座。

(2)检查气阀座接触带是否在气阀工作面的中间,若气阀面上密封带过高或过低,修正气阀座。

3.气阀座的绞销、气阀的研磨和气阀密封性的检查

(1)气阀铰削步骤

①修理气阀座钱,应检查气阀导管,若不符合要求应先更换或修理气阀导管,以便保证气阀座与气阀导管的中心线重合。

②选择刀杆:铰削气阀座时,利用气阀导管作为定位基准。根据气阀导管的内径选择相适应的定心杆直径,导杆以轻易插入气阀导管内,无旷动量为宜;调整定心杆,使它与导管内孔密切接触不活动,保证铰削的气阀座与气阀导管中心线重合。

③粗铰:选用与气阀工作面锥角相同的粗铰刀,置于导杆上,把砂布垫在铰刀下,要磨除座口硬化层,以防止铰刀打滑和延长铰刀使用寿命;知道凹陷、斑点全部去除并形成 2.5 mm 以上的完整锥面为止。铰削时两手用力要均衡并保持顺时针方向转动。一般先用45°的粗铰刀加工气阀座工作锥面,直到工作面全部露出光泽。

注意:铰削时,两手握住手柄垂直向下用力,并只做顺时针方向转动,不允许倒转或只在小范围内转动。

④试配:用修理好的气阀或新气阀进行试配,根据气阀密封锥面接触环带的位置和宽度进行调整铰削。接触环带偏向气阀杆部,应用75°的铰刀铰削;接触环带偏向气阀顶部,应用15°的铰刀修正。铰削好的气阀座工作面宽度应符合规定,接触环带应处在气阀密封锥面中部偏气阀顶的位置。

⑤精铰:最后用45°的细铰刀精铰气阀座工作锥面,并在铰刀下面垫上细砂布修磨。

(2)气阀研磨

①用汽油清洗气阀、气阀座和气阀导管,将气阀按顺序排列或在气阀头部打上记号,以免错乱。

②在气阀工作锥面上涂薄薄的一层粗研磨砂,同时在气阀杆上涂以稀润滑油,插入气阀导管内,然后利用橡皮捻子将气阀做往复和旋转运动,使气阀与气阀座进行研磨,注意旋转角度不宜过大,并不时地提起和转动气阀,变换气阀与座相对位置,以保证研磨均匀。在研磨中不要过分用力,也不要提起气阀在气阀座上用力排挤。

③当气阀工作面与气阀座工作面磨出一条完整且无斑痕的接触环带时,可以将粗研磨砂继续研磨。当工作面出现一条整齐的、灰色的环带时,再洗去细研磨砂,涂上润滑油,继续研磨几分钟即可。

(3)气阀密封性检查

划线法:如图8-1-36所示,在气阀锥面上用铅笔沿径向均匀地划上若干条线,每线相隔4 mm。然后与相配气阀座接触,略压紧并转动气阀45°~90°,取出气阀,察看铅笔线条。如铅笔线条均被切断,则表示密封性良好;否则,应重新研磨。

4.气阀弹簧的检查

(1)用钢角尺测量气阀弹簧的垂直度。若垂直度大于1.5 mm,更换气阀弹簧,如图8-1-37所示。

(2)用游标卡尺测量气阀弹簧自有长度。若自有长度减少值超过2 mm,更换气阀弹簧。

(3)如图8-1-38所示,利用弹簧试验机测量气阀弹簧的弹力,当弹簧弹力的减小值大于原厂规定的10%,应更换气阀弹簧。

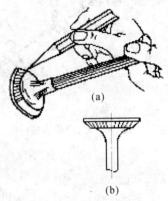

图8-1-36　气阀密封性检查

5.凸轮轴的检查

(1)如图8-1-39所示,将凸轮轴放到V形铁上,用百分表测量中间轴颈的圆跳动。

(2)如图8-1-40所示,用外径千分尺测量凸轮轴高度。当凸轮最大升程减小值大于0.40 mm,则更换凸轮轴。

(3)利用千分尺测量凸轮轴直径,计算凸轮轴轴颈的圆度误差,当圆度误差大于0.015 mm,单个轴颈的同轴度误差超过0.05 mm时,应按修理尺寸法进行校正并修磨。

(五)冷却系统主要总成的检修

1.检查节温器

把节温器放在规定温度的水中,节温器温度与水温一致后检测节温器阀门开度,应与车辆制造厂提供的维修及检测数据相符,如图8-1-41所示。

如果节温器主阀门开启温度不符合要求,或在常温下关闭不严,应更换节温器。

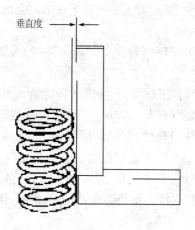

图 8-1-37　气阀弹簧垂直度的检查

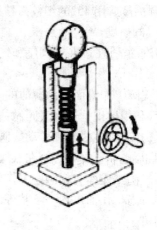

图 8-1-38　弹簧弹力的检查

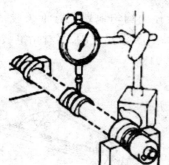

图 8-1-39　凸轮轴轴径的圆跳动测量

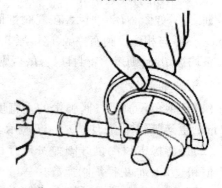

图 8-1-40　凸轮轴高度的测量

图 8-1-41　节温器的检测

2.检查皮带磨损、老化、裂纹,视情况更换皮带,发动机曲柄连杆机构和配气机构的装配

3.活塞连杆总成组装

(1)将活塞销和连杆小端孔内(已装好铜套)涂上一薄层润滑油,然后将活塞放入 50 ~ 70 ℃热水内加热,取出活塞,迅速用专用工具将活塞销压入活塞销座和连杆小端孔内,使连杆活

塞连接。然后用尖嘴钳把活塞销卡环装上(安装时应注意活塞与连杆的安装标记应在同一个方向)。

(2)用活塞环拆装钳一次装上活塞油环和各道气环,安装时注意扭曲环方向不可装反(环的内圆边缘开槽,其槽口应向上)。

(3)将各道环端隙按一定的角度错开(三道气环按120°错开,第一道环的端隙应避开活塞销座及侧压力较大一侧)。

4. 气阀总成组装

用气阀弹簧拆装架把每个气阀安装到对应的气阀座上,一定不能错装。

5. 安装曲轴飞轮组

(1)在曲轴主轴承座上安装并定位好轴承,轴承上油孔应与座上油道孔对准,然后在轴瓦表面涂上一薄层润滑油。

(2)将曲轴安装在主轴承座内,将不带油槽的主轴承装入主轴承盖内,把各道主轴承盖按原位装在各道主轴颈上,并按规定拧紧力矩,依次拧紧主轴承螺栓。螺栓不得一次拧紧,须经三次完成。拧紧顺序应按从中到外交叉进行,拧紧力矩分别为 50 N·m、90 N·m、150 N·m。拧紧后转动曲轴,以便安装活塞连杆组。

(3)将曲轴油封、挡油片等装上。

(4)安装飞轮壳,然后将飞轮安装于曲轴后端轴凸缘盘上,紧固螺母。螺母紧固时应对角交叉进行,并按扭紧力矩拧紧。

6. 安装活塞连杆组

用活塞环卡箍将活塞环箍紧,用木锤手柄轻敲活塞顶部,使其进入气缸,推至连杆大端与曲轴连杆轴颈连接。装上连杆盖,按规定扭矩拧紧连杆螺栓螺母。连杆螺栓螺母应交替分三次均匀拧紧,拧紧力矩分别为 40 N·m、80 N·m、130 N·m。

7. 检测曲轴的轴向间隙

将曲轴撬向一端,用塞尺检查第三道主轴承的轴向间隙(配合间隙),新的轴承轴向间隙为 0.1 ~ 0.224 mm,轴向间隙超过极限值时,应更换第四道主轴承的止推轴瓦。

8. 曲轴径向间隙的检测

已装好的发动机可用塑料间隙测量片检查径向间隙。

(1)拆下曲轴轴承盖,清洁曲轴轴承和曲轴轴颈。

(2)将塑料间隙测量片放在轴颈或轴承上,如图 8-1-42 所示。

(3)装上曲轴主轴承盖,并用 150 N·m 力矩紧固,不得使曲轴转动。

(4)拆下曲轴主轴承盖,测量挤压过的塑料间隙测量片的厚度,如图 8-1-43 所示,新轴承径向间隙应为 0.03 ~ 0.08 mm,磨损极限值为 0.17 mm,超过磨损极限时,应对相应轴承进行更换。

安装油底壳,拧紧油底壳螺栓时应由中间向两端交叉进行。

9. 安装油底壳

在油底壳与气缸体的结合面涂上密封胶,

10. 安装气缸盖

将发动机翻转180°,安装气缸垫和气缸盖。缸盖螺栓应由中间向两端交叉均匀分 2 ~ 3

图 8-1-42　曲轴轴向间隙的检查

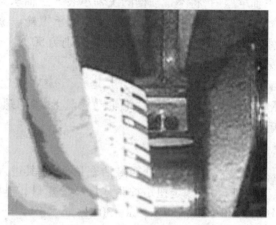

图 8-1-43　曲轴径向间隙的检查

次拧至规定力矩。第一次拧紧力矩 50 N·m,第二次拧紧力矩 150 N·m,第三次拧紧力矩 200 N·m。

11. 安装凸轮轴及挺柱、推杆等

注意:安装凸轮轴时,应使凸轮轴的正时齿轮的正式记号与曲轴上正时齿轮的正时记号对正。

12. 安装摇臂组

摇臂座固定螺栓拧紧力矩为 55 N·m。

13. 检查并调整气阀间隙

用两次调整法("双排不进")调整气阀间隙。检查调整气阀间隙时,必须使被调整的气阀处于完全关闭状态,即挺柱底面落在凸轮的基圆上时才能进行。其步骤如下:

(1)将发动机摇转至第一缸活塞压缩行程上止点。

(2)确定进气阀和排气阀:与进气道相通是进气阀,与排气道相通是排气阀。

(3)根据发动机工作顺序,按"双排不进"法,即 1(双)53(排)6(不)24(进),检查此时可调气阀的间隙并逐个做好记录。如不正常,随即予以调整。进气阀间隙为 0.30 mm,排气阀间隙为 0.60 mm。

（4）调整时，先松开锁紧螺母，用螺丝刀旋动调整螺钉，将规定厚度的厚薄规插入气阀杆端部与摇臂之间。当抽动厚薄规时有阻力感，拧紧锁紧螺母，再复查一次，符合规定值即可。

（5）将曲轴摇转360°，再检查调整其余气阀。

14. 安装气缸盖罩

### （六）发动机外部机件装配

（1）在飞轮后端安装离合器及离合器分离叉。

（2）安装润滑冷却器和润滑油滤清器总成。

（3）安装空气压缩机总成。

（4）安装喷油泵总成，安装时应注意喷油泵正时齿轮上的正时记号与凸轮轴正时齿轮上的正时记号对正。

（5）安装燃油滤清器总成。

（6）安装喷油泵总成。

（7）安装燃油回油管、高压油管和燃油管总成。

（8）安装正时齿轮室盖。

（9）安装曲轴皮带轮。

（10）安装风扇及风扇皮带轮。

（11）安装水泵总成。

（12）安装发电机总成。

（13）安装张紧轮总成，安装传动带，并通过张紧轮张紧螺栓调整皮带的张紧度；传动带张紧程度一般可凭经验控制，以大拇指能按下15～20 mm为宜，如图8-1-44所示。

（14）安装起动机总成。

（15）安装排气歧管及涡轮增压器。

（16）安装进气胶管。

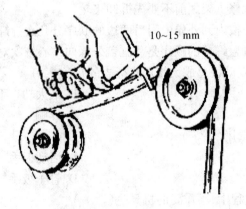

10～15 mm

图8-1-44　传动带张紧度测量

# 一、选 择 题

1. 选择测量活塞间隙所用的合适的工具组合是（　　）。
  A. 厚薄规和直尺　　　　　　　　　B. 量缸表和百分表
  C. 量缸表和测微计　　　　　　　　D. 百分表和游标卡尺

2. 可能导致气缸盖翘曲的原因是（　　）
  A. 过冷　　　　　　　　　　　　　B. 通过活塞环漏油
  C. 连接螺栓没达到规定预紧力　　　D. 过热

3. 下列（　　）是关于气阀间隙的正确叙述。
  A. 如果气阀间隙大，气阀的碰撞声会减小
  B. 如果气阀间隙小，气阀的碰撞声会增大
  C. 发动机冷态时测量和调整气阀间隙
  D. 发动机预热后测量和调整气阀间隙

4. 下面（　　）关于配气正时的叙述是正确的。
  A. 拆卸发动机时需校对配气正时
  B. 装配发动机时需校对配气正时
  C. 拆、装发动机时都需校对配气正时
  D. 配气不正时会对发动机正常运转有一定影响

5. 下列（　　）关于发动机总成拆装的说法是正确的。
  A. 拆开燃油管时不释放压力可能造成燃油大量喷出，这是非常危险的
  B. 将发动机放在大修支架之前不要先拆卸飞轮
  C. 拆卸曲轴轴承盖按内到外先中间后两边的顺序分几次拆卸曲轴轴承盖螺栓
  D. 装配发动机气缸盖螺栓的顺序是从缸盖外缘向中心依次对称旋紧

6. 下列选项中，不是发动机总成大修送修标志的是（　　）。
  A. 气缸磨损　　　　　　　　　　　B. 最大功率下降
  C. 燃料消耗异常　　　　　　　　　D. 异响

7. 拆卸螺栓时，最好选用（　　）。
  A. 钳子　　　　　　　　　　　　　B. 活动扳手
  C. 梅花扳手　　　　　　　　　　　D. 管子扳手

8. 发动机总成拆装过程中，不需要的机具是（　　）。
  A. 活塞环拆装钳　　　　　　　　　B. 气阀弹簧拆装架
  C. 千斤顶　　　　　　　　　　　　D. 专用扳手

9. 下列选项中，不是发动机总成大修送修标志的是（　　）。
  A. 气缸磨损　　　　　　　　　　　B. 最大功率下降
  C. 加速性能明显低弱　　　　　　　D. 有响声

10. 关于发动机活塞环与活塞组装,甲说:"应注意活塞环的安装方式,各气环开口角度要均匀";乙说:"装油环时一般先装中间衬环";丙说:"组合油环上下刮片开口应错开120°。"说法正确的是(　　)。

A. 乙　　　　　　　　　　　　　B. 甲

C. 丙　　　　　　　　　　　　　D. 甲和乙

## 二、判 断 题

1. 发动机装配前应清点各零件是否备齐,同时对可预装的总成和部件应仔细清洗后进行预装。(　　)

2. 发动机装配前必须认真清洗零件及工具,保持装配工作场地清洁;准备适当的密封胶及润滑油、润滑脂等常用润滑材料。(　　)

3. 拧紧螺栓、螺母应用适合的扳手按规定的力矩旋紧,对称的螺栓应交错分 2~3 次拧紧。(　　)

4. 动配合零件的表面在装配时应涂上润滑油。(　　)

5. 如需在零件表面施以压力或锤击时,需垫软金属块或使用铜锤。(　　)

6. 为了节省成本,各部位的密封衬垫和油封装配件能用的可以继续使用。(　　)

7. 对有装配记号的零件必须按记号装配。(　　)

8. 用游标卡尺也可校正量缸表的尺寸。(　　)

9. 发动机总成大修送修标志以气缸磨损程度为依据。(　　)

10. 活塞连杆组装后,需要在连杆端检验连杆大端孔中心线与活塞裙部中心线的平行度。(　　)

# 参考文献

［1］王增林,李云峰.工程机械发动机构造与维修.北京:电子工业出版社,2014.

［2］许炳照.工程机械柴油发动机构造与维修.北京:人民交通出版社,2011.

［3］母忠林.进口柴油机维修技巧与故障案例精解.北京:机械工业出版社,2011.

［4］刘善平.内燃机构造与原理.大连:大连海事大学出版社,2013.

［5］陈新轩,郑忠敏.现代工程机械发动机与底盘构造.北京:人民交通出版社,2002.

［6］赵文珅.工程机械电控柴油机控制系统检修.昆明:云南人民出版社,2012.

［7］黎敬东.汽车发动机实训指导书.北京:电子工业出版社,2014.

［8］曲健.汽车发动机拆装实训.北京:机械工业出版社,2010.